Franz-Josef Hölzen | Helmut Weber

Abdichtung von Gebäuden

Leitfaden für Neubau und Bestand

Franz-Josef Hölzen | Helmut Weber

Abdichtung von Gebäuden

Leitfaden für Neubau und Bestand

2., aktualisierte Auflage

Fraunhofer IRB Verlag

Bibliografische Information der Deutschen Nationalbibliothek:
Die Deutsche Nationalbibliothek verzeichnet diese Publikation in der Deutschen Nationalbibliografie; detaillierte bibliografische Daten sind im Internet über www.dnb.de abrufbar.

ISBN (Print): 978-3-8167-8987-1
ISBN (E-Book): 978-3-8167-8988-8

Umschlaggestaltung: Martin Kjer
Herstellung: Andreas Preising
Satz: Satzpunkt Ursula Ewert GmbH, Bayreuth
Druck: Westermann Druck Zwickau GmbH, Zwickau

Fraunhofer-Informationszentrum Raum und Bau IRB
Nobelstraße 12, 70569 Stuttgart
Telefon +49 711 970-2500
Telefax +49 711 970-2508
irb@irb.fraunhofer.de
www.baufachinformation.de

Vorwort

Die Instandsetzung von Bausubstanz und ihre Erhaltung spielen heute nach wie vor eine dominierende Rolle und können sicherlich mit weit mehr als 60% aller Bauleistungen angesetzt werden. Darauf gilt es zu reagieren. Die Ausbildung unserer Fachleute wie Bauingenieure, Bautechniker, Architekten und Sonderfachleute erfolgt weitestgehend nach den alten Prinzipien und Lehrplänen, die das Fachgebiet der Bauwerkserhaltung oder der Gebäudeinstandsetzung nicht oder nur unzureichend berücksichtigen. Dieses Defizit führt jährlich zu gewaltigen Verlusten und Schäden, die durch falsche Maßnahmenplanung und Durchführung entstehen. Schon in der Vergangenheit haben die verschiedenen Bauschadensberichte der jeweiligen Bundesregierungen darauf hingewiesen, dass so genannte vermeidbare Bauschäden Milliarden Kosten verursachen, die zu Lasten des Volksvermögens gehen. Wir sind der Meinung, dass alle Bauschäden vermeidbar wären, wenn entsprechende Fachkompetenz und Qualitätssicherung Einzug hielten. Dass dem leider nicht so ist, kann nur beklagt werden.

Im Rahmen der Gebäudeinstandsetzung spielt die Abdichtung, oft als »Trockenlegung« bezeichnet, eine besondere Rolle. Feuchte Untergeschosse beeinflussen den Wert und die Qualität eines Objekts in hohem Maße. Dies gilt sowohl für Neubauten wie für Bestandsgebäude, bei denen nachträgliche und funktionale Maßnahmen besonders schwierig und finanziell aufwendig sind.

Feuchtigkeit in Bauteilen aufgrund von Undichtigkeiten verursacht enorme Folgeschäden. Um den Feuchtegehalt von Bauteilen bestimmen zu können, stehen für die Praxis verschiedene Mess- und Diagnoseverfahren zur Verfügung. Doch es kommt nicht auf das Gerät oder Verfahren an, sondern auf die richtige Anwendung der unterschiedlichen Messverfahren. Vor jeder Gebäudeinstandsetzung und Sanierung steht die Bestandsaufnahme.

Um die komplexen Ursachen für Feuchte- und Salzschäden verstehen zu können, ist es erforderlich das Zusammenwirken von Feuchtigkeit und Salz zu bewerten. Eine Feuchtemessung alleine gibt noch keinen Hinweis auf Schadensursachen oder deren Verursacher, denn die gesamte Feuchtigkeit eines Baustoffs setzt sich aus mehreren Faktoren der Wasseraufnahme zusammen.

Das vorliegende Buch stellt sowohl für den Planer wie auch den Ausführenden einen Leitfaden dar, der es ermöglicht, objektspezifische Problemlösungen mit hoher Funktionalität und Wirtschaftlichkeit zu planen und auszuführen.

Wir als Autoren hoffen, dass durch diese Veröffentlichung die eingangs geschilderten unnötigen Bauschäden und die damit verbundenen finanziellen Verluste erheblich reduziert werden und insgesamt die Qualität verbessert wird.

Ebersberg und Löningen im September 2013

Helmut Weber und Franz-Josef Hölzen

Inhaltsverzeichnis

1 Aufbau von Baustoffen

Baustoffe werden durch Bindemittel und Zuschlagsstoffe gebildet. Je nach Art der verwendeten Ausgangsprodukte entstehen dann Baustoffe mit unterschiedlichen physikalischen und chemischen Eigenschaften. Die wichtigsten sind dabei:

die Druckfestigkeit
- die Biegezugsfestigkeit
- der E-Modul
- die Porosität
- die Wasseraufnahme
- die Frostbeständigkeit
- die Salzbeständigkeit
- die Säurebeständigkeit
- die Witterungsbeständigkeit allgemein

Zur Herstellung von mineralischen Baustoffen werden unterschiedliche Bindemittel eingesetzt. Die wichtigsten sollen wie folgt dargestellt werden.

1.1 Bindemittel für mineralische Baustoffe

Die Bindemittel können in verschiedene Gruppen eingeteilt werden:

- nicht hydraulische Bindemittel
  Lehm, Gips, Kalkhydrat
- hydraulische Bindemittel
  hydraulische Kalke, Zemente
- latent hydraulische Bindemittel
  Puzzolane, Trass, amorphe Kieselsäuren

1.1.1 Nicht hydraulische Bindemittel

Die nicht hydraulischen Bindemittel besitzen nur eine begrenzte Beständigkeit gegenüber Wasser und korrosionsfördernden Verbindungen wie Säuren und Salzen. Sie werden deshalb im Außenbereich nur bedingt eingesetzt.

1.1.1.1 Lehm

Lehm ist ein Bindemittel mit großer Tradition und weltweiter Verbreitung, aber eben mit extremer Empfindlichkeit gegen Wasser. In unseren Regionen wird Lehm deshalb nahezu ausschließlich im Innenbereich als Bindemittel für Putze eingesetzt. Im Mauerwerksbau oder im Fassadenbereich sind höchstens Anwendungen im Bereich von Baudenkmälern bekannt und erwähnenswert.

1.1.1.2 Gips, $CaSO_4$ (Calciumsulfat)

Gips ist das Calciumsalz einer starken Säure, nämlich der Schwefelsäure.

Deshalb besitzt Gips eine besondere Säurebeständigkeit. Dieser steht eine relativ gute Wasserlöslichkeit (1 l H_2O löst ca. 2,5g Gips) gegenüber.

Deshalb wird Gips ebenso wie Lehm nahezu ausschließlich im Innenbereich eingesetzt und zwar im Wesentlichen als Bindemittel für Putze oder in Form von Gipsplatten bzw. Gipskartenplatten. Aufgrund der Wasserlöslichkeit darf Gips nicht in feuchtegefährdeten bzw. feuchtebelasteten Wandbereichen (Gipstreiben, Ettringitbildung) verwendet werden. Gips kommt in drei verschiedenen Formen vor.

$CaSO_4 \cdot 2H_2O$	Dihydrat als Naturprodukt oder als REA-Gips (REA = Rauchgasentschwefelungsanlage)
$CaSO_4 \cdot ½H_2O$	Halbhydrat entsteht durch Entwässern des Dihydrats bei Temperaturen um ca. 150 °C
$CaSO_4$	Anhydrit entsteht ebenfalls durch Entwässern des Dihydrats, allerdings bei höheren Temperaturen (über 200 °C)

Das Dihydrat und der Anhydrit werden als Bindemittel eingesetzt. Die Härtung beim Dihydrat erfolgt durch Wassereinlagerung (Hydratbildung) beim Anhydrit wird zusätzlich ein Anreger benötigt (z. B. Kalkhydrat oder Portlandzement).

Härtungsreaktionen:

Halbhydrat

$$CaSO_4 \cdot ½H_2O + 1½H_2O \longrightarrow CaSO_4 \cdot 2H_2O$$

Anhydrit

$$CaSO_4 + 2\,H_2O + \text{Anreger} \longrightarrow CaSO_4 \cdot 2H_2O$$

1.1.1.3 Kalk, $CaCO_3$ (Calciumcarbonat)

Kalk ist das Calciumsalz einer sehr schwachen Säure, nämlich der Kohlensäure. Deshalb besitzt Kalk im Gegensatz zu Gips eine extreme Säureempfindlichkeit, dafür aber eine wesentlich bessere Wasserfestigkeit.

(1 Liter H_2O löst ca. 0,015 g $CaCO_3$).

Aufgrund dieser Eigenschaft wird Kalk im Außenbereich dem Gips als Bindemittel vorgezogen. Bei der Verwendung von reinen kalkgebundenen Baustoffen (Putze und Mauermörtel) muss deren geringe Frost- und Salzbeständigkeit beachtet werden. Dies bedeutet, dass bei feuchte- und salzbelasteten Mauerwerken (z. B. in Kellern und Sockelzonen) kalkgebundene Putze und Mörtel nur eine begrenzte Anwendbarkeit und auch Funktionalität besitzen. Dies hängt unter anderem auch mit der hohen Kapillarität der kalkgebundenen Baustoffe zusammen.

Kalk kommt in der Natur als Kalkstein ($CaCO_3$) in großer Menge vor. Durch chemische Reaktionen muss daraus erst ein Bindemittel (Kalkhydrat) entstehen. Dies geschieht durch das so genannte Brennen und Löschen.

$$\underset{\text{Kalkstein}}{CaCO3} \xrightarrow{9\,000-1\,000\,°C} \underset{\text{gebrannter Kalk}}{CaO + CO2}$$

Der gebrannte Kalk wird gemahlen und anschließend mit Wasser gelöscht.

$$CaO + H_2O \longrightarrow \underset{\text{gelöschter Kalk, Kalkhydrat}}{Ca(OH)_2}$$

Verwendet man zum Löschen die stöchiometrische Menge Wasser erhält man pulverförmiges Kalkhydrat. Bei einem Überschuss an Wasser entsteht ein Kalkbrei (Sumpfkalk).

Das Kalkhydrat wird in Verbindung mit Sand, Wasser und gegebenenfalls weiteren Zuschlagsstoffen als Bindemittel für die Herstellung von Putz- und Mauermörteln eingesetzt. Die Verfestigung dieser Mischungen erfolgt durch physikalische Trocknung und Einlagerung von Kohlendioxid (CO_2). Durch diese Carbonatisierungsreaktion wird letzlich aus dem Kalkhydrat das Ausgangsprodukt also Calciumcarbonat zurückgebildet.

$$\underset{\text{Kalkhydrat + Kohlendioxid}}{Ca(OH)_2 + CO_2} \xrightarrow{H_2O} \underset{\text{Calciumcarbonat + Wasser}}{CaCO_3 + H_2O}$$

Diese Härtungsreaktion verläuft relativ langsam, wobei als Faustregel gilt, dass eine ca. 20 mm dicke Putzschicht eine Durchhärtungszeit von ca. zwei Jahren benötigt. Gleichzeitig muss die so genannte Nachhärtung des Kalks berücksichtigt werden. Diese besteht darin, dass für die Beständigkeit des Kalks ein ständiger Kontakt bzw. ein Austausch mit dem CO_2 der Luft möglich sein muss.

Chemisch wird dabei das metastabile Calciumhydrogencarbonat gebildet, das wieder in Calciumcarbonat und Kohlensäure zerfällt.

$$\underset{\text{Calciumcarbonat + Kohlensäure}}{CaCO_3 + CO_2 + H_2O} \rightleftharpoons \underset{\text{Calciumhydrogencarbonat}}{Ca(HCO_3)_2}$$

Dadurch wird das Bindemittel immer wieder neu gebildet und die Putz- oder Mörtelmischung neu verfestigt. Um dies zu gewährleisten, muss sichergestellt sein, dass kalkreiche Baustoffe immer und nur mit CO_2-durchlässigen Beschichtungen überarbeitet werden. Werden gasdichte Beschichtungen aufgebracht, kommt es sehr schnell zu einer »Versandung« der Putze und Mörtel. Wegen mangelnder Beständigkeit wird Kalkhydrat als Bindemittel allein selten und dann nur im Innenbereich eingesetzt. Für Außenanwendungen wird es mit hydraulischen Bindemitteln kombiniert. Dadurch kann das Eigenschaftsbild den jeweiligen Anforderungen entsprechend eingestellt und verbessert werden.

1.1.2 Hydraulische Bindemittel

Hydraulische Bindemittel sind dadurch gekennzeichnet, dass die Härtung durch Wassereinlagerung erfolgt und auch unter Wasser stattfinden kann. Es kommt also zu einer chemischen Reaktion (Hydratation) zwischen dem Bindemittel und Wasser. Dabei ist der Unterschied zwischen einer physikalischen und einer chemischen Bindung zu beachten. Chemisch gebunden heißt, dass das Wasser Bestandteil des Moleküls wird, während bei der physikalischen Bindung nur eine »lockere« Bindung entsteht, die energetisch leicht gelöst werden kann. Mit hydraulischen Bindemitteln erhält man Baustoffe mit hoher Festigkeit, hoher Frost- und Salzbeständigkeit und auch hoher Dichtigkeit. Es entstehen Porensysteme mit reduzierter kapillarer Leitfähigkeit verglichen z. B. mit kalkgebundenen Baustoffen. Deshalb werden hydraulische Bindemittel auch für Abdichtungssysteme (Dichtschlämmen) eingesetzt.

1.1.2.1 Hydraulische Kalke

Hydraulische Kalke sind wie alle Baukalke heute in der DIN EN 459 (früher DIN 1060) definiert und erfasst. Es werden dabei im Prinzip zwei Arten unterschieden und zwar

- die hydraulischen Kalke
- die natürlichen hydraulischen Kalke

Die hydraulischen Kalke stellen dabei die üblichen und am meisten gebräuchlichen Kalke dar. Sie werden im Normalfall durch Abmischen von Kalkhydrat mit hydraulischen Bindemitteln wie Zementen hergestellt. Je höher dabei der Zementgehalt ist, umso »zementähnlicher« wird das Bindemittel. Es verliert dann seine Löschfähigkeit und die Festigkeit der jeweiligen Baustoffe steigt an. Außerdem nimmt die Bedeutung und Notwendigkeit der Nachbehandlung zu. Unter Nachbehandlung versteht man allgemein das Feuchthalten der Baustoffmischung während der gesamten Härtungszeit (bei Portlandzement z. B. 28 Tage). Das heißt mit anderen Worten, dass die Baustoffmischung während der Härtung zu keiner Zeit trocken laufen darf, weil sonst die Festigkeitsentwicklung zum Stillstand kommt.

Nomenklatur und Bezeichnung der Kalke

Für die Benennung der Kalke wird folgende Nomenklatur eingeführt

Abkürzungen:
C = Calciumoxid CaO
D = Magnesiumoxid MgO (Dolomit)
L = Lime (englisch Kalk)
H = hydraulic (englisch hydraulisch)
N = natural (englisch natürlich)

Kalkhydrat erhält dann die Bezeichnung CL, die entsprechende Magnesiumverbindung DL (Dolomitkalk). Die zusätzlich angehängte Zahl z. B. 70, 80, 90 entspricht dem Gehalt an CaO und MgO.

Trägt demnach ein Kalk die Bezeichnung CL 90, dann bedeutet das ein Kalkhydrat mit mindestens 90 % CaO. Ein Produkt mit der Bezeichnung DL 85 bedeutet, dass es sich um ein Dolomitkalk handelt mit einem CaO- und MgO-Gehalt von mindestens 85 %, wobei mehr als 30 % MgO vorhanden sein muss.

Die hydraulischen Kalke werden mit der Buchstabenfolge HL abgekürzt. Die dann folgende Zahl z. B. 2, 3,5 oder 5 gibt die Mindestdruckfestigkeit in N/mm² an, die man mit dem Bindemittel nach 28 Tagen erzielt.

HL 2	Mindestdruckfestigkeit 2 N/mm²
HL 3,5	Mindestdruckfestigkeit 3,5 N/mm²
HL 5	Mindestdruckfestigkeit 5 N/mm²

1.1.2.2 Natürliche hydraulische Kalke

Die natürlichen hydraulischen Kalke (Abkürzung NHL = natural hydraulic lime) stellen im Gegensatz zu den hydraulischen Kalken keine Abmischungen von Kalken mit Zementen dar. Sie werden durch Brennen von Kalkmergel (Mischung von Kalkstein mit Ton) unterhalb der Sintertemperatur und anschließendes Mahlen hergestellt, also ähnlich wie Portlandzement. Die Brenntemperatur beträgt dabei ca. 1300 °C. Diese Kalke wurden früher auch als hochhydraulische Kalke bezeichnet. Außerdem waren Bezeichnungen wie Romanzement und Romankalk gebräuchlich. Diese Produkte waren weit verbreitet und spielten eine wesentliche Rolle beim historischen Bauen und zwar als Ersatz für Zement, der ja erst relativ spät hergestellt werden konnte. Die Kennzeichnung der natürlichen hydraulischen Kalke wird wie bei den hydraulischen Kalken vorgenommen. An die Abkürzung NHL wird die Mindestdruckfestigkeit in N/mm² als Zahlenangabe angefügt.

Beispiel: NHL 3,5 bedeutet eine Mindestdruckfestigkeit von 3,5 N/mm² nach 28 Tagen.

Die natürlichen hydraulischen Kalke werden heute nur noch von wenigen Herstellern produziert und spielen deswegen eine untergeordnete Rolle.

1.1.2.3 Zement

Zement ist in unserer Zeit das wohl am häufigsten eingesetzte Bindemittel. Ohne die Entwicklung des Zements ist unser Bauwesen nicht vorstellbar. In diesem Zusammenhang ist die Entstehungsgeschichte des Zements zu sehen, die kurz zusammengestellt werden soll. Sie ist gleichzeitig eine historische Abhandlung über die gesamte Entwicklung und Entstehung aller mineralischen Bindemittel.

Entstehungsgeschichte des Zements

Die Gebäude von Lepenski Vir (Steinzeitstadt an der Donau) aus dem 7.–5. Jahrtausend v. Chr. bestanden aus einem Beton, der aus einem Gemisch aus gebranntem Kalk,

Sand, Kies und Wasser hergestellt wurde (Brenntemperatur 800 – 1000 °C, dagegen Gips ca. 200 °C).

Die Phönizier (ca. 1400 v. Chr.) experimentierten bereits mit hydraulischem Kalk (gebrannter Kalk mit fein verteilten Kieselsäureverbindungen vulkanische Sande), der an der Luft und unter Wasser erhärtete.

Etwa 300 v. Chr. erkannte man im Römischen Reich, dass die Vulkanasche von Putuoli (heute: Puzzuoli) bei Neapel, mit gebranntem Kalk gemischt, ebenfalls ein hydraulisch härtendes Bindemittel ergab. Mit Sand und Kies stellten die Römer daraus ihren »opus caementitium« her. Er ermöglichte die Errichtung des Kolosseums, des Pantheons und anderer Bauwerke; Vitruvius (80 – 10 v. Chr.) beschreibt diesen »Römischen Beton« in seinen »10 Büchern über die Architektur«. Beim Bau der Kuppel des Pantheons verwendeten die Römer verschiedene Zuschläge: unten Ziegelsplitt, in der Mitte Tuff, oben Bims. Auf diese Weise wurde Gewicht gespart und vor 2000 Jahren zufällig der Leichtbeton entdeckt.

Im Mittelalter geriet der Betonbau in Vergessenheit, erst ab 1700 wurde dann versucht, den »Zement« und dann den »Beton« gezielt zu entdecken.

In Frankreich gibt General Bélidor sein grundlegendes Werk »architektura hydraulica« (1737 – 1739) heraus. Er nennt das Gemisch aus wasserfestem Kalk, Kies und Bruchsteinen »beton«. In England baut John Smeaton (1724 – 1792) den Leuchtturm auf den Eddy-Stone-Rocks vor Plymouth mit einem wissenschaftlich untersuchten Bindemittel aus »gebranntem Kalk und Ton«. Der Turm hatte eine ausgezeichnete Haltbarkeit und wurde erst abgerissen, als die Fundamente unterspült waren. Smeaton lüftete als erster das Geheimnis des hydraulischen Kalks. 1796 erhielt James Parker ein Patent (Nr. 2120) für ein Bindemittel, gebrannt aus Kalkmergel mit hohem Tongehalt. Er nannte es »Roman-Cement«. Dieses Bindemittel wurde im größeren Maßstab zur Betonherstellung eingesetzt.

Durch Parkers Erfindung war die Zeit zur Entwicklung eines »künstlichen hydraulischen Bindemittels« gekommen. Der Franzose Vicat entwickelte 1816 einen hydraulischen Kalk (Ciment Calcaire), trotzdem baute man den Suezkanal (1859 – 1869) mit Santorin-Erden. In England wurde 1824 ein Erzeugnis zum Patent angemeldet (Nr. 5022), entwickelt von Joseph Aspdin. Er verglich es mit »Portland-Sandstone« und nannte das neue Bindemittel deshalb Portland-Zement.

In Deutschland machte sich der Chemiker Dr. H. Bleibtreu (1824 – 1881), ein Liebig-Schüler, um die Zemententwicklung verdient. Zementwerke wurden in Züllchow bei Stettin und in Oberkassel bei Bonn gegründet.

Der Stahlbetonbau begann: Coignet und Monier erhielten Patente für die ersten Konstruktionen aus Zement und Stahl (um 1870). In Deutschland fertigten 1884 die Ingenieure Wayss und Freytag das erste Probestück aus »Eisenbeton«: eine Hundehütte (Deutsches Museum in München).

Die verschiedenen Zementarten sind in der DIN EN 197 (früher DIN 1164) zusammengestellt und definiert. Es werden dabei insgesamt 27 Normalzemente unterschieden und in folgenden Hauptgruppen erfasst.

CEM I Portlandzement

CEM II Portlandzement abgemischt mit Puzzolanen, Hüttensand, Kalksteinmehl u. ä.

CEM III Hochofenzement

CEM IV Puzzolanzement

CEM V Kompositzement

Das wichtigste Zementprodukt ist dabei der Portlandzement, der das Basisprodukt für alle anderen Zementarten ist, die ja im Prinzip nur Abmischungen mit dem Portlandzement darstellen.

Herstellung des Portlandzements

Wie die natürlichen hydraulischen Kalke wird auch der Portlandzement durch Brennen aus Kalkmergel hergestellt. Der Unterschied liegt in der Brenntemperatur. Sie beträgt bei der Portlandzementherstellung ca. 1400 bis 1450 °C. Es entsteht dann der Zementklinker, der aus folgenden Bestandteilen (Klinkerphasen) besteht

Bestandteile des Zementklinkers (Klinkerphasen):

Bezeichnung	chemische Formel	Kurzbezeichnung
Dicalciumsilicat	$2\ CaO \cdot SiO_2$	C_2S
Tricalciumsilicat	$3\ CaO \cdot SiO_2$	C_3S
Tricalciumaluminat	$3\ CaO \cdot Al_2O_3$	C_3A
Tetracalciumaluminatferrit	$4\ CaO \cdot Al_2O_3 \cdot Fe_2O_3$	C_4AF

Anmerkung:

In der Zementchemie bedeuten

C = CaO
S = SiO_2
A = Al_2O_3
F = Fe_2O_3
H = H_2O

Die Härtung des Portlandzements erfolgt dann durch Zugabe von Wasser, das in einer chemischen Reaktion durch Hydratbildung eingelagert wird. Diese Hydratation ist die Primärhärtung und ist nach ca. 28 Tagen abgeschlossen. Dann beginnt eine sekundäre Härtungsreaktion, die als Carbonatisierung bezeichnet wird. Sie beruht darauf, dass aus den silikatischen Klinkerphasen (C_2S und C_3S) bei der Hydratation Kalkhydrat entsteht, das auch für die hohe Alkalität der Mischung verantwortlich ist und somit den Einsatz des Portlandzements für die Stahlbetonherstellung ermöglicht.

Die Härtungsreaktionen können vereinfacht wie folgt dargestellt werden.

Erhärtungsreaktionen von Zementklinker (vereinfacht):

Dicalciumsilicat C_2S
$2(2CaO \cdot SiO_2) + 4H_2O \rightarrow 3CaO \cdot 2SiO_2 \cdot 3H_2O + Ca(OH)_2$

Tricalciumsilicat C_3S
$2(3CaO \cdot SiO_2) + 6H_2O \rightarrow 3CaO \cdot 2SiO_2 \cdot H_2O + 3Ca(OH)_2$

Tricalciumaluminat C_3A
$3CaO \cdot Al_2O_3 + 6H_2O \rightarrow 3CaO \cdot Al_2O_3 \cdot 6H_2O$
$3CaO \cdot Al_2O_3 + Ca(OH)_2 + 12H_2O \rightarrow 4CaO \cdot Al_2O_3 \cdot 13H_2O$

Tetracalciumaluminatferrit C_4AF
$4CaO \cdot Al_2O_3 \cdot Fe_2O_3 + 2Ca(OH)_2 + 10H_2O \rightarrow 3CaO \cdot Al_2O_3 \cdot 6H_2O + 3CaO \cdot Fe_2O_3 \cdot 6H_2O$
$4CaO \cdot Al_2O_3 \cdot Fe_2O_3 + 4Ca(OH)_2 + 22H_2O \rightarrow 4CaO \cdot Al_2O_3 \cdot 13H_2O + 4CaO \cdot Fe_2O_3 \cdot 13H_2O$

Allgemeine Härtungsreaktion:

$$C_2S + C_3S + C_3A + C_4AF + H_2O \xrightarrow{\text{Hydratation}} CSH + CAH + CAFH + Ca(OH)_2$$

Carbonatisierung:
$$Ca(OH)_2 + CO_2 + H_2O \longrightarrow CaCO_3 + H_2O$$

Die Carbonatisierung stellt eine Nachhärtung des Zements dar.

Sonderzemente

Im Portlandzement sind also zwei Klinkerphasen (C_2S und C_3S) enthalten, die Kalkhydrat bilden und somit Alkalität erzeugen. Außerdem sind zwei Klinkerphasen (C_3A und C_4AF) vorhanden, die Kalkhydrat verbrauchen. Außerdem muss zu den Klinkerphasen festgestellt werden, dass z. B. die aluminatischen Phasen (C_3A und C_4AF) die Hydratationszeit stark beschleunigen und dass das Tricalciumaluminat (C_3A) in der Lage ist, mit Sulfatverbindungen (Gips) ein Treibmineral (Ettringit) zu bilden.

$$\underset{C_3A}{3CaO \cdot Al_2O_3} + \underset{\text{Gips}}{3CaSO_4 \cdot 2H_2O} + \underset{\text{Wasser}}{26H_2O} \rightarrow \underset{\text{Ettringit}}{3CaO \cdot Al_2O_3 \cdot 3CaSO_4 \cdot 32H_2O}$$

Bei der Reaktion entsteht eine Volumenvergrößerung von ca. 800 %, die natürlich zu extremen mechanischen Schäden führen kann (Gipstreiben). Aus diesem Grund muss auf gipshaltigen Untergründen ein sulfatbeständiger Zement (HS-Zement) eingesetzt werden. Aus diesen Feststellungen resultieren zwei Sonderzemente, die von Bedeutung sind, insbesondere im Bereich feuchte- und salzbelasteter Mauerwerke.

Hochsulfatbeständige Zemente

Bei den hochsulfatbeständigen (HS) Zementen handelt es sich um C_3A-freie oder C_3A-arme Zemente. Sie können aufgrund der fehlenden C_3A-Phase nicht zum Gipstreiben führen und werden bei diesen kritischen Untergründen erfolgreich eingesetzt.

Tonerde-Schmelzzemente

Die Tonerde-Schmelzzemente sind auch als Schnellzemente (Blitzzemente) bekannt. Sie bilden bei der Hydratation keine Alkalität (Kalkhydrat) und können deshalb für die Stahlbetonherstellung nicht verwendet werden. Ihre Hauptanwendung ist deshalb in der Fixierung von Verankerungen bzw. in der Schnellabdichtung von z. B. wasserführenden Fehlstellen zu sehen.

1.1.2.4 Latent hydraulische Bindemittel

Latent hydraulische Bindemittel enthalten als Wirkstoff amorphe (nicht kristalline) Kieselsäure (SiO_2) und sind somit alleine kein Bindemittel sondern mehr ein Zuschlagstoff. Um zum Bindemittel zu werden, ist ein Anreger erforderlich, der die inerte Kieselerde aktiviert und somit zum Bindemittel macht. Als Aktivator wird ein Produkt mit hoher Alkalität benötigt. Der wichtigste Aktivator ist das Kalkhydrat. Es findet dann folgende chemische Reaktion statt, die zur Bildung zementartiger Strukturen führt (CSH-Phasen).

$$\underset{\text{Kalkhydrat}}{3Ca(OH)_2} + \underset{\text{amorphe Kieselsäure}}{SiO_2} + 3H_2O \longrightarrow \underset{\text{Calciumsilicathydrat (CSH)}}{3CaO \cdot 2SiO_2 \cdot 3H_2O} + 3H_2O$$

Diese Reaktion verläuft sehr langsam und dauert einige Monate. Das heißt, die Baustoffmischung muss in diesem Zeitraum nachbehandelt, also feucht gehalten werden. Deshalb werden reine Kalktrassmörtel kaum mehr eingesetzt. Die heute verwendeten Produkte enthalten z. B. Portlandzement, um die Reaktion zu beschleunigen und um ausreichende Festigkeiten zu realisieren.

Beispiele für latent hydraulische Bindemittel

- Trassmehl (gemahlener Tuffstein)
  Vorkommen in der Eifel und im Donauries (Suevit, bayerischer Trass)
- Puzzolanerden (gemahlene Lava) im Bereich von Vulkanen (z. B. Santorinerde, Molererde usw.)
- künstlich hergestellte amorphe Kieselsäureprodukte wie z. B. Flugasche, Elektrofilterasche und ähnliche Materialien.

In den Handel kommen latent hydraulische Bindemittel als

- Trassmehl (gemahlener Tuff)
- Trasskalk (Mischung Kalkhydrat und Trassmehl)
- Trasszement (Mischung von Portlandzement und maximal 40 % Trassmehl)

Die Vorteile der Trassprodukte sind die Erhöhung von Wasserbeständigkeit, Salzbeständigkeit, Festigkeit, und die Kalkbindung, die zu einer gewissen Ausblühfreiheit führt. Da also Kalk gebunden wird, kommt es zu einer Erniedrigung der Alkalität, was dazu führt, dass Trasszement nicht zur Herstellung von Stahlbeton eingesetzt werden darf. Die Nachteile liegen in der komplizierten Härtungsreaktion und der langen Nachbehandlungsphase.

1.1.3 Zusammenfassende Betrachtung zu den mineralischen Bindemitteln

Aus der Darstellung der mineralischen Bindemittel ergibt sich nahezu zwangsläufig, dass mit den beiden Hauptbindemitteln Kalkhydrat und Portlandzement fast alle gewünschten Eigenschaften realisiert werden können. Das heißt, komplexe und komplizierte Bindemittel wie z. B. Trasskalk sind für die Herstellung hochwertiger Baustoffe (Putze und Mauermörtel) nicht unbedingt erforderlich. Hierzu muss noch berücksichtigt werden, dass Kalkhydrat und Portlandzement in jedem gewünschten Verhältnis abgemischt werden können. Die folgende Übersicht soll die angesprochenen Möglichkeiten verdeutlichen.

	Kalkhydrat	Portlandzement
Zusammensetzung	$Ca\ (OH)_2$	C_2S, C_3S, C_3A,C_4AF
Löschfähigkeit	löschfähig	nicht löschfähig
Härtung	carbonatisch	hydraulisch und carbonatisch
Härtungszeit	je nach Schichtdicke Monate bis Jahre	hydraulisch: 28 Tage carbonatisch: Jahre
Wasserfestigkeit Wasseraufnahme	schlecht $w > 2{,}0\,kg/m^2h^{0,5}$	sehr gut $w < 1{,}0\,kg/m^2h^{0,5}$
Diffusionswiderstandszahl	μ 10 – 20	μ 50 – 100
Frost- und Salzbeständigkeit	nein nein	ja ja bis nein
Druckfestigkeit	$\beta_d \sim 1 - 2\,N/mm^2$	$\beta_d > 10\,N/mm^2$
Schwindmaß bei der Härtung	ε_s 8 – 30 mm/m	ε_s 0,8 – 1,5 mm/m
E-Modul	$\sim 5 - 10\,N/mm^2$ relativ elastisch	$> \sim 15\,N/mm^2$ relativ starr

Tabelle 1: Vergleich von Eigenschaften der Primärbindemittel Kalkhydrat und Portlandzement

1.2 Zuschlagstoffe für mineralische Baustoffe

Durch verschiedene Zuschlagstoffe können wie auch durch die Bindemittel die Eigenschaften der Baustoffe sehr stark beeinflusst werden. Ein Beispiel soll dies verdeutlichen: Bei einem Bindemittel-Zuschlag-Verhältnis von 3 zu 10 verwenden wir zwei verschiedene Zuschlagstoffe.

Im ersten Fall verwenden wir Quarzsand und im zweiten geschäumtes Polystyrol. Es entstehen zwei Putze mit völlig verschiedenen Eigenschaftsbildern. Der Putz mit Sand als Zuschlag hat eine Rohdichte von ca. 2,0 kg/dm³ oder mit Polystyrol eine Rohdichte von ca. 0,4 kg/dm³. Der erste Putz ist ein schwerer Fassadenputz, der zweite ein extrem leichter Putz (Wärmedämmputz).

Entsprechend dieses Beispiels unterscheiden wir bei den Zuschlagstoffen zwischen Zuschlägen mit dichtem und porigem Gefüge. In den Tabellen 2 und 3 sind die wesentlichen Zuschläge zusammengestellt.

Zuschlagstoffe	Einsatzgebiete	Rohdichte in kg/dm³ (Schüttdichte)
natürliche Zuschläge		
Sand und Brechsand	Mörtel, Beton	2,55 bis 2,65 (1,4 bis 2,0)
Kies und Schotter	Beton, Mörtel (nur bedingt)	2,55 bis 2,65 (1,4 bis 1,9)
künstliche Zuschläge		
Hochofenschlacke	Beton	1,5 bis 1,8
Hüttensand, hell	Mörtel, zusammen mit nat. Sand	0,5 bis 0,9
Hüttensand, dunkel	Mörtel, zusammen mit nat. Sand	0,9 bis 1,4
Kohleschlacke	Beton (nur bedingt)	1,5 bis 1,8
Ziegelsplitt	Beton und Mörtel (nur bedingt)	1,2 bis 1,8
Schamotte	Feuerfester Beton und Mörtel	1,7 bis 1,9
Sonderzuschläge		
Elektrokorund	verschleißfeste Schichten	3,9 bis 4,0
Siliziumkarbid	verschleißfeste Schichten	3,1 bis 3,2
Asbest	früher für Brandschutz- und Akustikputze und dünne Platten; zur Erzielung von hoher Zugfestigkeit (z. B. Asbestzementfassadenplatten)	0,3 bis 0,6
Zellulosefasern (Papierfasern)	dünne Platten; zur Erzielung von höheren Festigkeiten (z. B. Gipsfaserplatten)	–

Zuschlagstoffe	Einsatzgebiete	Rohdichte in kg/dm^3 (Schüttdichte)
Kunststofffasern	dünne Platten; zur Erzielung von hoher Zugfestigkeit (z. B. Faserzementfassadenplatten)	~ 1,1
Glasfasern	dünne Platten; zur Erzielung hoher Zugfestigkeit	2,2 bis 3,0
Metallspäne	verschleißfeste Schichten	–
Schwerspat (Baryt)	Strahlenschutz (Röntgen- und γ-Strahlung)	4,15 bis 4,55
Brauneisenstein, Serpentin	Strahlenschutz (Neutronenstrahlung)	4,9 bis 5,0

Tabelle 2: Zuschlagstoffe mit dichtem Gefüge

Zuschlagstoffe	Einsatzgebiete	Rohdichte in kg/dm^3 (Schüttdichte)
natürliche Zuschläge		
Bims Schaumlava Holzspäne	Mauersteine, Leichtmörtel Leichtbeton Mauersteine, Leichtbeton Holzwolle-Leichtbauplatten	0,4 bis 0,9 (~ 0,3) 0,7 bis 1,5 ~ 0,6
künstliche Zuschläge		
Hüttenbims	Leichtbeton	0,6 bis 1,8 (0,4 bis 0,75)
Sinterbims	Leichtbeton	0,5 bis 1,8
Blähton	Mauersteine, Wärmedämmputze Leichtbeton	0,6 bis 1,6 (0,3 bis 1,4)
Blähschiefer	Leichtbeton	0,8 bis 1,8 (0,5 bis 1,6)
Blähperlite (Perlite)	Mauersteine, Wärmedämmputze Leichtbeton	0,1 bis 0,3 (0,5 bis 1,6)
Blähglimmer (Vermiculite)	Wärmedämmputze, Leichtbeton Leichtmörtel	0,1 bis 0,2 (0,07 bis 0,09)
Schaumglas	Leichtbeton	0,12 bis 0,14
Polystyrol	Wärmedämmputze, Leichtbeton Leichtmörtel	~ 0,04 (0,012)

Tabelle 3: Zuschlagstoffe mit porigem Gefüge

2 Die Schadensverursacher

Wenn häufig das Thema »Bauwerkstrockenlegung« treffender mit dem Begriff Instandsetzung von feuchte- und salzgeschädigtem Mauerwerk umschrieben wird, sind dabei genau die beiden hauptsächlichen Schadensverursacher genannt, nämlich die Feuchtigkeit und die Salze. Denn nur wenn es gelingt, in den Feuchtehaushalt und in den Salzhaushalt eines Gebäudes vernünftig einzugreifen, kann eine sinnvolle, wirtschaftliche und dauerhafte Problemlösung erreicht werden. Dabei kann man zunächst feststellen, dass die gesamte Problematik immer mit der Feuchtigkeitsaufnahme der Bauwerke, insbesondere im erdberührten Grundmauerwerksbereich, beginnt. Es handelt sich dort um eine kapillare Wasseraufnahme, die durch Druck (Sickerwasser, Hangwasser) verstärkt werden kann.

Bereits die Berührung des nicht abgedichteten Mauerwerks mit normal feuchtem Erdreich (Bodenfeuchte) kann ausreichen, dass genügend Feuchtigkeit kapillar aufgenommen wird, um das eigentliche Problem »in Gang zu bringen«. Durch die Wasseraufnahme gelangen nun allmählich auch Salze in den Baustoff, die sich im Mauerwerk verteilen und in den Verdunstungszonen anreichern. Bei entsprechender Konzentration dieser Salze können dann andere Mechanismen eine zusätzliche Durchfeuchtung hervorrufen. Im Wesentlichen müssen hier die hygroskopische Wasseraufnahme und die Kondensation oder Tauwasserbildung angesprochen werden. Bei diesen Mechanismen wird das Wasser zunächst nicht flüssig aufgenommen, sondern als Wasserdampf eingelagert und im Porensystem verflüssigt. Wir müssen also grundsätzlich zwischen einer »flüssigen Wasseraufnahme« und einer »gasförmigen Wasseraufnahme« aus der Umgebungsluft unterscheiden, wobei die Gewichtung der einzelnen Mechanismen bei jedem Objekt anders einzustufen ist, so dass man also kein prinzipielles, allgemein gültiges Verursacherprinzip festlegen kann. Im Einzelnen sind folgende Wasseraufnahmemechanismen zu unterscheiden:

- kapillare Wasseraufnahme ohne Druck
- Wasseraufnahme durch Sicker-, Hang- oder Schichtenwasser unter Druck
- hygroskopische Wasseraufnahme durch den Salzgehalt
- Wasseraufnahme durch Kapillarkondensation (Sorption)
- Wasseraufnahme durch Kondensation (Tauwasser)

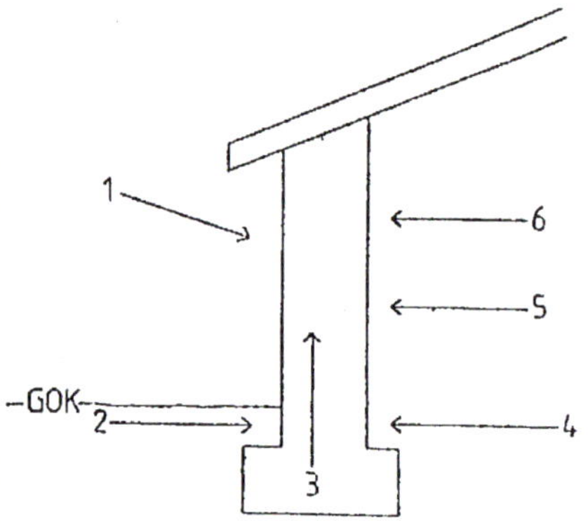

Wasseraufnahme in flüssiger Form

1 Regenwasser
2 Sickerwasser
3 aufsteigende Feuchtigkeit

Wasseraufnahme als Wasserdampf

4 Kapillarkondensation
5 hygroskopische Feuchtigkeitsaufnahme
6 Kondensation

Bild 1: Die verschiedenen Wasseraufnahmemechanismen

2.1 Porosität und Wasseraufnahme

Die Wasseraufnahme in Baustoffen findet grundsätzlich im Porensystem statt. Würde ein Baustoff keine Porosität besitzen, wäre auch keine Wasseraufnahme möglich. Die Poren besitzen dabei eine unterschiedliche Gestalt, wobei im einzelnen folgende Porentypen unterschieden werden können:

A = durchgehende Pore
B = Sackpore
C = geschlossene Pore
D = Verzweigung
E = Verbindung
F = Flaschenhalspore

Bild 2: Schematische Darstellung unterschiedlicher Porenarten

Neben dieser geometrischen Unterscheidung der Poren wird auch nach der Porengröße unterschieden und die Poren werden somit auch nach ihrer Größe eingeteilt:

Mikroporen	$< 10^{-7}$ m	keine kapillare Leitfähigkeit
Kapillarporen	$> 10^{-7}$ m	kapillare Leitfähigkeit
Makroporen	$> 10^{-4}$ m	kapillarbrechend

Tabelle 4: Einteilung der Porengrößen

Die Verteilung der Poren auf die einzelnen Größenbereiche ist baustoffspezifisch und wird im Allgemeinen durch die Quecksilberdruckporosimetrie ermittelt. Dabei werden die Poren unter Druck mit Quecksilber gefüllt, wobei die Abhängigkeit vom Porenradius zum Fülldruck für die Klassifizierung der Poren herangezogen wird.

Es besteht außerdem ein sehr interessanter Zusammenhang zwischen der Porengroße und den die Poren mit Wasser füllenden Wasseraufnahmemechanismen. Dieser Zusammenhang kann der Tabelle 5 entnommen werden.

Mikroporen $r < 10^{-7}$ m	Kapillarporen $r = 10^{-7}$ bis 10^{-4} m	Makroporen $r > 10^{-4}$ m
Kapillarkondensation (Sorption) Kondensation	Kapillarität Kondensation Hygroskopizität	Sickerwasser Wasseraufnahme unter Druck Kondensation Hygroskopizität
Porenradius 10^{-9} 10^{-8} 10^{-7}	10^{-6} 10^{-5} 10^{-4}	10^{-3} 10^{-2} 10^{-1}

Tabelle 5: Zusammenhang zwischen Wasseraufnahmemechanismen und Porengröße

Da die Baustoffe nun unterschiedliche Porengrößenverteilungen haben, ist auch ihre Wasseraufnahme, z. B. durch Kapillarität, sehr unterschiedlich. Auch die Wasseraufnahme aus der Wasserdampfphase orientiert sich natürlich direkt an der Porengrößenverteilung und ergibt auch völlig unterschiedliche Eigenschaften für die einzelnen, im Mauerwerksbau angewendeten Baustoffe.

Ein letzter wichtiger Begriff ist das Porenvolumen. Unter dem Porenvolumen (PV) versteht man den Anteil der Poren am Gesamtvolumen des Baustoffs. Die Messung des Porenvolumens geschieht unter Druck z. B. mittels Quecksilberdruckporosimetrie.

Beispiel: PV = V.-18 % bedeutet 180 l Poren auf 1 m³ Baustoff, d. h. theoretisch die maximale Flüssigkeitsaufnahme beträgt 180 Liter/m³.

Unter dem »scheinbaren Porenvolumen« versteht man den Wert, welcher auf kapillaren Weg zugänglich ist (geschlossene Poren und Makroporen sind z. B. auf diesem Weg nicht zugänglich); dieser Wert ist folglich immer niedriger als das tatsächliche Porenvolumen.

Beschrieben werden können das Porenvolumen und das scheinbare Porenvolumen auch durch die Größen Wasserkapazität und Sättigungsfeuchtigkeit. Diese sind folgendermaßen definiert:

Wasserkapazität Φ_k (m^3/m^3)

Φ_k entspricht dem Feuchtigkeitsgehalt, der sich bei kapillarer Wasseraufnahme im Baustoff einstellt (vgl. scheinbares Porenvolumen).

Sättigungsfeuchte Φ_s (m^3/m^3)

Φ_s stellt sich dann ein, wenn alle Poren und Kapillaren gefüllt sind (vgl. Gesamtporenvolumen).

Beispiele

Baustoff	Φ_k	Φ_s	scheinbares PV	Gesamt PV
Vollziegel	0,19	0,29	19 %	29 %
Beton	0,14	0,22	14 %	22 %
Porenbeton	0,29	0,72	29 %	72 %

Tabelle 6: Zusammenhang zwischen Wasseraufnahmemechanismen und Porengröße

Φ_s ist dabei immer größer als Φ_k. Im Grenzfall können beide gleich groß sein. Der Unterschied zwischen Φ_s und Φ_k kann in erster Näherung als der Porenraum beschrieben werden, der bei Injektionen unter Druck zusätzlich erreicht und gefüllt werden kann.

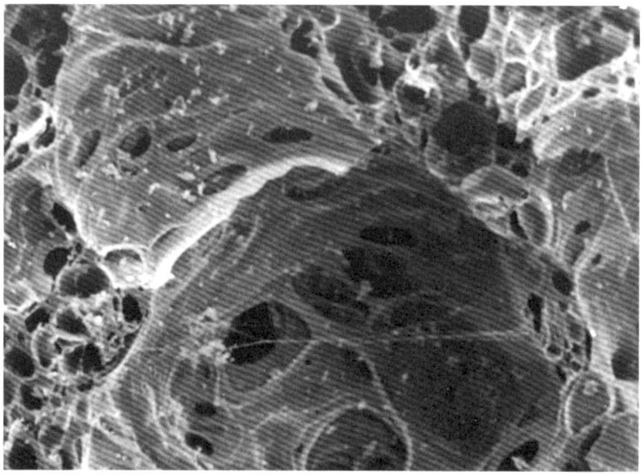

Bild 3: Unterschiedliche Porosität von Baustoffen: Bims

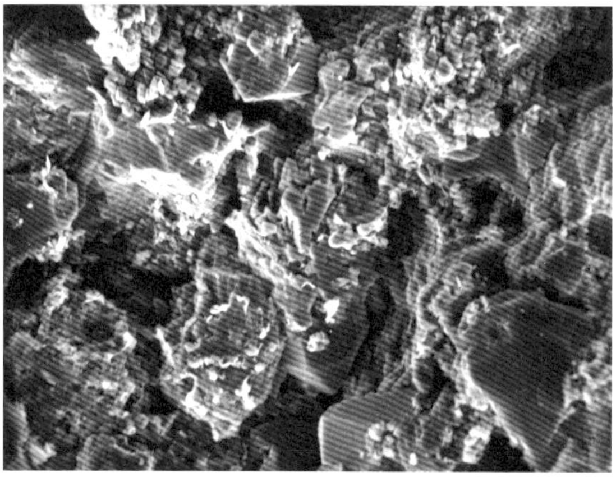

Bild 4: Unterschiedliche Porosität von Baustoffen: Sandstein

Bild 5:
Unterschiedliche Porosität von Baustoffen: Marmor

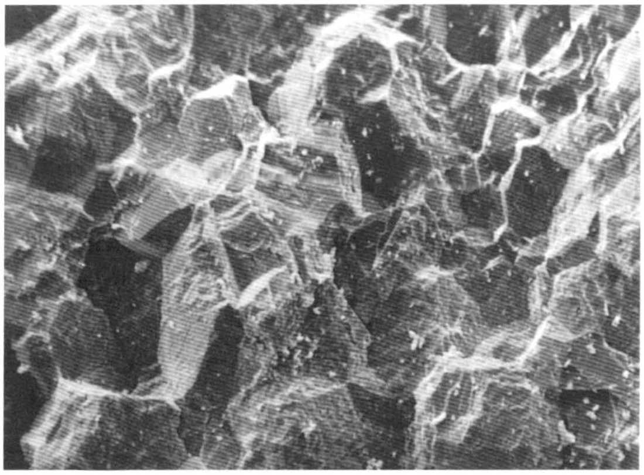

2.2 Die verschiedenen Mechanismen der Wasseraufnahme WA

Die Wasseraufnahme von Baustoffen hängt also direkt mit der Porosität, dem Porenvolumen und der Porengrößenverteilung zusammen. Die einzelnen bereits erwähnten Mechanismen sollen kurz dargestellt werden.

2.2.1 Die kapillare Wasseraufnahme

Die kapillare Wasseraufnahme ist wohl der bekannteste Feuchtigkeitsaufnahmemechanismus. Kapillar nehmen Baustoffe immer dann Wasser auf, wenn sie direkt mit ihm in Berührung kommen und Kapillarporen besitzen. Dies geschieht vornehmlich im Fassadenbereich und in nicht abgedichteten erdberührenden Bereichen. Die kapillare Wasseraufnahme selbst kann im Wesentlichen durch zwei Gesetze beschrieben werden. Das erste Gesetz beschreibt die kapillare Sauggeschwindigkeit zu Beginn des Saugvorgangs. Diese ist direkt abhängig vom Kapillarradius.

$$V = K_1 \cdot r$$

Demnach ist also die Sauggeschwindigkeit in grobkapillaren Baustoffen wesentlich größer als in feinkapillaren Systemen. In die Praxis umgesetzt bedeutet dies, dass z. B. ein Baustoff wie Porenbeton eine höhere Anfangssaugfähigkeit besitzt wie z. B. ein Mauerziegel.

Ein zweites Gesetz beschreibt die maximal mögliche Steighöhe in Kapillaren. Diese ist umgekehrt proportional dem Kapillarradius. Das Gesetz kann vereinfacht so formuliert werden:

$$H_{max} = \frac{K_2 \cdot \cos\Theta}{r}$$

Die Konstanten K1 und K2 beinhalten im Wesentlichen Viskosität, Oberflächenspannung, spezifisches Gewicht und Erdbeschleunigung. Für Wasser errechnet sich die maximale mögliche Steighöhe

$$H_{max} = \frac{14{,}9}{r}\ \text{mm}$$

Vergleicht man die beiden Gesetze miteinander, kann man eine umgekehrte Abhängigkeit vom Radius feststellen. Dies bedeutet, je feiner die Kapillaren werden, umso höher ist die theoretisch mögliche maximale Steighöhe. Wird demnach die Sauggeschwindigkeit sehr klein, ist es unwahrscheinlich, dass die maximal mögliche Steighöhe überhaupt erreicht wird, da ja dem Saugvorgang der Kapillaren im Mauerwerk das Verdunsten der Feuchtigkeit aus dem Mauerwerk gegenübersteht.

Aus dieser Überlegung folgt, dass sich für jedes Mauerwerk eine Art Gleichgewichtszustand einstellt, der im Wesentlichen von der Porengrößenverteilung des verwendeten Baustoffs abhängt und natürlich von der Leistungsfähigkeit der Verdunstung an der Mauerwerksoberfläche. Aus den Gesetzen lässt sich außerdem entnehmen, dass es mit Sicherheit Grenzwerte für den kapillaren Radius gibt, innerhalb derer eine maximale Leistungsfähigkeit gegeben ist. Wird z. B. der Kapillarradius sehr klein, geht die kapillare Sauggeschwindigkeit gegen Null, wird der Kapillarradius sehr groß, geht die maximal mögliche Steighöhe gegen Null. Diese Grenzradien können etwa folgendermaßen angegeben werden:

$r < 0{,}1\,\mu m$; $V \longrightarrow 0$

$r > 100\,\mu m$; $H_{max} \longrightarrow 0$

oder:

$r = 0{,}1\,\mu m \quad H = 149{,}00\ m$

$r = 100{,}0\,\mu m \quad H = 0{,}149\ m$

Durch die Betrachtungen kann man z. B. verstehen, dass in zementgebundenen Baustoffen, also Systemen mit sehr kleinen Porenradien, eine nennenswerte aufsteigende Feuchtigkeit deshalb nicht möglich ist, weil die kapillare Sauggeschwindigkeit zum Erliegen kommt. Dies wird ja letztlich auch in der Abdichtung von Mauerwerk gegen Feuchtigkeitsaufnahme von außen ausgenutzt, und zwar durch den Einsatz zementgebundener Abdichtungssysteme (Dichtschlämmen, Sperrputze). Außerdem versteht man die Wirkung von Makro- oder Luftporen. Bei diesen wird der kapillare Füllvorgang durch die geringe mögliche Steighöhe unterbrochen. Der Vorgang wird als Kapillarbrechung bezeichnet. Luftporen mit Radien größer 10^{-4} m lassen sich deshalb nur unter Druck mit Wasser oder anderen Flüssigkeiten füllen.

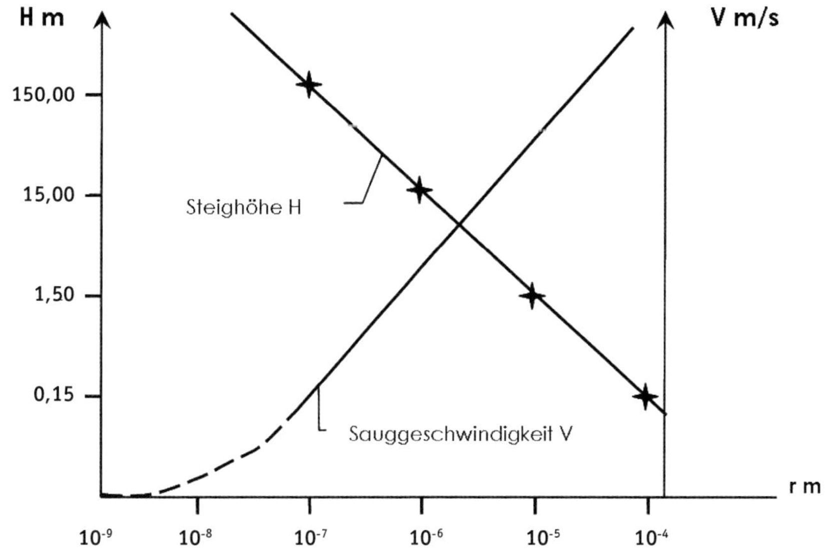

Grenzfälle:	I.	r	→	0
		H	→	∞
		V	→	0
	II.	r	→	∞
		H	→	0
		V	→	∞

Bild 6: Zusammenhang zwischen Kapillarität und Porenradius

2.2.2 Die Hydrophobierung von Baustoffen

Zum besseren Verständnis verschiedener Verfahren der Horizontalabdichtung muss noch kurz auf den cosΘ in der Gleichung 2 eingegangen werden. Der Winkel Θ wird als Benetzungswinkel bezeichnet und es ist der Gleichung zu entnehmen, dass durch eine Veränderung des Benetzungswinkels die kapillare Steighöhe beeinflusst werden kann. Dieser Effekt wird bei der Ausrüstung von Baustoffen ausgenützt.

Bei normal saugfähigen Baustoffen wird das Wasser mehr oder weniger schnell aufgesaugt und der Benetzungswinkel Θ geht somit gegen Null. Der cosΘ wird in diesem Falle aber 1.

Somit kann für saugfähige Baustoffe der Benetzungswinkel vereinfachend aus den Betrachtungen ausgeschlossen werden. Es gibt jedoch die Möglichkeit, durch eine Oberflächenbehandlung der Kapillarwände den Benetzungswinkel zu verändern und ihn konstant auf einem Wert zwischen 90° und 180° zu halten. Man bezeichnet diesen Vorgang allgemein in der Bauphysik als das so genannte Hydrophobieren. Da nach den mathematischen Gesetzen der Cosinus eines Winkels zwischen 90°

und 180° einen negativen Wert annimmt, resultiert daraus insgesamt eine negative Steighöhe oder eine Aufhebung der kapillaren Saugfähigkeit. Die Baustoffe werden durch derartige Behandlungen nicht abgedichtet, sie verlieren nur ihre Saugfähigkeit gegenüber Wasser.

Dieses darf natürlich nicht unter Druck anstehen. Hydrophobierungen sind deshalb nicht geeignet, um ein Mauerwerk, z. B. im erdberührenden Bereich, vertikal gegen Druckwasser abzudichten. Wohl aber sind derartige Behandlungen sinnvoll anwendbar im Fassadenbereich oder zur Hydrophobierung des Mauerquerschnittes gegenüber kapillar aufsteigender Feuchtigkeit, wie wir dies später noch besprechen werden.

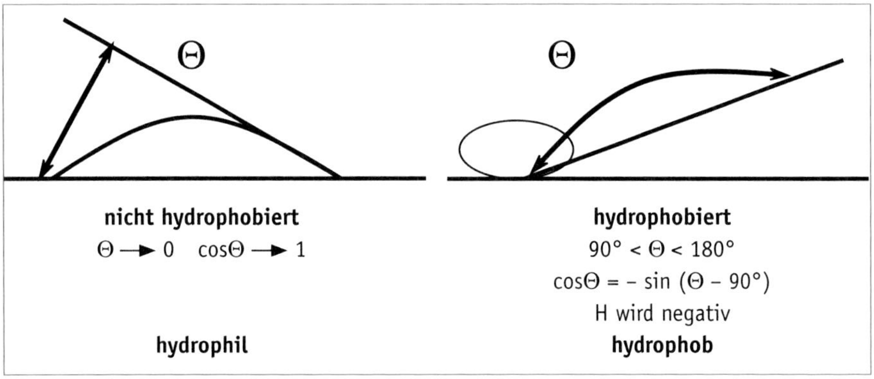

Bild 7: Physikalische Darstellung von Hydrophilie und Hydrophobie

2.2.3 Sickerwasser und Sickerströmung

Die kapillare Wasseraufnahme kann durch Druckeinwirkung verstärkt werden. Dies ist insbesondere dort der Fall, wo durch wasserführende Schichten Niederschläge in Form von Sicker-, Hang- oder Schichtenwasser an das Grundmauerwerk herangeführt werden. Das Wasser steht dann unter einem gewissen Druck am Mauerwerk an, wobei dieser hydrostatische Druck, der dem Gewicht des anstehenden Wassers entspricht, eine Verstärkung der Kapillarität und damit eine Erhöhung der Wasseraufnahme bewirkt. In ungünstigen Fällen kann das Wasser durch das Mauerwerk hindurchtreten und schwerwiegende Schäden hervorrufen.

Die Wasseraufnahme erfolgt nach einem Gesetz, das Darcy als Erster formulierte. Deshalb bezeichnet man diesen Wasseraufnahmemechanismus auch als die Darcy'sche Sickerströmung.

$$I = k\frac{dp}{dx}$$

dp in $\frac{N}{m^2}$

dp in m Druckunterschied des anstehenden Wassers

dx in m Dicke des Bauteils

I = Massenstromdichte = (g/s, die durch 1 m^2 Mauerfläche fließen)

k = spezifische Durchlässigkeit

Die Vereinfachung, die dieser Gleichung zugrunde liegt, ist dadurch gekennzeichnet, dass man so tut, als wären alle unterschiedlichen Poren eines Baumaterials durch eine einzige, das Material kennzeichnende, durchgehende Kapillare zu beschreiben. Der Wert k ist für viele Bodenarten und Baustoffe experimentell bestimmt worden.

Während man beim klassischen Fall der aufsteigenden Mauerfeuchtigkeit nur für entsprechende Abdichtungen sorgen muss, empfiehlt es sich, beim Sonderfall des Schichtenwassers für eine zusätzliche Ableitung zu sorgen. Dies wird in der Praxis durch Einbringen von Dränagen, d. h. unterirdisch verlegten Rohrleitungen, die im Sinne einer Regenrinne das flüssige Wasser ableiten sollen erreicht. Man sieht also bereits an dieser Stelle bei der Betrachtung der kapillaren Wasseraufnahme mit und ohne Druck, dass eine genaue Kenntnis der Verhältnisse notwendig ist, um die entsprechend leistungsfähigen Sanierungsmaßnahmen planen zu können.

2.2.4 Wasseraufnahmekoeffizient w

Die kapillare Wasseraufnahme von Baustoffen selbst wird heute durch den Wasseraufnahmekoeffizenten beschrieben. Dieser errechnet sich wie folgt:

Trägt man die Wasseraufnahme W (kg/m^2) eines Baustoffes in Abhängigkeit von der Wurzel aus der Zeit auf, so erhält man für viele Baustoffe eine Gerade. Die Steigung dieser Geraden wird als Wasseraufnahmekoeffizient w bezeichnet. Früher war auch die Benennung A gebräuchlich.

$$W\left(\frac{kg}{m^2}\right) = w \cdot \sqrt{t}(h)$$

Kennwerte des kapillaren Wasseraufnahmevermögens von Baustoffen

			A		B	φ_K	φ_S
Nr.	Material	Rohdichte kg/m³	Wasseraufnahmekoeffizient		Wassereindringkoeffizient	Wasserkapazität	Sättigungsfeuchtigkeitsgehalt
			[kg/m² · s^{0,5}]	[kg/m² · h^{0,5}]	[m/s^{0,5}] · 10^{-3}	m³/m³	m³/m³
1	Vollziegel A	1750	0,420	25,1	2,24	0,19	0,29
2	B	2175	0,049	2,9	0,56	0,09	0,13
3	Hochlochziegel C	1155	0,138	8,3	0,73	0,19	0,22
4	D	1165	0,148	8,9	0,81	0,18	0,18
5	Kalksandstein A	1635	0,123	7,7	0,46	0,27	0,36
6	B	1755	0,050	3,0	0,21	0,24	0,34
7	C	1760	0,091	5,5	0,42	0,22	0,35
8	D	1795	0,087	5,4	0,39	0,22	0,32
9	E	1880	0,053	3,2	0,29	0,18	0,27
10	F	1920	0,053	3,2	0,26	0,20	0,27
11	Schwerbeton A	2290	0,030	1,8	0,22	0,14	
12	B	2410	0,018	1,1	0,09	0,19	0,22
13	Bimsbeton A	845	0,483	2,9			
14	B	1085	0,032	1,9			0,40
15	Gasbeton A	630	0,077	4,6	0,28	0,28	0,72
16	B	600	0,071	4,2	0,25	0,28	0,71
17	C	530	0,066	4,0	0,23	0,29	0,74
18	D	620	0,110	6,5	0,38	0,29	0,72
19	E	640	0,128	7,7	0,45	0,28	0,60
20	Gipsbauplatte A	900	1,16	69	2,36	0,49	
21	B	600	0,64	38	1,80	0,36	
22	Weißkalkputz		0,17	7,0			
23	Kalkzementputz A		0,03	2,0			
24	B		0,06	4,0			
25	Zementputz A		0,03	2,0			
26	B		0,05	3,0			
27	Kunststoffdispersionsbeschichtung A		0,001	0,05			
28	B		0,003	0,2			

A = Wasseraufnahmekoeffizient
B = Wassereindringkoeffizient

Tabelle 7: Kennwerte der Wasseraufnahme

2.2.5 Wasseraufnahme als Wasserdampf

Die Wasseraufnahme aus der Umgebungsluft als Wasserdampf wird von vielen nach wie vor untergeordnet eingestuft. Die verschiedenen Wasseraufnahmemechanismen, die hier eine Rolle spielen, sind Kapillarkondensation, Kondensation und hygroskopische Feuchtigkeitsaufnahme. Die physikalischen Grundlagen für diese Wassermechanismen sind schnell erklärt und relativ einfach zu verstehen.

Die relative Luftfeuchtigkeit gibt demnach an, zu wie viel Prozent bei gegebener Temperatur die Sättigungsfeuchte erreicht ist. Je höher die Lufttemperatur umso größer ist der maximal mögliche Feuchtigkeitsgehalt der Luft, also die Sättigungsfeuchte, d. h. mit steigender Temperatur ist die Luft in der Lage, größere Mengen an Feuchtigkeit aufzunehmen. Erhöht man die Temperatur der Luft durch Beheizung, sinkt demnach die relative Luftfeuchtigkeit ab. Kühlt man die Luft dagegen ab, steigt die relative Luftfeuchtigkeit an.

Die Luft kann bei jeder Temperatur eine maximale Menge an Wasserdampf aufnehmen. Man bezeichnet diese als die Sättigungsfeuchte. Normalerweise wird die Sättigungsfeuchte nur in Ausnahmefällen erreicht. Der Luftfeuchtigkeitsgehalt liegt deshalb unterhalb der Sättigungsfeuchte. Bildet man nun den Quotienten aus dem tatsächlichen Feuchtigkeitsgehalt und der Sättigungsfeuchte und multipliziert ihn mit Einhundert, so erhält man den Wert der so genannten relativen Luftfeuchtigkeit in Prozent.

$$\text{relative Luftfeuchtigkeit (\%)} = \frac{\text{Feuchtegehalt g/m}^3}{\text{Sättigungsfeuchte g/m}^3} \cdot 100$$

2.2.6 Kondensation

Zur Kondensation kommt es immer dann, wenn an irgendeinem Gebäudeteil die Sättigungsfeuchte erreicht wird, d. h. wenn in diesem Bereich 100 % Luftfeuchtigkeit herrscht. Man spricht dann auch vom so genannten Taupunkt. Da die Temperaturverteilung an einer Wandfläche sehr unterschiedlich ist, kann es durchaus vorkommen,

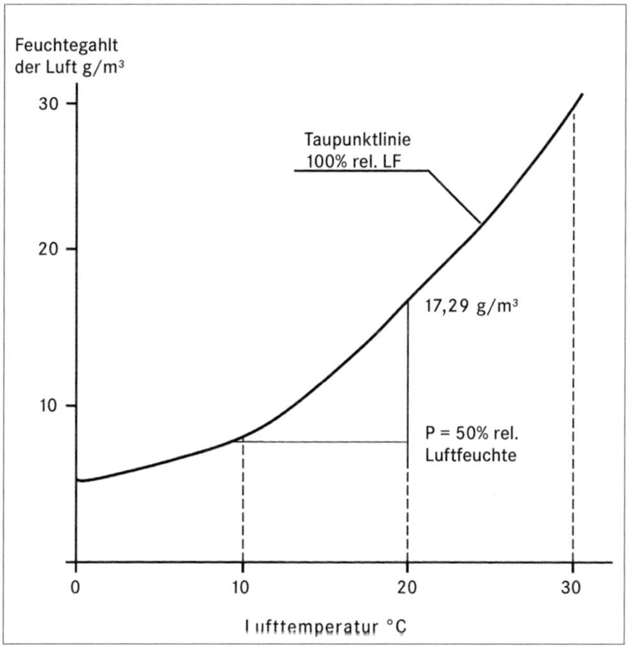

Bild 8: Maximaler Feuchtigkeitsgehalt der Luft in Abhängigkeit von der Temperatur

dass die Luft nur eine relative Luftfeuchtigkeit von vielleicht 70 % bei einer Raumtemperatur von 18 °C besitzt, dass aber durchaus an einigen Wandflächen so niedrige Temperaturen herrschen, dass dort Kondensatbildung auftritt. Besonders gefährdet sind stark unterkühlte Teile, wie z. B. Fensterflächen, Fensternischen, Außenecken von Gebäuden oder stark durchfeuchtete Gebäudeteile, weil durch eine Erhöhung des Feuchtegehaltes im Bauteil die Wärmeleitfähigkeit zunimmt und deshalb die Oberflächentemperatur absinkt (Wärmebrücken).

2.2.7 Kapillarkondensation

Kapillarkondensation tritt bereits unterhalb der Sättigungsbedingungen auf, und zwar bei Baustoffen mit einem ausgeprägten Mikroporensystem. Es kommt dann z. B. bei einer relativen Luftfeuchtigkeit, die deutlich unter 100 liegt, zum Füllen der Poren mit einem bestimmten, relativ kleinen Porenradius. Besonders aktiv für Kapillarkondensation sind Porensysteme im so genannten Nanometerbereich. Die Kapillarkondensation ist für die Ausgleichsfeuchte der Baustoffe verantwortlich (Sorption und Sorptionsisothermen).

2.2.8 Hygroskopische Wasseraufnahme

Der wohl wichtigste Mechanismus der gasförmigen Wasseraufnahme ist aber die hygroskopische Feuchtigkeit. Jeder Baustoff steht durch die Kapillarkondensation in einem Gleichgewichtszustand mit der herrschenden relativen Luftfeuchtigkeit. Dieser Gleichgewichtszustand wird – wie bereits oben erwähnt – als Gleichgewichtsfeuchte bezeichnet.

Haben sich nun im Porensystem eines Baustoffes, durch kapillare Wassertransporte bedingt oder durch chemische Umwandlungen ausgelöst, Salze gebildet oder eingelagert, so können diese die Gleichgewichtsfeuchte entscheidend beeinflussen. Je nach Löslichkeit und Art der Salze besitzen sie eine unterschiedliche Fähigkeit, Feuchtigkeit zu binden. Man nennt diese Eigenschaft Hygroskopizität. Am hygroskopischsten sind dabei die besonders löslichen Nitratverbindungen, die bereits bei einer relativen Luftfeuchtigkeit von 50 % beginnen, hygroskopisch Wasser zu ziehen. Es folgen die Chloridverbindungen. Am ungefährlichsten und unkritischsten sind Sulfatsalze. Eine salzhaltige und das heißt, mit hygroskopisch wirkenden Salzen belastete Mauer, kann demnach ein Vielfaches an Wasser aus der Umgebungsluft einlagern, als es der so genannten Gleichgewichtsfeuchte oder Sorptionsfeuchte des salzfreien Baustoffes entspricht. Es sind viele Mauerwerke bekannt, bei denen nach entsprechender Salzbelastung die hygroskopischen Durchfeuchtungseffekte die kapillare Wasseraufnahme weit übertreffen. Man darf also bei der Bewertung und letztlich auch bei der Auswahl der geeigneten Sanierungsverfahren diesen wichtigen Durchfeuchtungsmechanismus auf keinen Fall unterschätzen. Dabei ist besonders wichtig, dass die hygroskopische Wasseraufnahme durch Abdichtungen nicht beherrscht oder reduziert werden kann.

Bild 9:
Sorptionsisothermen feinporiger Baustoffe

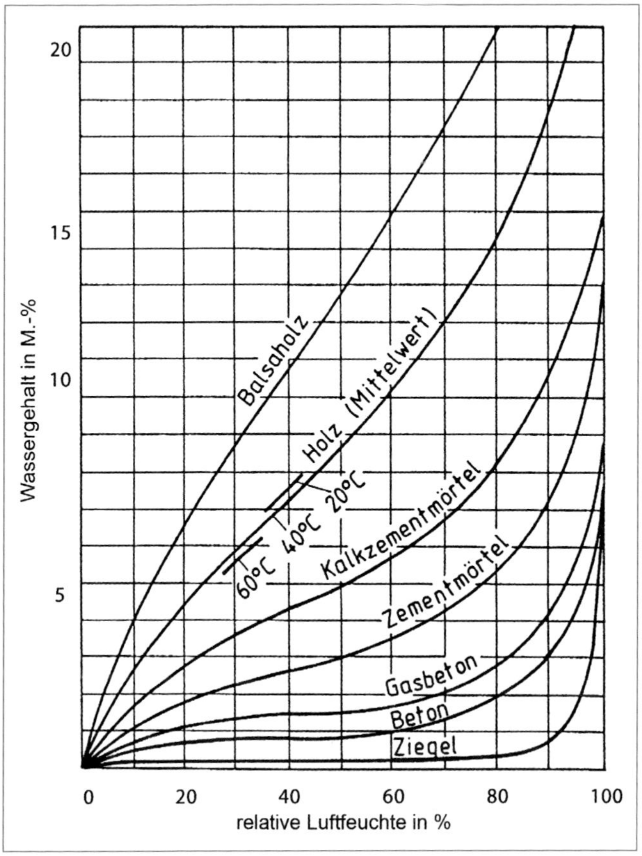

2.3 Bauschädliche Salze

Bei der hygroskopischen Feuchtigkeit wurde bereits auf die bauschädlichen Salze hingewiesen. Sie sind dadurch gekennzeichnet, dass sie in Wasser löslich sind. Je löslicher dabei das Salz ist, umso größer ist seine schädigende Wirkung auf das Mauerwerk. Neben der Erhöhung der Gleichgewichtsfeuchtigkeit durch hygroskopische Wasseraufnahme können die Salze in vielfacher anderer Hinsicht die Beständigkeit von Baustoffen und Mauerwerken beeinträchtigen. Besonders sind hier treibende Angriffe zu erwähnen, die durch die Volumenvergrößerung der Salze entstehen, wenn diese z. B. im Wechselspiel zwischen Durchfeuchtung und Trocknung einer Wand kristallisieren oder in Lösung gehen. In der Regel nehmen die Salze im kristallinen Zustand ein größeres Volumen ein.

Ist demnach eine Pore oder ein Porensystem eines Baustoffs mit einem Salz gesättigt, kann durch derartige Kristallisationsvorgänge und die dabei entstehenden Kristallisationsdrücke das Porengefüge zerstört werden. Weitere Schadensmöglichkeiten sind dadurch gegeben, dass viele Salze in der Lage sind zu hydratisieren, d. h. in gewissen Temperaturbereichen Wasser chemisch zu binden als sog. Hydratwasser. Bei der Erhöhung der Temperatur wird dann dieses Hydratwasser wieder abgegeben und bei niedrigeren Temperaturen wieder aufgenommen. Dieses Wechselspiel der Wasseranlagerung und Wasserabgabe beinhaltet ebenfalls eine Volumenvergrößerung und eine damit verbundenen Druckwirkung. Man spricht in diesem Falle vom Hydratationsdruck, der wie der Kristallisationsdruck in der Lage ist, bei entsprechender Salzkonzentration das Gesamtgefüge eines Baustoffs zu zerstören.

Reaktionsmöglichkeiten einiger Salze mit Wasser (Hydratation)

$$MgSO_4 \cdot 7H_2O \xrightarrow{150\,°C} MgSO_4 \cdot 6H_2O \xrightarrow{200\,°C} MgSO_4 \cdot 1H_2O$$

$$CaSO_4 \cdot 2H_2O \longrightarrow CaSO_4 \cdot \tfrac{1}{2}H_2O$$

$$Na_2SO_4 \cdot 10H_2O \xrightarrow{32{,}4\,°C} Na_2SO_4$$

$$Mg(NO_3)_2 \cdot 6H_2O \longrightarrow Mg(NO_3)_2 \cdot 2H_2O$$

$$Ca(NO_3)_2 \cdot 4H_2O \xrightarrow{30\,°C} Ca(NO_3)_2 \cdot 3H_2O \xrightarrow{100\,°C} Ca(NO_3)_2$$

$$CaCl_2 \cdot 6H_2O \longrightarrow CaCl_2 \cdot 2H_2O \xrightarrow{260\,°C} CaCl_2 \cdot$$

$$Na_2CO_3 \cdot 10H_2O \xrightarrow{32\,°C} Na_2CO_3 \cdot 7H_2O \xrightarrow{35{,}4\,°C} Na_2CO_3 \cdot 1H_2O$$

Bei der Bewertung von Bauschäden kommt man eindeutig zu dem Ergebnis, dass die Salze als Schadensverursacher wesentlich gravierender einzustufen sind als die Feuchtigkeit allein. Letztlich ist es jedoch immer ein Zusammenspiel zwischen der Feuchteaufnahme und dem Salzgehalt, das zu den schwerwiegenden Mauerwerkszerstörungen führt.

Die wichtigsten, durch Feuchte und Salz ausgelösten Schäden am Mauerwerk können wie folgt zusammengefasst werden:

- Frostschäden
- Reduktion der Wärmedämmfähigkeit durch Wasseraufnahme und damit Erhöhung der Gefahr für Tauwasserbildung
- Schalenbildung durch hygrisches Quellen und Schwinden im oberflächennahen Bereich von Baustoffen
- Kristallisationsschäden durch Salze
- Hydratationsschäden durch Salze
- Frosttausalzschäden
- Erhöhung der Gleichgewichtsfeuchte durch hygroskopische Effekte
- Bindemittelumwandlungen und damit ausgelöste Salzbildungen durch die Einwirkung saurer Abgase, wie z. B. SO_2 und SO_3, auf säureempfindliche Bindemittel, wie Kalk, und die damit verbundenen Treiberscheinungen bei der Sulfatbildung
- Schäden durch Mikroorganismen, die auf durchfeuchteten Baustoffoberflächen besonders gut gedeihen können.

Diese Aufzählung ist sicherlich nicht vollständig; sie zeigt jedoch deutlich das komplexe Gebiet, das hier angesprochen wird.

Bild 10: Feuchteschäden an einem Objekt durch aufsteigende Mauerfeuchtigkeit und hygroskopisch wirkende Salze

Die wichtigsten bauschädlichen Salze sind in der Tabelle 8 zusammengefasst. In den Tabellen 9, 10, 11 und 12 sind die Kristallisationsdrücke, die Hydratationsdrücke und das hygroskopische Verhalten von Salzen zusammengestellt.

Sulfatverbindungen	
$MgSO_4 \cdot 7\ H_2O$	Bittersalz, Magnesiumsulfat
$CaSO_4 \cdot 2\ H_2O$	Gips, Calciumsulfat
$Na_2SO_4 \cdot 10\ H_2O$	Glaubersalz, Natriumsulfat
Nitratverbindungen	
$Mg(NO_3)_2 \cdot 6\ H_2O$	Magnesiumnitrat
$Ca(NO_3)_2 \cdot 4\ H_2O$	Calciumnitrat
$5\ Ca(NO_3)_2 \cdot 4\ NH_4NO_3 \cdot 10\ H_2O$	Kalksalpeter
Chloridverbindungen	
$CaCl_2 \cdot 6\ H_2O$	Calciumchlorid
$NaCl$	Kochsalz, Natriumchlorid
Carbonatverbindungen	
$Na_2CO_3 \cdot 10\ H_2O$	Soda, Natriumcarbonat
K_2CO_3	Pottasche, Kaliumcarbonat

Tabelle 8: Die wichtigsten bauschädlichen Salze

Chemische Bezeichnung	Name	g Salz/100 ml Wasser	
		kalt	warm
$CaCO_3$	Calciumcarbonat, Kalk	0,0015	0,019
$CaCl_2$	Calciumchlorid	75	159
$Ca(NO_3)_2 \cdot 4H_2O$	Calciumnitrat, Salpeter	266	660
$Ca(NO_3)_2$	Calciumnitrat	121	376
$CaSO_4 \cdot 2H_2O$	Calciumsulfat, Gips	0,24	0,22
CaF_2	Calciumfluorid	0,002	0,002
K_2CO_3	Calciumcarbonat, Pottasche	112	156
$K_2CO_3 \cdot 2H_2O$	Kaliumcarbonat, Dihydrat	147	331
$2K_2CO_3 \cdot 3H_2O$	Kaliumcarbonat, Trihydrat	129	268
$MgSO_4 \cdot 7H_2O$	Magnesiumsulfat, Bittersalz	71	91
$MgCl_2 \cdot 6H_2O$	Magnesiumchlorid	167	367
$Mg(NO_3)_2 \cdot 6H_2O$	Magnesiumnitrat	125	–
$Na_2SO_4 \cdot 10H_2O$	Natriumsulfat, Glaubersalz	11	92
$Na_2CO_3 \cdot 10H_2O$	Natriumcarbonat, Soda	21	420
NaCl	Natriumchlorid	36	39
NaF	Natriumfluorid	4	–
$BaSO_4$	Bariumsulfat	0,0002	0,0004
$PbSO_4$	Bleisulfat	0,004	0,005
$PbCl_2$	Bleichlorid	1	3

Tabelle 9: Löslichkeit von Salzen in Wasser

Chemische Bezeichnung	Molvolumen	Kristallisationsdruck			
		c/cs = 2		c/cs = 10	
		0 °C	50 °C	0 °C	50 °C
$CaSO_4 \cdot 1/2\ H_2O$	46	33,5	39,8	112,0	132,5
$CaSO_4 \cdot 2\ H_2O$	55	28,2	33,4	93,8	111,0
$MgSO_4 \cdot 7\ H_2O$	147	10,5	12,5	35,0	41,5
$MgSO_4 \cdot 6\ H_2O$	130	11,8	14,1	39,5	49,5
$MgSO_4 \cdot 1\ H_2O$	57	27,2	32,4	91,0	107,9
$Na_2SO_4 \cdot 10\ H_2O$	220	7,2	8,3	23,4	27,7
Na_2SO_4	53	29,2	34,5	97,0	115,0
NaCl	28	55,4	65,4	184,5	219,0
$Na_2CO_3 \cdot 10\ H_2O$	199	7,8	9,2	25,9	30,8
$Na_2CO_3 \cdot 7\ H_2O$	154	10,0	11,9	33,4	36,5
$Na_2CO_3 \cdot 1\ H_2O$	55	28,0	33,3	93,5	110,9
c/cs = Wert für die Übersättigung der Lösung					

Tabelle 10: Kristallisationsdrücke einiger Salze

$CaSO_4 \cdot 1/2\,H_2O$ zu $CaSO_4 \cdot 2\,H_2O$			
Relative Luftfeuchte %	0 °C	20 °C	60 °C
100	219,0	175,5	92,6
70	160,0	114,5	25,4
50	107,2	57,5	0
$MgSO_4 \cdot 6\,H_2O$ zu $MgSO_4 \cdot 7\,H_2O$			
Relative Luftfeuchte %	10 °C	20 °C	30 °C
100	14,6	11,7	9,2
70	9,7	6,8	4,0
50	5,0	1,9	0
$Na_2CO_3 \cdot H_2O$ zu $Na_2CO_3 \cdot 7\,H_2O$			
Relative Luftfeuchte %	0 °C	20 °C	30 °C
100	93,8	61,1	43,0
80	63,7	28,4	9,4
60	24,3	–	–

Tabelle 11: Hydratationsdrücke einiger Salze

Zusammenstellung von Messergebnissen					
Salzart	Versalzungsgrad in mg/g Ziegel	Wasseraufnahme in M-% in Abhängigkeit von Lagerdauer und Luftfeuchte			
		20 d/ 65 % r. F.	20 d/ 97 % r. F.	20 d/ 86 % r. F.	180 d/ 83 % r. F.
–	–	0,1	0,3	–	–
NaCl	29	1,0	9,3	5,5	–
NaCl	43		11,1	6,2	13,2
$MgSO_4$	55	2,3	4,1	3,1	4,5
$MgSO_4$	28	1,3	2,2	1,8	2,9
$Ca(NO_3)_2$	82	5,1	10,8	–	–
$Ca(NO_3)_2$	107	5,2	12,1	9,4	12,5

Tabelle 12: Hygroskopische Wasseraufnahme von Ziegelsteinen mit und ohne Versalzung

3 Mechanismus der Entstehung feuchte- und salzbedingter Schäden

Um die komplexen Ursachen für die Feuchte- und Salzschäden besser verstehen zu können, ist es erforderlich, sich Gedanken über das Zusammenwirken von Feuchtigkeit und Salz als Hauptschadensverursacher zu machen. Man kann diese Zusammenhänge wohl am Besten verstehen, wenn man sich die Entwicklung des Schadensbildes an einem Modell oder einer Modellwand vorstellt.

Beschreibung der Modellwand

Wir wollen als Modellwand den Querschnitt durch ein Mauerwerk betrachten, das die Verhältnisse in einem unterkellerten Gebäude beschreibt. Das Grundmauerwerk ist dabei weder außen noch innen abgedichtet bzw. sind etwa vorhandene Abdichtungen nicht mehr funktionsfähig. Eine Mauerquerschnittsabdichtung, also eine Horizontalabdichtung, fehlt ebenfalls.

Durchfeuchtung der Modellwand

Je nach Saugfähigkeit des Mauerwerks tritt im erdberührten Bereich Feuchtigkeit in das Mauerwerk ein. Die Feuchtigkeitsaufnahme erfolgt dabei zunächst durch Kapillarität, wobei im Prinzip auch Sickerwasser vorliegen kann. Die Wand durchfeuchtet in ihrem Querschnitt allmählich, bis die Feuchtigkeit an den nicht erdberührten Wandbereichen, also innen bzw. oberhalb des Geländes außen angelangt ist. Dort wird die Feuchtigkeit durch Verdunsten an die Raum- bzw. Außenluft abgegeben. Den physikalischen Prinzipien folgend, stellt sich allmählich ein Gleichgewicht ein. Dieses Gleichgewicht kann durch die Wasseraufnahme auf der einen Seite und die Wasserabgabe auf der anderen Seite beschrieben werden.

Wasseraufnahme = Wasserabgabe

In diesem Stadium unserer modellhaften Betrachtungen wird die Wasseraufnahme ausschließlich durch Kapillarität oder Sickerwasser bestimmt und die Wasserabgabe allein durch Verdunstung und Diffusion. Der Wasseraufnahme muss also, damit Gleichgewicht herrscht, eine gleich große Wasserabgabe gegenüber stehen. Die Verdunstungsleistung des Mauerwerks wird durch die verschiedenen Faktoren beeinflusst. Hier spielen die Luftbewegung, die Lufttemperatur, die herrschende relative Luftfeuchtigkeit und die Offenporigkeit der Baustoffe eine Rolle. Wenn wir an dem Mauerwerk keinen weiteren Veränderungen vornehmen, sind diese Faktoren, über entsprechende Zeiträume betrachtet, sicherlich als konstant einzusetzen, so dass letztlich die Verdunstungsleistung durch die Verdunstungsfläche bestimmt wird. Um eine entsprechende Verdunstungsfläche zu erreichen, die in ihrer Leistungsfähigkeit der kapillaren Wasseraufnahme entspricht, stellt sich nun im Mauerwerk eine diesbezügliche Durchfeuchtungshöhe ein. Die Höhe des Feuchtigkeitspegels begrenzt die Verdunstungsfläche. Die Zusammenhänge sind nochmals zusammengefasst.

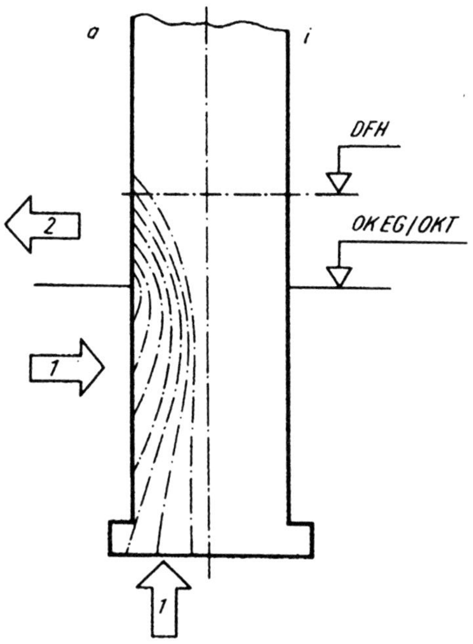

1	Aufnahme des Wasser (flüssig)
2	Abgabe des Wassers (gasförmig)
a	außen
i	innen
OKEG	Oberkante Erdgeschoss
OKT	Oberkante Terrain
DFH	Durchfeuchtungshöhe

Bild 11: Das Gleichgewicht zwischen Wasseraufnahme (Kapillarität, Sickerwasser, Druckwasser) und Wasserabgabe bestimmt die Durchfeuchtungshöhe

Das Gleichgewicht zwischen Wasseraufnahme durch Kapillarität und Sickerwasser und Wasserabgabe durch Trocknung und Verdunstung bestimmt die Durchfeuchtungshöhe (DFH).

Wasseraufnahme	=	**Wasserabgabe**
Kapillarität + Sickerwasser		Verdunstung + Diffusion

Aus dem bisher Dargelegten lässt sich z. B. entnehmen, dass eine Verschlechterung der Verdunstungsleistung durch Aufbringen von Abdichtungen in den Verdunstungszonen immer zu einer Vergrößerung der Durchfeuchtungshöhe führen muss. Des Weiteren kann man entnehmen, dass eine Abdichtung am Besten dort angebracht wird, wo flüssiges Wasser in die Wand eindringt, also am Besten erdberührend außen am Grundmauerwerk. Obwohl es sich hierbei fast um Binsenweisheiten handelt, muss immer wieder darauf hingewiesen werden, da derartige Fehler häufig vorkommen und den Instandsetzungserfolg gefährden.

Unser Gleichgewicht bleibt jedoch nicht auf der bisher besprochenen Stufe stehen. Es dringt ja nur in den allerseltensten Fällen Feuchtigkeit allein in das Mauerwerk ein, sondern vielmehr ist diese Feuchtigkeit von Schadstoffen begleitet, die im Wasser gelöst sind und in das Kapillarsystem des Mauerwerks eingebracht werden. Diese Schadstoffe, sprich Salze, werden mit dem Wasser transportiert und dort abgelagert, wo das Wasser verdunsten kann. Das heißt, es kommt in jedem Falle im Bereich der Verdunstungszonen zu einer Anreicherung von Salzen. Da es sich bei unserem Gleichgewicht um ein dynamisches Gleichgewicht handelt, wird zwangsläufig die Salzkonzentration im Verdunstungsbereich immer größer.

Hat nun das Salz eine entsprechende Konzentration erreicht, werden dadurch hygroskopische Wasseraufnahmeeffekte ausgelöst. Die Verdunstung im Bereich der Verdunstungsflächen wird also durch eine Wasseraufnahme aus der Gasphase, der sogenannten hygroskopischen Feuchtigkeitsaufnahme überlagert. Unser Gleichgewicht muss sich damit verschieben, denn auf Seiten der Wasseraufnahme wird die hygroskopische Feuchtigkeitsaufnahme addiert. Um wieder in den Gleichgewichtszustand zu kommen, muss die Verdunstungsleistung vergrößert werden und dies geschieht in aller Regel durch eine Vergrößerung der Verdunstungsfläche. Eine Vergrößerung der Verdunstungsfläche bewirkt aber zwangsläufig eine Vergrößerung der Verdunstungshöhe. Das heißt, durch zunehmende Versalzung wird die Durchfeuchtungshöhe im Mauerwerk vergrößert. Diese hat mit der kapillaren Steighöhe, wie sie sich aus der Steighöhengleichung errechnet, nichts zu tun, sondern sie ist vielmehr das Ergebnis äußerst komplexer und komplizierter Vorgänge, die in unserem Modell größenordnungsmäßig beschrieben worden sind. Das Gleichgewicht kann zusätzlich durch

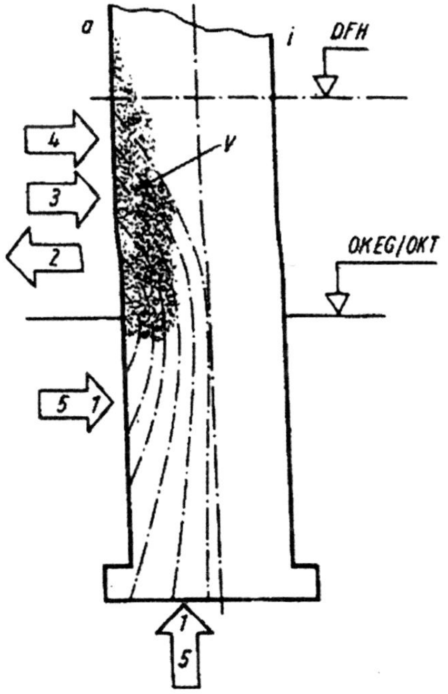

1 Aufnahme von Wasser
2 Abgabe von Wasser
3 hygroskopisch bedingte Wasseraufnahme
4 klimatisch bedingte Wasseraufnahme
5 Aufnahme von Salzen
a außen
i innen
V Bereiche der Versalzung

Bild 12: Das Gleichgewicht zwischen Wasseraufnahme und Wasserabgabe gemäß Bild 11 wird durch den Salztransport erst in einer größeren Durchfeuchtungshöhe erreicht, weil hygroskopisch und klimabedingte Aufnahme von Kondenswasser eine Vergrößerung der Verdunstungsfläche bewirkt

weitere Wasseraufnahmemechanismen beeinflusst werden. Hier kann z. B. genauso wie die hygroskopische Feuchtigkeitsaufnahme auch, die Wasseraufnahme durch Kondensation eine Rolle spielen. Das Modell ist dann entsprechend zu erweitern. An der prinzipiellen Gültigkeit ändert sich nichts.

Durch die hygroskopische Wasseraufnahme, evtl. auch durch Kondensation, wird also das Gleichgewicht verschoben. Die Gesamtwasseraufnahme wird größer. Damit muss auch die Wasserabgabe größer werden. Das bedeutet Vergrößerung der Verdunstungsflächen, also Vergrößerung der Durchfeuchtungshöhe. Dem hier dargelegten Modell können wir im Prinzip Folgendes entnehmen: Zunächst ist für die Durchfeuchtung einer Wand oder eines Bauteils sicherlich in erster Linie die Kapillarität verantwortlich. Im Laufe der Zeit gelangt durch die kapillare Wasseraufnahme eine immer größer werdende Menge an Schadstoffen (Salze) in das Mauerwerk. Handelt es sich um hygroskopische Salze, wird durch diese eine weitere Durchfeuchtung in Form von Hygroskopizität ausgelöst.

Da die Dynamik des Gleichgewichts weitergeht, können sich die Schadensursachen im Laufe der Zeit völlig verschieben. Das heißt, von einem gewissen Zeitpunkt ab, ist die Hygroskopizität dann plötzlich der dominierende Durchfeuchtungsfaktor geworden und die Kapillarität, die ursprünglich verantwortlich war, wird in den Hintergrund gedrängt. Da sich dadurch die Verhältnisse an einem Mauerwerk völlig verändern, ist es natürlich für die Instandsetzung von außerordentlicher Wichtigkeit, möglichst genau den Ist-Zustand zu kennen. Das heißt, durch eine fach- und sachgerechte Bauzustandsanalyse, welche die verschiedenen Wasseraufnahmemechanismen, den Versalzungsgrad und die Art der Versalzung berücksichtigt, müssen die entsprechenden Kenndaten ermittelt werden, die dann in die Sanierungsplanung objektspezifisch einfließen. Geschieht dies nicht, verbleibt nicht nur ein erhebliches Restrisiko bei der Instandsetzung, sondern es kann durchaus vorkommen – und dies geschieht in der Praxis leider täglich – dass an den wahren Symptomen »vorbeisaniert« wird.

4 Bauzustandsanalyse

Beim Aufstellen einer fachgerechten Bauzustandsanalyse für ein Objekt müssen Bauschäden eingehend auch messtechnisch untersucht werden. Am wichtigsten sind dabei die Aufstellung einer Feuchtebilanz, einer Schadsalzbilanz sowie die Bewertung der objektspezifischen Gegebenheiten. Ein Zusammenführen der Ergebnisse aus diesen unterschiedlichen Bereichen ermöglicht dann, eine objektspezifische und wirtschaftliche Lösung des Sanierungsproblems vorzuschlagen. Das heißt, es kann entschieden werden, inwieweit es notwendig ist, horizontale oder vertikale Abdichtungen einzubringen. Es kann bewertet werden, ob die Vertikalabdichtung innen oder außen angebracht werden soll oder muss und welches Verfahren einer möglichen nachträglichen Horizontalabdichtung im vorliegenden Falle überhaupt anwendbar ist. Außerdem ist die Entscheidung zu treffen, welche flankierenden Maßnahmen im Sinne einer Salzbehandlung, einer Putz- und Anstrichsanierung oder einer evtl. Dränage notwenig sind.

4.1 Probenentnahme

Um aussagefähige Untersuchungsergebnisse zu erhalten ist eine sachgerechte und zielgerichtete Probenentnahme unerlässlich. Menge und Art der Proben hängen vom Untersuchungsziel und den vorgesehenen Untersuchungsmethoden ab. Die Anzahl der Proben muss die verschiedenen Schadensformen, Baustoffe und Bauteile berücksichtigen. Die Proben müssen eine ausreichende Größe besitzen. Bei einer geringen Probenanzahl und kleinen Proben wird die Inhomogenität im Mauerwerkskörper nicht ausreichend erfasst. Untersuchungsergebnisse aus zu kleinen Proben bzw. zu kleinen Probenmengen weichen oft wesentlich von repräsentativen Kennwerten ab.

Bild 13: Entnahme von Bohrkernen für die Bauzustandsanalyse an einem Sandsteinmauerwerk

Typische Probengrößen sind:

- Bohrkern Ø 5 cm, Länge 8 – 12 cm (ohne Zentrierloch)
  - zur Ermittlung der Feuchte- und Salzbilanz
- Bohrmehl Ø 1 – 2 cm, unterschiedliche Tiefenbereiche pro Bohrloch
  - zur Bestimmung des Salzgehalts

Zur Erfassung von Feuchte- und Salzbelastung an einen konstruktiv gleich aufgebauten Bauteil mit visuell gleich beurteiltem Schadensbild werden in der Regel sechs Einzelproben untersucht. Die Proben werden an Messachsen in unterschiedlichen Höhen (Höhenprofil) und Tiefen (Tiefenprofil) entnommen.

Art und Zeitpunkt der Probenentnahme sowie die dabei herrschenden klimatischen Bedingungen sind zu dokumentieren (Bild 14). Die Probenentnahmestellen sind hinsichtlich der Lage, Richtung und Entnahmekoordinaten zu dokumentieren (Höhen- und Tiefenangaben). Durch die Verpackung, Transport und Lagerung der Proben dürfen sich die Stoffkenndaten nicht verändern (z. B. Materialfeuchte – luftdichte Verpackung).

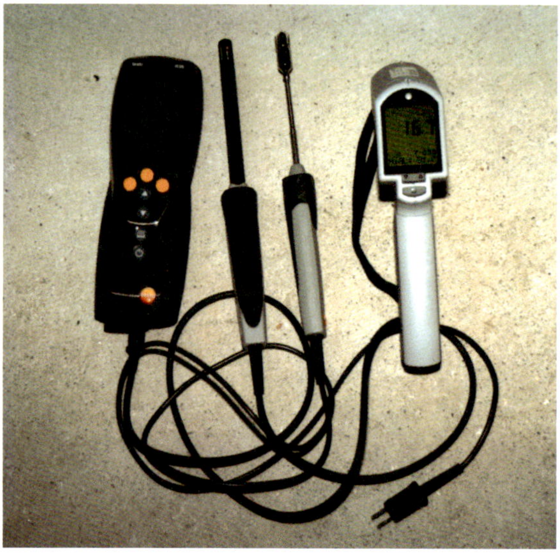

Bild 14: Messgeräte für die Bauzustandsanalyse

4.2 Feuchtebilanz

Häufig wird nur der Feuchtegehalt (Entnahmefeuchte) der Baustoffe bestimmt. Daraus kann aber keine Information über die Durchfeuchtungsursachen oder den Grad der Durchfeuchtung gewonnen werden. Man benötigt also weitere Messdaten und Bezugsgrößen um entsprechende Zuordnungen machen zu können. Dazu gehören die kapillare Wasseraufnahme, die Sättigungsfeuchte, die hygroskopische Feuchteaufnahme und gegebenenfalls die Tauwasserbildung. Man kann dann die Durchfeuchtungsgrade bestimmen und auf die realen Durchfeuchtungsursachen schließen.

Zur Feuchtemessung dienen folgende Methoden:

4.2.1 Darr-Methode

Die Bestimmung des Feuchtigkeitsgehaltes (Entnahmefeuchte) erfolgt im Labor nach der »Darr-Methode«. Hierbei werden die an der Baustelle entnommenen Proben im Trockenschrank bei 105 °C bis zur Gewichtskonstanz getrocknet.

Der Feuchtigkeitsgehalt wird dann gemäß Gleichung (1) ermittelt.

(1) Feuchtigkeitsgehalt M.-% $= \frac{m_f - m_{tr}}{m_{tr}} \times 100$

m_f = Masse der feuchten Probe
m_{tr} = Masse der trockenen Probe

Die Darrmethode gehört zu den sichersten und genauesten Verfahren, aber leider ist sie nicht zerstörungsfrei.

4.2.2 CM-Methode (Calciumcarbid-Methode)

Die CM-Methode ist ein halbdirektes Verfahren um Vorort den Feuchtigkeitsgehalt (Entnahmefeuchte) von Baustoffen zu bestimmen.

Nach dem Reaktionsschema

CaC_2	+	$2H_2O$	=	C_2H_2	+	$Ca(OH)_2$
Calciumcarbid	+	Wasser	=	Acetylen	+	Calciumhydroxid

wird eine der Feuchtigkeit entsprechende Menge Acetylengas (C_2H_2) gebildet und gemessen.

4.2.3 Maximale kapillare Wasseraufnahme

Einen weiteren wichtigen Kennwert stellt die maximale kapillare Wasseraufnahme oder dar. Darunter versteht man die Menge an Wasser, die eine getrocknete Baustoffprobe aufgrund ihres Porengehaltes bzw. ihrer Porengeometrie bei der Wasserlagerung maximal auf kapillarem Wege aufnehmen kann.

(2) maximale kapillare Wasseraufnahme M.-% $= \frac{m_s - m_{tr}}{m_{tr}} \times 100$

m_s = Masse der feuchten Probe
m_{tr} = Masse der trockenen Probe

4.2.4 Kapillarer Durchfeuchtungsgrad (DFG_{kap})

Setzt man den Feuchtegehalt in Beziehung zur maximalen kap. Wasseraufnahme, erhält man den Durchfeuchtungsgrad (DFG_{kap}), der die Durchfeuchtung der untersuchten Proben charakterisiert. Er gibt an, zu wieviel Prozent eine aus dem Mauerwerk entnommene Probe, bezogen auf ihr maximales kap. Aufnahmevermögen, durchfeuchtet ist. Die Berechnung des DFG_{kap} erfolgt nach der Gleichung (3).

$$(3) \quad DFG_{kap}\,\% = \frac{\text{Feuchtigkeitsgehalt M.-\%}}{\text{max. kap. Wasseraufnahme M.-\%}} \times 100$$

4.2.5 Maximale Wasseraufnahme (Sättigungsfeuchte)

Zur Bestimmung der maximalen Wasseraufnahme ist es notwendig die Füllung des gesamten Porenraumes mit Wasser, unter Druck vorzunehmen. Die Bestimmung erfolgt dann analog Gleichung (2). Zur Erzeugung des Drucks kann entweder der Kochtest oder ein Vakuumverfahren herangezogen werden.

Es kann wiederum ein Durchfeuchtungsgrad definiert werden, der als DFG_{ges} bezeichnet wird. Die Berechnung des DFG_{ges} erfolgt nach der Gleichung (4).

$$(4) \quad DFG_{ges}\,\% = \frac{\text{Feuchtigkeitsgehalt M.-\%}}{\text{max. Wasseraufnahme M.-\%}} \times 100$$

Der DFG_{kap} ist immer kleiner als der DFG_{ges}

4.2.6 Hygroskopische Feuchtigkeitsaufnahme

Allerdings kann aus der Kenntnis der Durchfeuchtungsgrade DFG_{ges} und DFG_{kap} noch immer kein Rückschluss auf die Durchfeuchtungsursache gezogen werden. Es ist also nicht klar erkennbar, ob vorhandene Feuchtigkeit aus der flüssigen Phase kapillar aufgenommen wurde bzw. eingewandert ist oder – zumindest teilweise – eine hygroskopische Feuchtigkeitsaufnahme aus der Umgebungsluft erfolgte. Eine Zuordnung ist hier nur im Ausschlussverfahren möglich. Dazu muss an einer oder mehreren Stellen die hygroskopische Feuchtigkeitsaufnahme gemessen werden. Dazu werden die getrockneten Proben längere Zeit (ca. drei Wochen) bei konstanter Temperatur in einer Klimakammer einer konstanten relativen Luftfeuchte ausgesetzt. Aus der dabei zu beobachtenden Gewichtszunahme wird die hygroskopische Feuchtigkeitsaufnahme entsprechend Gleichung (5) ermittelt.

$$(5) \quad \text{Hygroskopische Wasseraufnahme M.-\%} = \frac{m_{gf} - m_{tr}}{m_{tr}} \times 100$$

m_{gf} = Masse der feuchten Probe nach Wasseraufnahme an der Luft
m_{tr} = Masse der trockenen Probe

4.2.7 Durchfeuchtungsgrad – hygroskopisch (DFG_{hyg})

Die Kenngrößen der hygroskopischen Feuchtigkeitsaufnahme lassen sich wiederum mit den jeweiligen Größen der maximalen Wasseraufnahme nach Gleichung (6) in Beziehung setzen.

Dabei ergibt sich der DFG_{hyg}, der im Vergleich mit dem zugehörigen DFG_{ges} eine quantitative Beurteilung der wirksamen Durchfeuchtungsmechanismen ermöglicht.

$$(6) \quad DFG_{hyg}\,\% = \frac{\text{hygrosk. Feuchtigkeitsgehalt M.-\%}}{\text{max. kap. Wasseraufnahme M.-\%}} \times 100$$

4.2.8 Tauwasserbildung

In bestimmten Fällen ist als weitere Durchfeuchtungsursache die Kondensatbildung an Mauerwerksoberflächen zu berücksichtigen. Deren Einfluss lässt sich durch Erfassung der raumklimatischen Verhältnisse (relative Luftfeuchtigkeit und Lufttemperatur) sowie der Oberflächentemperaturen abschätzen. Genaue Aussagen sind aber nur möglich, wenn die Klimadaten über längere Zeiträume hinweg erfasst werden.

4.3 Schadsalzbilanz

Unter Schadstoffen im Mauerwerk sind im Allgemeinen die wasserlöslichen Salze zu verstehen. Entsprechend ihrer häufigsten Entstehungsform, der Neutralisationsreaktion zwischen einer Säure und einer Lauge, bestehen Salze aus einem Metall (Kation) und einem Säurerest (Anion). Dieser Säurerest ist für die Eigenschaften des jeweiligen Salzes maßgeblich. Die häufigsten Schadsalze (Anionen) im Mauerwerk sind Chloride (Salze der Salzsäure), Sulfate (Salze der Schwefelsäure) und Nitrate (Salze der Salpetersäure). Im Allgemeinen beschränkt man sich bei der Salzanalyse auf den Nachweis dieser Anionen.

In direktem Verhältnis zur Wasserlöslichkeit der Schadsalze steht ihre Fähigkeit, Feuchtigkeit aus der Umgebungsluft anzuziehen und zu binden. Diesen Vorgang bezeichnet man als Hygroskopizität. Je nach Art und Gehalt an löslichem Salz im Baustoff wird die hygroskopische Feuchtigkeitsaufnahme beeinflusst. Besonders leichtlösliche Salze, dazu zählen z. B. generell die Nitrate, vermögen auf diese Weise, soviel Wasser anzuziehen, dass sie darin in Lösung gehen können. Etwas weniger stark, aber dennoch deutlich vorhanden, ist die Hygroskopizität der Chloride. Am wenigsten löslich und damit hygroskopisch, sind die Sulfate.

Als Verursacher von Bauschäden ist weniger die Feuchtigkeit an sich, sondern vielmehr die darin gelösten bauschädigenden Salze verantwortlich zu machen. Salze können, je nach vorhandenen Umgebungsbedingungen, reversibel, d. h. stets umkehrbar, ihr Volumen ändern. Bei ausreichender Wasserzufuhr gehen sie in Lösung oder kristallisieren im umgekehrten Fall als Festkörper aus. Sie können andererseits aber auch temperaturabhängig im kristallisierten Zustand Wassermoleküle anlagern und auch wieder abgeben, wobei sich ihr Volumen erheblich verändert. Diese Vorgänge der Wasseranlagerung bzw. -abgabe nennt man Hydratation bzw. Dehydratation.

Das Resultat dieser Vorgänge sind immer mechanische Spannungen, die den Verbund beeinträchtigen und letztlich zur Baustoffzerstörung führen. Die Kenntnis der im Baustoff vorhandenen schädigenden Salze ist deshalb eine wichtige Voraussetzung für die Beurteilung künftiger Schadensverläufe bzw. für die Bewertung bereits aufgetretener Schäden und natürlich auch für die Instandsetzungsplanung.

4.3.1 Schadsalzanalyse

Bei der **qualitativen** Salzbestimmung kann lediglich angegeben werden, **welche** Salze im Baustoff vorhanden sind.

Eine genaue Beurteilung lässt nur die **quantitative** Analyse zu, die angibt, **welche** Salze in **welcher Konzentration** vorliegen. Wenn ausreichend viele Analysenergebnisse verschiedenen Entnahmestellen (siehe Probenentnahme) vorliegen, können zudem Aussagen über die Salzverteilung im Mauerwerk gemacht werden.

4.4 Objektspezifische Kenndaten

Ohne Kenntnis eines Objektes nützen die besten Laborergebnisse nur wenig. Es sind deshalb in jedem Falle objektspezifische Kenndaten in die Bewertung einzubauen. Besonders wichtig sind dabei folgende Punkte:

- Lage des Objektes im Gelände
- Beschaffenheit des angrenzenden Erdreiches
- Vorhandensein von Schichten-, Hang- oder Sickerwasser bzw. Kenntnisse über den Grundwasserstand
- Dichtigkeit von Regenfallrohren und Regenrinnen
- Ableitung von Oberflächenwasser
- Beurteilung Mauerwerksaufbaues
- Kenntnisse über die Art des Mauerwerkes im erdberührenden Bereich
- statische Beurteilung des Gebäudes
- Art und Weise der bisherigen Nutzung
- Kenntnisse über die künftige Nutzung.

Diese Liste ist natürlich nicht vollständig und muss auf den Bedarf eines jeden Objektes entsprechend erweitert bzw. angewandt werden. Wichtig ist, dass gemeinsam mit den Laborergebnissen eine Bewertung aller objektspezifischen Kenndaten erfolgt, und dass dann auf der Basis der Bauzustandsanalyse eine objektspezifische Sanierungsplanung vorgenommen wird.

4.5 Mögliche Messwertinterpretation

Die erhaltenen Messwerte können z. B. nach folgenden Richtlinien interpretiert werden:

- Nimmt der Durchfeuchtungsgrad im Mauerwerk von unten nach oben zu, bedeutet dies, dass zum derzeitigen Zeitpunkt weniger kapillar aufsteigende Feuchtigkeit, sondern vielmehr hygroskopische Effekte oder Kondenswasser für die Durchfeuchtung verantwortlich sein können.
- Nimmt der Durchfeuchtungsgrad zum Bauteilkern hin zu, bedeutet dies, dass offensichtlich in diesen Bereichen aufsteigende Mauerfeuchtigkeit vorhanden ist.
- Nimmt der Durchfeuchtungsgrad zur Wandoberfläche hin zu, bedeutet dies, dass Kondenswasser oder hygroskopische Effekte entscheidend sind.
- Die Feuchtebilanz und ihre Auswirkung sollten immer mit der Salzverteilung verglichen werden, denn ausgeprägte hygroskopische Effekte bedeuten ja zwangsläufig auch eine hohe Salzbelastung mit hygroskopisch aktiven Salzen z. B. Nitratverbindungen.
- Die Bodenverhältnisse im erdberührenden Bereich geben Aufschluss darüber, ob z. B. eine Dränage nach DIN 4095 sinnvoll und notwendig ist.
- Der Mauerwerksaufbau ist wichtig, um entscheiden zu können welche Verfahren zur nachträglichen horizontalen Abdichtung besonders in Frage kommen. So wird z. B. bei einem zweischaligen Mauerwerk weder ein Mauersägeverfahren noch ein Injektionsverfahren besonders vorteilhaft anwendbar sein.
- Der Durchfeuchtungsgrad ist eine wichtige Größe, um beurteilen zu können, inwieweit z. B. Injektionsverfahren angewandt werden können.
- Der Versalzungsgrad und die Salzverteilung sind wichtige Größen, um z. B. die Notwendigkeit des Einsatzes spezieller Sanierputzsysteme am Mauerwerk planen und vornehmen zu können.
- Ein Vergleich von Durchfeuchtungsgrad und hygroskopischem Anteil lässt eine relativ eindeutige Aussage zu, inwieweit überhaupt horizontale Abdichtungsmaßnahmen im Mauerquerschnittsbereich notwendig sind.

Diese Liste ist natürlich nicht vollständig und muss auf den Bedarf eines jeden Objekts entsprechend erweitert bzw. angewandt werden. Wichtig ist, dass gemeinsam mit den Laborergebnissen eine Bewertung aller objektspezifischen Kenndaten erfolgt und dass dann auf der Basis der Bauzustandsanalyse eine objektspezifische Sanierungsplanung vorgenommen wird.

4.6 Darstellung der Ergebnisse einer Bauzustandsanalyse an einem Objektbeispiel

Bei dem untersuchten Objekt handelt es sich um einen Pfarrhof, der ca. 1935 errichtet wurde. Er sollte instand gesetzt werden. Der planende Architekt hatte eine Horizontalabdichtung nach einem mechanischen Verfahren vorgesehen. Es wurde eine Bauzustandsanalyse durchgeführt, die Ergebnisse sind auszugsweise folgender Tabelle 13 zu entnehmen.

Probenbezeichnung Nr.		Entnahme		Schadstoffbilanz			Feuchtebilanz			Durchfeuchtungsgrad	
		Höhe [cm]	Tiefe [cm]	Cl^- [M %]	CO_3^{2-} [M %]	NO_3^- [M %]	geh. [%]	max. [%]	hygr [%]	kap. [%]	hygr. [%]
Achsell	Außenwand										
2a	Putz	20	0 ~ 2	0,18	1,6	0,8					
2a	Ziegel	20	2 ~ 12	0,05	0,29	0,06	0,5	1,7	1,4	2	8
2b	Putz	130	0 ~ 2	0,10	0,02	0,00					
2b	Ziegel	130	2 ~ 12	0,04	0,01	0,00	0,5	17,5	0,5	3	3
Einzelproben											
7	Ziegel	135	0 ~ 11				3,0	17,0	3,0	17	17
8	Ziegel	90	0 ~ 12				2,0	17,9	8,6	11	48

Tabelle 13: Objekt: Pfarrhof, Auszug aus den Ergebnissen

Probeentnahme am 29.11.2001, Außentemperatur 4,4 °C, rel. Luftfeuchtigkeit 80 % Hygroskopische Feuchteaufnahme bei 20 °C, 90 %, Innentemperatur 5,1 °C, rel. Luftfeuchtigkeit 76 %

Die Ergebnisse können wie folgt interpretiert werden:

- Es muss eine horizontale Sperre vorhanden sein, da die kapillaren Durchfeuchtungsgrade mit 3 – 17 % extrem klein sind. Diese Sperre wurde dann durch Freilegung gefunden.
- Das Mauerwerk ist im Feuchtegleichgewicht, da der kapillare DFG und der hygroskopische DFG bis auf Probe 8 nahezu identisch sind.
- Die Versalzung ist z. T. erheblich (Probe 2a).

Die Instandsetzung konnte sehr hochwertig allein mit Sanierputzen durchgeführt werden. Die Kosten für die horizontale Abdichtung wurden eingespart.

5 Grundlagen der Planung zur erdberührten Bauwerksabdichtung

Die Planung sollte die ermittelten Kenndaten für sich nutzen, damit fach- und sachgerecht geplant werden kann. Nachfolgend soll auf die wichtigsten Planungsgrundlagen in Auszügen eingegangen werden.

Hier werden insbesondere folgende Regeln angesprochen:

- DIN 18195 Bauwerksabdichtungen
- DIN EN 13252, Geotextilien für die Verwendung in Dränanlagen
- Richtlinie für die Planung und Ausführung von Abdichtungen mit kunststoffmodifizierten Bitumendickbeschichtungen (KMB)
- Richtlinie für die Planung und Ausführung von Abdichtungen von Bauteilen mit mineralischen Dichtschlämmen
- DIN 18195, Beiblatt 1
- Richtlinie für die Planung und Ausführung von Abdichtungen von Bauteilen mit flexiblen Dichtschlämmen
- Erläuterungen der DAfStb-Richtlinie »Wasserundurchlässige Bauwerke aus Beton«
- DIN 4020 Geotechnische Untersuchungen für bautechnische Zwecke
- Ermittlung des Bemessungswasserstandes für Bauwerksabdichtungen Auszüge aus dem Merkblatt BMK-M8, Ausgabe September 2009.

5.1 Die Abdichtungsnorm DIN 18195, Ausgabe August 2000 Aktueller Stand der Normung DIN 18195

Diese Bauwerksabdichtungsnorm beschreibt Bauwerksabdichtungen aller Art. Im Teil 1 zum Beispiel die Grundsätze, Definitionen, Zuordnungen der Abdichtungsarten. In dieser Ausgabe wird im Vorwort auf die weitere Vorgehensweise der Normungsarbeit hingewiesen:

»Diese Norm wurde vom NABau Arbeitsausschuss ›Bauwerksabdichtungen‹ erarbeitet. Die Normen der Reihe DIN 18195 ›Bauwerksabdichtungen‹ wurden erstmals 1983 herausgegeben. Bei der nunmehr vorgenommenen Überarbeitung wurde die Norm in einer ersten Stufe an die wesentliche Entwicklung im Bereich der Bauwerksabdichtungen angepasst. Die weitere Vorgehensweise bei der Bearbeitung der Normenreihe DIN 18195 ›Bauwerksabdichtungen‹ hat der Arbeitsausschuss wie folgt beschlossen:«[1] [aus DIN 18195-1]

1 DIN 18195 Bauwerksabdichtung Teil 1 Ausgabe 2000.

Nach Veröffentlichung der DIN 18195, Teil 1 bis 6 sind zwei Überarbeitungsphasen vorgesehen:

- In der ersten Phase der Überarbeitung werden die Teile 8 bis 10 an die geänderten Teile 1 bis 6 angeglichen. Der Teil 7 bedarf einer umfangreichen Änderung, die für die zweite Phase vorgesehen ist.
- In der zweiten Phase werden alle 10 Teile der Norm grundlegend überarbeitet. Dabei soll auch über Festlegungen für Abdichtungen mit bisher nicht in die Normenreihe aufgenommenen Produkten, wie z. B. mineralischen Dichtungsschlämmen, Abdichtungen mit Flüssigkunststoffen sowie weiteren Kunststoff-Dichtungsbahnen mit oder ohne Selbstklebeschicht beraten werden. Hierzu werden Kriterien zur Aufnahme dieser Produkte in die Normenreihe DIN 18195 vom Arbeitsausschuss aufgestellt.

In der zweiten Phase der Überarbeitung sollen alle Teile der DIN 18195-1 bis 10 angeglichen werden. Nachdem die Teile 8 bis 10 der DIN 18195 an die aktualisierten Teile 1 bis 6 angeglichen und veröffentlicht wurden, wurde die zweite Überarbeitungsphase, in der alle 10 Teile der Normenreihe DIN 18195 grundlegend überarbeitet werden sollten, durchgeführt.

Wie dem Vorwort zu DIN 18195 zu entnehmen war, sollte in dieser zweiten Phase über eine Reihe unterschiedlicher Aspekte beraten werden. Es standen eine Reihe neuer Abdichtungsprodukte bzw. Bauweisen zur Aufnahme in diese Normenreihe zur Beratung an, wie zum Beispiel:

- Mineralische Dichtungsschlämmen (MDS)
- Flüssigkunststoffe für Bauwerksabdichtungen
- Abdichtungen im Verbund mit Fliesen und Platten (Nassraumabdichtungen)
- Aufnahme der Kombinationsbauweise (wasserdichter Anschluss an WU-Betonbauteile).

Dieses wurde vom Prinzip in allen Punkten bis zum Herbst 2011 durch Änderung der Normung DIN 18195 Teil 2, Teil 7 und Teil 9 erledigt.

Damit gemäß den geänderten Teilen 7 und 9 der DIN 18195 geplant und auch abgedichtet werden kann, musste zuerst der Teil 2: »Stoffe« überarbeitet werden, denn es mussten »Neue Stoffe« für die Anwendungsteile mitgenommen werden. Die Überarbeitung des Teils 2 »Stoffe« wurde unter anderem durch die neuen Europäischen Produktnormen notwendig, die vor allem Auswirkungen auf die DIN 18195-2 haben.

In der vorliegenden Norm wurde daher die Anpassung an die europäischen Produktnormen in Verbindung mit der Anwendungsnorm DIN V 20000-202 vorgenommen.

Des Weiteren wurden insbesondere im Rahmen der Überarbeitung der DIN 18195-7 weitere Stoffe aufgenommen, die in den Tabellen 6-9 dieser Norm genannt sind.

Wie die Angaben aus der CE-Kennzeichnung von Bauprodukten nach harmonisierten Europäischen Normen in Bezug auf die technischen Regeln für die Planung, Bemessung und Konstruktion von baulichen Anlagen und ihren Teilen zu verwenden sind, wird in den Anwendungsnormen der Reihe DIN V 20000 angegeben. Daher sind ergänzend zu den nach DIN 18195-2 geregelten Stoffen in der Anwendungsnorm DIN V 20000-202 für die in DIN EN 13967, DIN EN 13969, DIN EN 14909 und DIN EN 14967 angegebenen Eigenschaften anwendungsbezogene Anforderungen für die Verwendung in Bauwerksabdichtungen nach DIN 18195 festgelegt und den Produkten Bezeichnungen zugeordnet. Somit ergab sich dann folgender Normungsinhalt der DIN 18195:

Teil 1 - 2000	Grundsätze, Definitionen, Zuordnung der Abdichtungsarten
Teil 2 - 2009	Stoffe
Teil 3 - 2000	Anforderungen an den Untergrund und Verarbeitung der Stoffe
Teil 4 - 2000	Abdichtungen gegen Bodenfeuchte (Kapillarwasser, Haftwasser) und nichtstauendes Sickerwasser an Bodenplatten und Wänden
Teil 5 - 2000	Abdichtungen gegen nicht drückendes Wasser auf Deckenflächen und in Nassräumen
Teil 6 - 2000	Abdichtungen gegen von außen drückendes Wasser und aufstauendes Sickerwasser
Teil 7 - 2009	Abdichtungen gegen von innen drückendes Wasser
Teil 8 - 2004	Abdichtungen über Bewegungsfugen
Teil 9 - 2004/A1 2010	Durchdringungen, Übergänge, An- und Abschlüsse
Teil 10 - 2004	Schutzschichten und -maßnahmen
Bbl. 1 2006 Ergänzungen 2011	Bauwerksabdichtungen – Beispiele für die Anordnung der Abdichtung

Tabelle 14: Normen Teile DIN 18195

5.1.1 Änderung im Teil 2

Die Anforderungen an Abdichtungsstoffe sind in den Tabellen 1 bis 9 festgelegt worden. Für welche Abdichtungsaufgaben diese Stoffe verwendbar sind und wie sie zu verarbeiten sind, ist in DIN 18195-3 bis DIN 18195-10 geregelt.

Nachfolgende Abdichtungsstoffe wurden nun im Teil 2 aufgeführt:

- Tabelle 1 – Klebemassen und Deckaufstrichmittel, heiß zu verarbeiten
- Tabelle 2 – Asphaltmastix und Gussasphalt
- Tabelle 3 – Bitumen- und Polymerbitumenbahnen
- Tabelle 4 – Kunststoff- und Elastomerbahnen
- Tabelle 5 – kalottengeriffelte Metallbänder
- Tabelle 6 – Kunststoffmodifizierte Bitumendickbeschichtung
- Tabelle 7 – Mineralische Dichtungsschlämmen für Bauwerksabdichtungen (MDS)
- Tabelle 8 – Flüssig zu verarbeitende Abdichtungsstoffe im Verbund mit Fliesen- und Plattenbelägen (AIV)
- Tabelle 9 – Flüssigkunststoffe für Bauwerksabdichtungen.

5.1.1.1 Hilfsstoffe Beispiele:

- Stoffe für Voranstriche, Grundierungen, Versiegelungen und Kratzspachtelungen
- Stoffe auf Basis von Bitumen als Lösung oder Emulsion
- Stoffe auf Reaktionsharzbasis
- Stoffe auf Kunststoffbasis als Lösung oder Dispersion
- Stoffe auf silikatischer Basis
- Stoffe für Trennschichten bzw. Trennlagen
  - Ölpapier, mindestens 50 g/m²
  - Rohglasvliese nach DIN 52141
  - Vliese aus synthetischen Fasern, mindestens 150 g/m
  - Polyethylen-(PE-) Folie, mindestens 0,2 mm dick
  - Lochglasvlies-Bitumenbahn, einseitig grob besandet
  - Glasvliesbitumendachbahn V13.

Kunststoff- und Elastomerbahnen Beton, mindestens Güte C 8/10, nach DIN EN 206-1, Dicke mind. 50 mm

- Mörtel nach mindestens CS III DIN EN 998-1, Dicke mindestens 20 mm
- Mauerwerk, Dicke mindestens 115 mm
- Betonplatten, Dicke mindestens 50 mm
- Gussasphalt, Dicke mindestens 25 mm
- Perimeterdämmplatten aus Hartschaum oder Schaumglas
- Platten aus Hartschaum, Dicke mindestens 25 mm
- Bitumen- und Polymerbitumenbahnen nach Tabelle 3
- Noppenbahnen aus Polyolefine mit Gleit-, Schutz- und Lastverteilungsschicht, Dicke mindestens 0,8 mm
- Dränmatten/-platten, Dicke mindestens 25 mm.

5.1.2 Neuerungen im Teil 7 »Abdichtungen gegen von innen drückendes Wasser, Bemessung und Ausführung«, Stand Juli 2009.

Gegenüber DIN 18195-7-2004-02 wurden folgende Änderungen vorgenommen:

- Der Anwendungsbereich wurde präzisiert.
- Die behandelten Abdichtungsbauweisen wurden um die in E DIN 18195-2 geregelten Stoffe erweitert, insbesondere wurden flüssig zu verarbeitende Abdichtungsstoffe aus mineralischen Dichtungsschlämmen, aus Reaktionsharzen im Verbund mit Fliesen und Platten sowie Flüssigkunststoffen aufgenommen.
- Die Anforderungen und baulichen Erfordernisse wurden präzisiert.
- Die Ausführung der verschiedenen Abdichtungsbauweisen wurde detailliert beschrieben, soweit sie nicht in DIN 18195-3 erfolgte.

Dieser Teil der Norm beschreibt dann auch den Geltungsbereich wie folgt:

»Diese Norm gilt für die Abdichtung von nicht wasserdichten Bauwerken und Bauteilen (aus massiven Baustoffen, z. B. Stahlbeton, Mauerwerk) mit Bitumenwerkstoffen, Kunststoff- und Elastomer-Dichtungsbahnen, nicht rissüberbrückenden (starren) Dichtungsschlämmen, rissüberbrückenden (flexiblen) Dichtungsschlämmen, Flüssigkunststoffen, Abdichtungen im Verbund mit Fliesen und Plattenbelägen gegen von innen drückendes Wasser, d. h. gegen Wasser, das von innen auf die Abdichtung einen hydrostatischen Druck ausübt, z. B. bei Trinkwasserbehältern, Wasserspeicherbecken, Schwimmbecken, Regenrückhaltebecken, im folgenden Behälter genannt, sowie deren Zu- und Ablaufbauwerke.« [aus DIN 18195-7].

Diese Norm gilt nicht für:

- die Abdichtung von Erdbauwerken
- Abdichtungen gegen wassergefährdende Flüssigkeiten
- nachträgliche Abdichtungen in der Bauwerkserhaltung oder in der Baudenkmalpflege, es sei denn, es können hierfür Verfahren angewendet werden, die in dieser Norm beschrieben werden.
- Bauteile, die so wasserundurchlässig sind, dass die Dauerhaftigkeit des Bauteils und die Nutzbarkeit des Bauwerks ohne weitere Abdichtung im Sinne dieser Norm gegeben sind. In diesem Sinne gilt sie auch nicht für wasserundurchlässige Bauwerke aus Beton mit hohem Wassereindringwiderstand.

Die im Teil 2 der DIN 18195 neu aufgenommen Stoffe und die Voraussetzung für die Anwendung werden in den folgenden Abschnitten definiert:

5.1.2.1 Abdichtungen mit nicht rissüberbrückenden und rissüberbrückenden mineralischen DS (MDS)

Die Abdichtung mit nicht rissüberbrückenden (starren) mineralischen Dichtungsschlämmen ist aus Stoffen nach E DIN 18195-2:2007-12, Tabelle 7, Spalte 4 und die Abdichtung mit rissüberbrückenden (flexiblen) mineralischen Dichtungsschlämmen ist nach E DIN 18195-2:2007-12, Tabelle 7, Spalte 5, herzustellen. Im abP über die Eignung eines Produktes muss die Wasserdichtheit für einen Wasserdruck von mindestens 0,3 MPa nach den Prüfgrundsätzen PG-MDS nachgewiesen sein.

Die Abdichtung ist in mindestens zwei Arbeitsgängen aufzubringen. Sie müssen eine zusammenhängende Schicht ergeben, die auf dem Untergrund haftet. Der Auftrag einer weiteren Schicht kann erst erfolgen, wenn die vorhergehende Schicht so fest ist, dass sie durch den Auftrag nicht beschädigt wird. Die Mindesttrockenschichtdicke muss 2,0 mm betragen. Bei Trenn- und Arbeitsfugen sowie Anschlüssen, Durchdringungen und Kehlen ist 5,8 und bei Bewegungsfugen 5,9 zu beachten.

5.1.2.2 Abdichtung mit flüssig zu verarbeitenden Abdichtungsstoffen im Verbund mit Fliesen und Platten (AIV)

Die Abdichtung mit rissüberbrückenden (flexiblen) Dichtungsschlämmen im Verbund mit Fliesen und Platten ist nach E DIN 18195-2:2007-12 Tabelle 8, 8 herzustellen. Im abP über die Eignung eines Produktes muss die Wasserdichtheit für einen Wasserdruck von mindestens 0,3 MPa nach den Prüfgrundsätzen PG-AIV nachgewiesen sein. Die Abdichtung ist in mindestens zwei Arbeitsgängen aufzubringen.

Sie muss eine zusammenhängende Schicht ergeben, die auf dem Untergrund haftet. Der Auftrag einer weiteren Schicht kann erst erfolgen, wenn die vorhergehende so fest ist, dass sie durch den Auftrag nicht beschädigt wird. Die Mindesttrockenschichtdicke muss 2,0 mm betragen. Dieses ist auch bei Trenn- und Arbeitsfugen sowie Anschlüssen, Durchdringungen und Kehlen und bei Bewegungsfugen zu beachten.

5.1.2.3 Abdichtung mit rissüberbrückenden Dichtungsschlämmen im Verbund mit Fliesen und Platten

Fliesen und Platten können aufgebracht werden, wenn die Abdichtung so fest ist, dass sie durch die Verlegearbeiten nicht beschädigt wird.

Das Aufbringen der Beläge und Bekleidungen aus Fliesen und Platten erfolgt im Verbund im Dünnbettverfahren nach DIN 18157 mit hydraulischen Dünnbettmörteln nach DIN EN 12004 der Klasse »C1« oder »C2« mit weitgehend vollflächiger Bettung im kombinierten Verfahren (buttering/floating).

5.1.2.4 Abdichtung mit Reaktionsharzen im Verbund mit Fliesen und Platten

Bei Reaktionsharzen handelt es sich um ein- oder mehrkomponentige, synthetische Harze mit organischen Zusätzen, mit oder ohne mineralische Füllstoffe. Die Aushärtung von Reaktionsharzen erfolgt durch chemische Reaktion.

Die Reaktionsharze nach E DIN 18195-2:2007-12 sind in zwei Arbeitsgängen auf dem grundierten Untergrund aufzubringen.

Bei porösen Untergründen muss der Feuchtegehalt so gering sein, dass die Grundierung in die Randzone des Untergrundes eindringen kann. Der zulässige maximale Feuchtegehalt des Untergrundes ist vom System abhängig. Der Untergrund muss eine ausreichende Oberflächenfestigkeit aufweisen. In Zweifelsfällen ist eine Haftzugprüfung erforderlich. Die minimale Abreißfestigkeit bei vorbehandelten Oberflächen beträgt 1,0 N/mm^2.

Das nach Herstellerangaben gemischte Reaktionsharz muss nach Applikation eine zusammenhängende Schicht ergeben, die auf dem Untergrund haftet.

Der Auftrag einer weiteren Schicht kann erst erfolgen, wenn die vorhergehende so fest ist, dass sie durch den Auftrag nicht geschädigt wird. Vor Applikation folgender Schichten sind systembedingte weitere Anforderungen zu beachten. Die vorgeschriebene Mindesttrockenschichtdicke von 1,0 mm darf an keiner Stelle unterschritten werden.

Der Fliesenbelag kann aufgebracht werden, wenn die Abdichtung so fest ist, dass eine Beschädigung durch die Verlegearbeiten nicht mehr auftreten kann.

Das Aufbringen der Beläge und Bekleidungen aus Fliesen und Platten erfolgt im Verbund im Dünnbettverfahren nach DIN 18157 mit hydraulischen Dünnbettmörteln nach DIN EN 12004 der Klasse »C1« oder »C2« oder mit Reaktionsharzmörteln nach DIN EN 12004 der Klasse »R1« oder »R2« mit weitgehend vollflächiger Bettung im kombinierten Verfahren (buttering/floating).

5.1.2.5 Abdichtung mit Flüssigkunststoffen (FLK)

Flüssigkunststoffe nach E DIN 18195-2:2007-12 bestehen aus ein- oder mehrkomponentigen synthetischen Harzen auf Basis vom PMMA, PUR oder UP mit oder ohne Füllstoffen. Sie gehören zur Gruppe der Reaktionsharze.

Im abP über die Eignung eines Produktes muss die Wasserdichtheit für einen Wasserdruck von mindestens 0,4 MPa nach den Prüfgrundsätzen PG-FLK nachgewiesen sein. Die Aushärtung erfolgt durch chemische Reaktion. Die Abdichtung ist in mehreren Aufträgen »frisch-in-frisch« unter Einbettung einer oder mehrerer Verstärkungseinlagen aufzubringen.

Bei porösen Untergründen muss der Feuchtegehalt so gering sein, dass die Grundierung in die Randzone des Untergrundes eindringen kann. Der zulässige maximale Feuchtegehalt des Untergrundes ist vom System abhängig. Bei rauen Untergründen (Rautiefe ≥ 2 mm) kann eine produktabgestimmte Vorbehandlung erforderlich werden. Der Untergrund muss eine ausreichende Oberflächenfestigkeit aufweisen. In Zweifelsfällen ist eine Haftzugprüfung erforderlich.

Die minimale Abreißfestigkeit bei vorbehandelten Flächen beträgt 1,0 N/mm^2. Die Verarbeitung erfolgt durch Rollen, Streichen oder Spritzen. Der Auftrag muss fehlstellenfrei, gleichmäßig und entsprechend dick erfolgen. Die vorgeschriebene Mindesttrockenschichtdicke von 2,0 mm darf an keiner Stelle unterschritten werden. Verstärkungseinlagen sind mit einer Überlappung von mindestens 50 mm einzubringen.

5.1.3 Kombinationsbauweise A1, Änderung der DIN 18195 im Teil 9

DIN 18195-9 beschreibt Übergänge von Abdichtungen im erdberührten Bereich auf Bodenplatten aus Beton mit hohem Wassereindringwiderstand.

Die DIN 18195-9, Bauwerksabdichtungen – Teil 9: Durchdringungen, Übergänge, An- und Abschlüsse " ist mit Ausgabe Mai 2010 erschienen. Die Änderungen im Text, die sich aus DIN 18195-9/A1 ergeben, sind durch Änderungsmarken gekennzeichnet. Diese Norm gilt auch für Übergänge der Bauwerksabdichtung auf Bodenplatten aus Beton mit hohem Wassereindringwiderstand nach der DAfStb-Richtlinie.

5.1.3.1 Allgemeines

Bei Wasserbeanspruchung aus Bodenfeuchte und nichtstauendem Sickerwasser (siehe DIN 18195-4) sind keine gesonderten konstruktiven Maßnahmen erforderlich. Hinsichtlich Untergrund und Verarbeitung gelten die in DIN 18195-3 und -4 festgelegten Anforderungen.

Bei Abdichtungen gegen aufstauendes Sickerwasser nach DIN 18195-6:2000-08, Abschnitt 9 werden an den Übergang zwischen der Abdichtung und dem WU-Betonbauteil zusätzliche Anforderungen gestellt. Es wird unterschieden in Übergänge ohne und mit Einbauteilen.

5.1.3.2 Übergang als adhäsive Verbindung bei Abdichtungen aus KMB, Untergrundvorbereitung und -vorbehandlung

Bei Ortbetonbauteilen ist der Untergrund mechanisch abtragend, z. B. durch Fräsen, so vorzubereiten, dass er frei von Verunreinigungen und losen Bestandteilen ist. Kanten müssen gefast und Kehlen gerundet sein.

Falls erforderlich ist der Untergrund z. B. durch Auftragen von haftvermittelnden Stoffen (Grundierungen) vorzubehandeln, bevor die Abdichtung aufgebracht wird.

Für die Untergrundvorbereitung bzw. Untergrundvorbehandlung gelten des Weiteren die Angaben im abP für den Abdichtungsübergang (siehe 6.2.2.2).

Erfolgt die Ausführung der Abdichtung nicht unmittelbar nach den Vorbehandlungsarbeiten des Untergrundes, so ist vor der Ausführung der Abdichtungsarbeiten der Untergrund erneut auf Verunreinigungen zu überprüfen und diese sind zu entfernen.

Bild 15: Wasserdichter Übergang im KMB-System

Bild 16: Vorbereitung zum wasserdichten Anschluss mit Dichtungsschlämmen.

5.1.3.3 Zu verwendende Stoffe und Ausführung

Für Übergänge an WU-Betonbodenplatten dürfen Stoffe nach DIN 18195-2:2010-05, Tabelle 6, verwendet werden, die für diesen speziellen Anwendungszweck über ein allgemeines bauaufsichtliches Prüfzeugnis verfügen, mit dem die Eignung des Produktes für die Verwendung im Übergang auf die WU-Betonbodenplatten nachgewiesen wurde. Die zugrundeliegenden Prüfungen erfolgen nach den »Prüfgrundsätzen zur Erteilung von allgemeinen bauaufsichtlichen Prüfzeugnissen für Produkte für Bauwerksabdichtungen im Übergang zu Bauteilen aus Beton mit hohem Wassereindringwiderstand gegen drückendes Wasser – PG-ÜBB« in der jeweils gültigen Fassung, veröffentlicht im amtlichen Teil der DIBt-Mitteilungen. Sie muss einen Nachweis über die Dauerhaftigkeit der Dichtheit des Überganges beinhalten. Es gelten die im abP genannten Verarbeitungsanweisungen.

Bei Übergängen an Bodenplatten ist die Abdichtung mindestens 150 mm breit auf die Stirnfläche der Bodenplatte zu führen. Auf den Schutz der fertig gestellten Abdichtung im Übergangbereich ist zu achten.

5.1.3.4 Prüfung und Dokumentation

Die Art der durchgeführten Vorbereitungen am Untergrund ist zu dokumentieren.

Nach Durchführung der Abdichtungsarbeiten ist das Ergebnis wie folgt zu prüfen: Bei Abdichtungen mit KMB ist die Abdichtung zu Prüfzwecken in Teilabschnitten über den 150 mm breiten Anschlussbereich weiter zu führen. In diesen Teilabschnitten ist die Durchtrocknung und/oder die Haftung am Untergrund zerstörend nach DIN 18195-3:2000-08, 5.4.4 zu prüfen. Die Prüfung ist 1-mal pro 10 m Übergangslänge, mindestens jedoch einmal je Bauwerksseite vorzunehmen. Das Ergebnis ist zu dokumentieren.

5.1.3.5 Übergänge mit Einbauteilen bei bahnförmigen Abdichtungen

Zu verwendende Materialien und Ausführung

Mit Einbauteilen können die in DIN 18195-6:2000-08, Abschnitt 9, beschriebenen Bahnen angeschlossen werden.

Als Einbauteile können Los- und Festflansch-Konstruktionen, sowie außenliegende Anschlussbänder (z. B. Fugenbänder) verwendet werden. Der Festflansch ist umlaufsicher in den Beton einzubauen. Die Los- und Festflanschkonstruktion ist nach 7.6 mit Einbauteilen nach Tabelle 1, Spalte 2, auszuführen. Die Anschlussbereiche der Flansche sind vor Einbau der Abdichtung zu reinigen.

Fugenbänder müssen aus Materialien bestehen, die mit der Abdichtung homogen zu verschweißen sind (siehe DIN 18195-3:2000-08, 7.4). Die Fugenbänder sind in Anlehnung an DIN 18541-2 und nach DIN V 18197 in die WU-Betonbauteile umlaufsicher einzubauen.

Prüfung

Nach dem Ausschalen des Bauteils sind die sichtbaren Bereiche von Fugenbändern auf Beschädigungen zu untersuchen und zu reinigen. Festgestellte Mängel sind zu dokumentieren und zu beseitigen.

Die Prüfung der Dichtigkeit des Anschlusses zwischen Dichtungsbahn und Fugenband erfolgt entsprechend DIN 18195-3:2000-08, 7.4.6.

Diese Bauweise ist also eine Kombination aus der KMB-Richtlinie und DIN 18195.

Die Planung sollte die ermittelten Kenndaten für sich nutzen, damit fach- und sachgerecht geplant werden kann. Nachfolgend soll auf die wichtigsten Planungsgrundlagen in Auszügen eingegangen werden.

5.2 Anwendungsbereich der DIN EN 13252

Die DIN EN 13252 benennt die geforderten Eigenschaften von Geotextilien für die Verwendung in Dränanlagen und legt die geeigneten Prüfverfahren fest. Nach der Landesbauordnung (LBO) dürfen Bauprodukte verwendet werden, wenn sie die CE-Kennzeichnung tragen. Die wesentlichen Anforderungen an Bauwerke sind

- mechanische Festigkeit und Standsicherheit
- Brandschutz
- Hygiene, Gesundheit und Umweltschutz
- Nutzungssicherheit
- Schallschutz
- Energieeinsparung und Wärmeschutz.

5.3 Auszüge aus: Richtlinie für die Planung und Ausführung von Abdichtungen mit kunststoffmodifizierten Bitumendickbeschichtungen (KMB)

Diese Richtlinie regelt Abdichtungen von erdberührten Bauwerken oder Bauteilen mit kunststoffmodifizierten Bitumendickbeschichtungen. Die Richtlinie gilt als Grundlage für Planung und Ausführung von Abdichtungen mit kunststoffmodifizierten Bitumendickbeschichtungen (KMB).

5.4 Auszüge aus: Richtlinie für die Planung und Ausführung von Abdichtungen von Bauteilen mit mineralischen Dichtschlämmen

Diese Richtlinie regelt Abdichtungen von erdberührten Bauteilen mit mineralischen Dichtschlämmen gegen Bodenfeuchte, Sickerwasser und drückendes Wasser. Zusätzlich erfasst die Richtlinie die Abdichtung gegen aufsteigende Feuchtigkeit und gegen Spritzwasser im Sockelbereich sowie Behälterinnenabdichtungen.

Mineralische Dichtschlämmen sind zementgebunden und deshalb unempfindlich beim Auftrag auf porengesättigten, durchfeuchteten, mineralischen Untergründen. Mineralische Dichtschlämmen kommen bevorzugt auf Flächen zum Einsatz, bei denen z. B. aus den vorgenannten Gründen andere Abdichtungssysteme nicht möglich sind.

5.5 Auszüge aus: DIN 18195 Beiblatt 1

Bild 17:
Auftragen der Dichtschlämme als Hinterfeuchtungsschutz

Dieses Beiblatt enthält zeichnerische Beispiele für die Anordnung einer Abdichtung im Bauwerk. Gezeigt wird für die verschiedenen Lastfälle nur die prinzipielle Lage der Abdichtung. Auf alle konstruktiven Hinweise und Details wurde in den Skizzen bewusst verzichtet. Die an die Abdichtung angrenzenden Bauteile sind deshalb auch nicht durch Symbole gekennzeichnet. Die dargestellten Abdichtungen sind nicht immer mit allen genormten Abdichtungsstoffen ausführbar.

Die Eignung der Stoffe ist im Einzelfall zu prüfen.

Gliederung:

Die in dem Beiblatt aufgeführten Beispiele für die Anordnung einer Abdichtung im Bauwerk sind in den Bildern und Skizzen dargestellt.

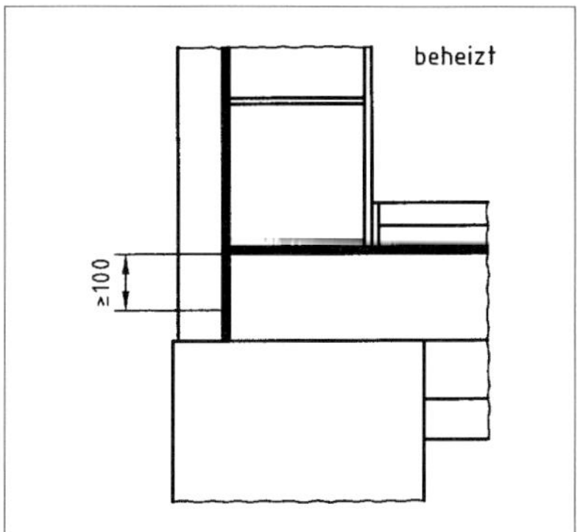

(Teil 4, Abschnitt 6.1.2; 6.1.3; 6.2.1; 7.3)

Bild 18: Skizze aus DIN 18195, Beiblatt 1, Teil 4

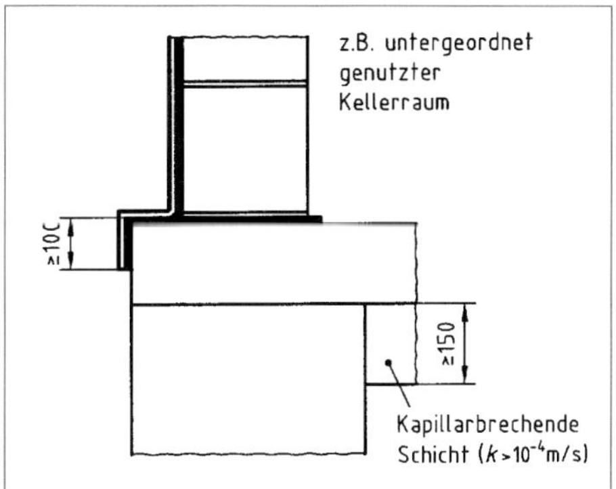

(Teil 4, Abschnitt 6.1.3; 6.2.2; 7.3)

Bild 19: Skizze aus DIN 18195, Beiblatt 1, Teil 4

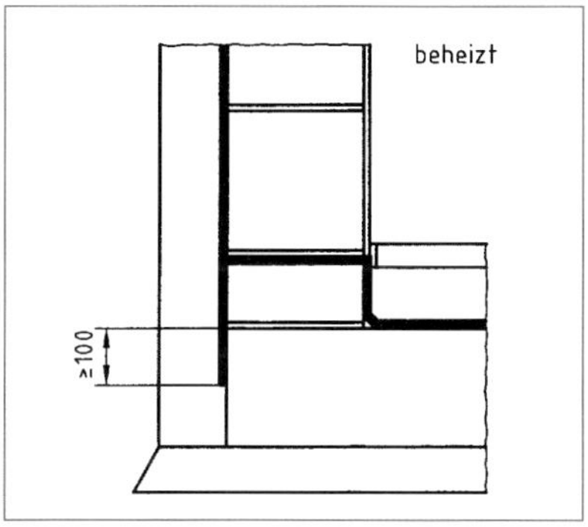

Bild 20: Skizze aus DIN 18195, Beiblatt 1, Teil 9

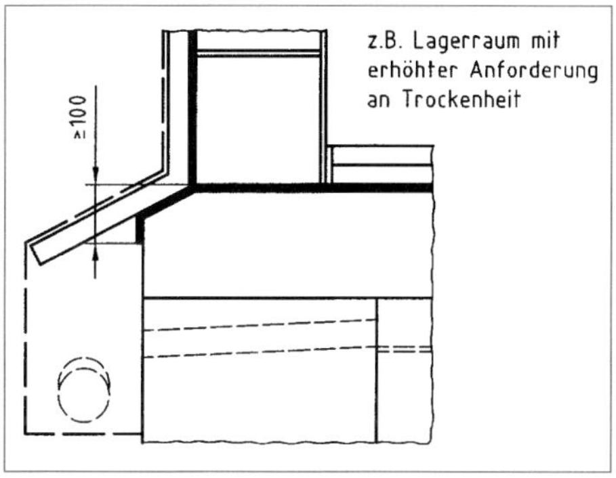

Bild 21: Skizze aus DIN 18195, Beiblatt 1, Teil 9

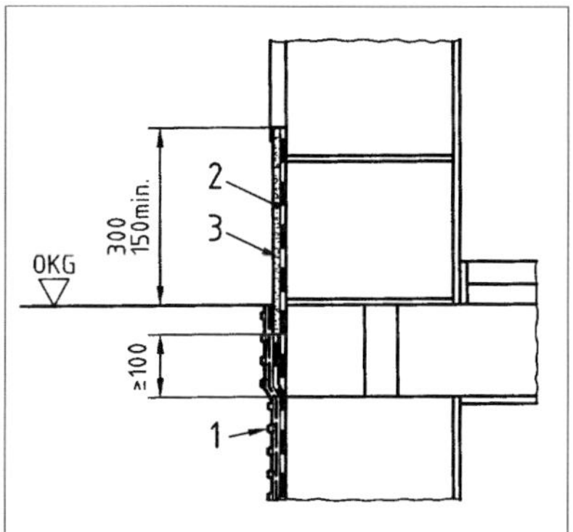

(Teil 9, Abschnitt 5.4.2)

Bild 22: Skizze aus DIN 18195, Beiblatt 1, Teil 9

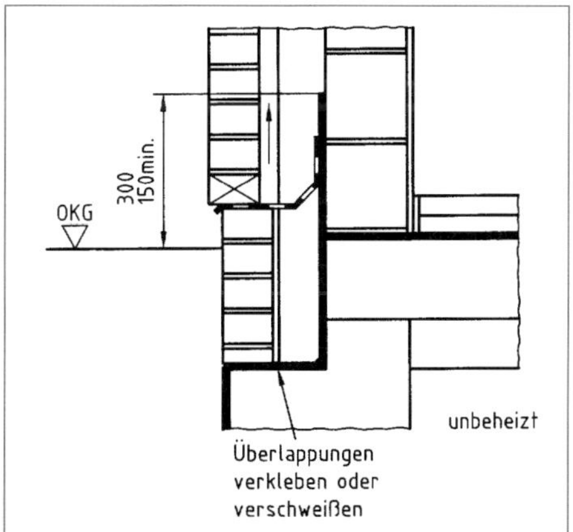

(Teil 9, Anschnitt 5.4.2)

Bild 23: Skizze aus DIN 18195, Beiblatt 1, Teil 9

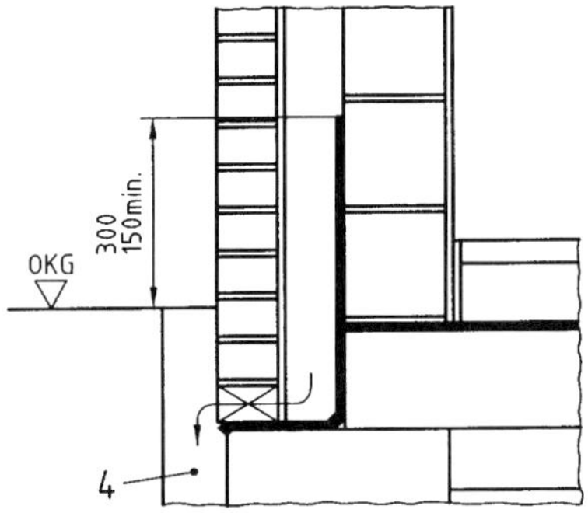

(Teil 9, Abschnitt 5.4.2)

Bild 24: Skizze aus DIN 18195, Beiblatt 1, Teil 9

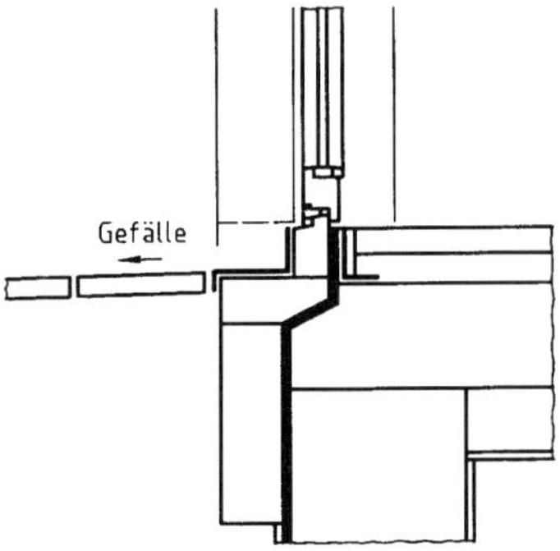

(Teil 9, Abschnitt 5.4.4)

Bild 25: Skizze aus DIN 18195, Beiblatt 1, Teil 9

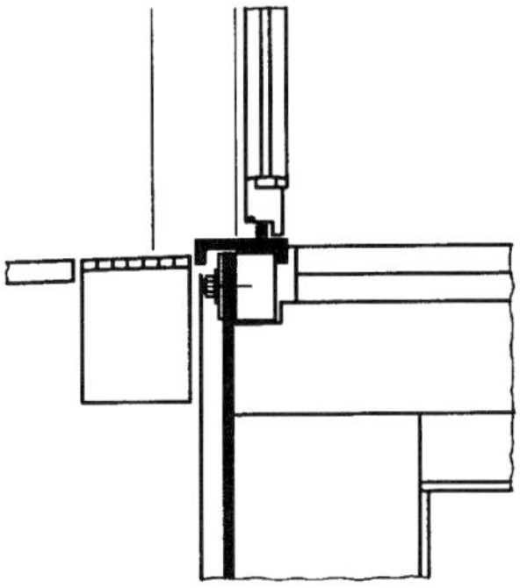

(Teil 9, Abschnitt 5.4.4)

Bild 26: Skizze aus DIN 18195, Beiblatt 1,Teil 9

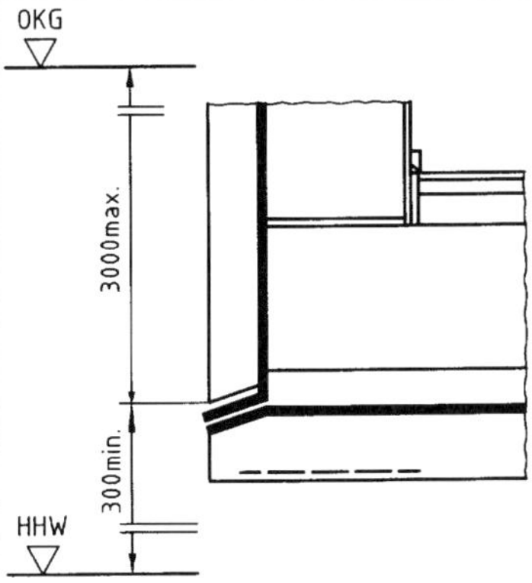

(Teil 6, Abschnitte 5.2; 9)

Bild 27: Skizze aus DIN 18195, Beiblatt 1, Teil 6

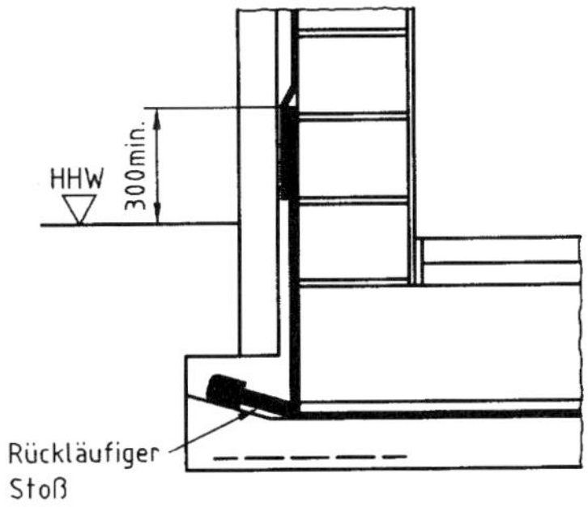

(Teil 6, Abschnitt 5.2)

Bild 28: Skizze aus DIN 18195, Beiblatt 1, Teil 6

5.6 Auszüge aus: Richtlinie für die Planung und Ausführung von Abdichtungen erdberührter Bauteile mit flexiblen Dichtschlämmen

Diese Richtlinie regelt Abdichtungen von erdberührten Bauteilen mit flexiblen Dichtschlämmen gegen Bodenfeuchte, nichtdrückendes und drückendes Wasser. Zusätzlich erfasst die Richtlinie die Abdichtung gegen kapillar aufsteigende Feuchtigkeit und gegen Spritzwasser im Sockelbereich sowie Behälterinnenabdichtungen.

5.7 Auszüge zu den »Erläuterungen der DAfStb-Richtlinie wasserundurchlässige Bauwerke aus Beton«

Zweck dieser Erläuterungen ist es, dem Anwender den Hintergrund der Regelungen verständlich zu machen. Die Erläuterungen zur WU-Richtlinie des DAfStb geben wichtige Hintergrundinformationen für die Anwendung der Richtlinie. Die Erläuterungen bilden somit nicht die Meinung einzelner Fachleute ab, sondern dokumentieren die Auffassung des Deutschen Ausschusses für Stahlbeton in seiner Funktion als regelwerksetzendes Gremium. Die Regelungen der Richtlinie gelten als ergänzende Bestimmungen zur Gebrauchstauglichkeit von Betonbauwerken mit der besonderen Anforderung an Wasserundurchlässigkeit, auf die in anderen Normen nur in allgemeiner Form hingewiesen wird. Der Begriff »Wasserundurchlässigkeit« wird in der Richtlinie im Sinne der Definitionen verwendet. Umgangssprachlich wird der Richtlinienbegriff »Wasserundurchlässigkeit« fälschlicherweise oft durch den Begriff »Wasserdichtheit« ersetzt. Wasserdichtheit eines Betonbauwerks würde jedoch voraussetzen, dass ein Feuchtetransport durch den Beton durch keinen der Transportvorgänge erfolgt.

Dies ist ohne besondere Maßnahmen zur Erzielung einer technischen Dichtheit, wie z. B. durch eine innenliegende metallische Dichthaut (»Liner«), nicht möglich. Gleiches gilt allerdings auch für Betonbauwerke, deren Wasserundurchlässigkeit durch zusätzliche Abdichtungsmaßnahmen erzielt wird, weil innenseitige Diffusionsvorgänge dadurch nicht vermindert werden können.

Die Einhaltung der Regelungen der Richtlinie, die nur Anforderungen enthält, die den Betonbau unmittelbar betreffen, führt nicht in jedem Fall zur Erfüllung aller Anforderungen gemäß DIN 1055-100. Bei hohen Nutzungsanforderungen müssen besondere raumklimatische und bauphysikalische Maßnahmen getroffen werden, auf die in der Richtlinie an entsprechenden Stellen hingewiesen wird. Unter den allgemeinem Hoch- und Wirtschaftsbau werden Bauwerke verstanden, bei denen die Bauteildicken bei Bodenplatten in der Regel 30 bis 40 cm und Wänden bis 40 cm betragen.

Die Prinzipien dieser Richtlinien können sinngemäß auch für andere Bauteildicken angewendet oder auf andere Betonbauwerke übertragen werden. Die Grundsätze der WU-Richtlinie können auch auf wasserundurchlässige Dächer oder Decken ohne zusätzliche Abdichtung angewendet werden.

Darüber hinaus sind jedoch i. d. R. weitere Gesichtspunkte zu berücksichtigen, insbesondere sind die warnenden Hinweise zu beachten. Die Begrenzung des Wasserdurchtritts erfolgt so, dass kein Wasser durch Kapillartransport oder durch Permeation die der Beaufschlagung abgewandte Bauteilseite erreicht. (also innen) Dies wird sichergestellt durch die Forderung einer bestimmten Betonqualität und durch empfohlene Mindestbauteildicken.

Dabei wird unterschieden nach der Beanspruchung auf das Bauteil (Bodenfeuchte oder drückendes Wasser). Bei den empfohlenen Mindestbauteildicken ist ein Sicherheitszuschlag berücksichtigt. Durch eine höhere Betonqualität kann die Begrenzung des Feuchtetransportes in flüssiger Form auch durch geringere Mindestbauteildicken erreicht werden. Wenn zum Beispiel ein allgemeines bauaufsichtliches Prüfzeugnis

Bild 29:
Auftrag der Dichtschlämme

Bild 30:
Einbau des Fugenbandes

(abP) für die gewählte Abdichtungsart vorliegt, ist damit auch der Anschluss dieser Abdichtungsart an den Beton abgedeckt. Bei den Ausführungen zum Wasser- und Feuchtetransport durch Betonbauteile wird von physikalischen Gegebenheiten ausgegangen. Der Feuchtetransport durch ungerissenen Beton kann grundsätzlich durch drei unterschiedliche Vorgänge beschrieben werden:

- Permeation
- kapillares Saugen
- Diffusion

Bei der Permeation handelt es sich um einen Wassertransport, der durch ein Druckgefälle bedingt ist; er wird in der Literatur auch als Strömen bezeichnet. Kapillares Saugen (Kapillarleitung) ist bedingt durch Grenzflächenspannungen an Porenwandungen. Mit Diffusion wird das Wandern von Wasserteilchen durch das Porengefüge aufgrund von Partialdruckunterschieden bezeichnet.

5.8 Auszüge aus DIN 4020: Geotechnische Untersuchungen für bautechnische Zwecke

Diese Norm wurde vom Normenausschuss Bauwesen (NABau) im DIN (Deutsches Institut für Normung e. V.) im Arbeitsausschuss 05.06.00 »Untersuchungen von Boden und Fels« erarbeitet. Diese Norm gilt für geotechnische Untersuchungen von Boden und Fels einschließlich ihrer Inhaltsstoffe als Baugrund für Bauwerke aller Art. Geotechnische Untersuchungen nach dieser Norm sind Voraussetzung für die Sicherheitsnachweise im Erd- und Grundbau nach DIN 1045.

Baugrund: Boden bzw. Fels einschließlich aller Inhaltsstoffe (z. B. Grundwasser und Kontaminationen), in und auf dem Bauwerke gegründet bzw. eingebettet werden sollen bzw. sind, oder der durch Baumaßnahmen beeinflusst wird. Baugrundrisiko ist ein in der Natur der Sache liegendes, unvermeidbares Restrisiko, das bei Inanspruchnahme des Baugrunds zu unvorhersehbaren Wirkungen bzw. Erschwernissen, z. B. Bauschäden oder Bauverzögerungen führen kann, obwohl derjenige, der den Baugrund zur Verfügung stellt, seiner Verpflichtung zur Untersuchung und Beschreibung der Baugrund- und Grundwasserverhältnisse nach den Regeln der Technik zuvor vollständig nachgekommen ist und obwohl der Bauausführende seiner eigenen Prüfungs- und Hinweispflicht Genüge getan hat.

Geotechnische Untersuchungen sind die zur bautechnischen Beschreibung und Beurteilung von Boden und Fels notwendigen

- geologischen
- hydrogeologischen
- geophysikalischen,
- bodenmechanischen
- feldmechanischen
- umwelttechnischen
- chemischen Untersuchungen.

Für jede Bauaufgabe müssen Aufbau und Beschaffenheit von Boden und Fels im Baugrund sowie die Grundwasserverhältnisse ausreichend bekannt sein, um insbesondere die Standsicherheit und die Gebrauchstauglichkeit des Bauwerks sowie die Auswirkungen der Baumaßnahme auf die Umgebung sicher beurteilen zu können. Der mit der geotechnischen Untersuchung beauftragte Sachverständige für Geotechnik muss sowohl über die für das Bauwerk als auch die für die Baudurchführung entscheidenden Fragestellungen nach dem jeweiligen Planungs- und Ausführungsstand vom Bauherrn oder seinem Beauftragten informiert werden. Der vom Bauherrn beauftragte Sachverständige für Geotechnik ist beratend und gutachtlich vor und bei der Entwurfsplanung, ggf. als Entwurfsverfasser geotechnischer Nachweise, baubegleitend und nötigenfalls auch nach Fertigstellung des Bauwerks tätig. Der Sachverständige für Geotechnik bedarf nicht der Bestellung durch eine Körperschaft des öffentlichen Rechts. Hingegen wird der nach Bauordnungsrecht »staatlich anerkannte Sachverständige für Erd- und Grundbau« für die Prüfung geotechnischer Nachweise und deren bodenmechanischen Grundlagen im Baugenehmigungsverfahren sowie zur Überwachung der Grundbaumaßnahmen eingeschaltet.

Bei der Untersuchung der Grundwasserverhältnisse müssen festgestellt werden können:

- die Tiefenlage, Mächtigkeit, Ausdehnung und Durchlässigkeit wasserführender Schichten sowie gegebenenfalls die Fließrichtung und -geschwindigkeit und im Fels darüber hinaus die Trennflächensysteme.
- Höhenlage der Grundwasseroberfläche oder -druckfläche der Grundwasserstockwerke und deren zeitabhängige Veränderungen.
- chemische Beschaffenheit, Temperatur soweit erforderlich;
- Porenwasserüberdrücke in unterkonsolidierten weichen Bodenbereichen, soweit erforderlich.

Ergebnisbeurteilung:

- Möglichkeit, Art und Umfang von Grundwasserhaltungsmaßnahmen
- Gefährdungen durch das Grundwasser, insbesondere bei Baugruben oder Böschungen (z. B. hydraulischer Grundbruch, Strömungsdruck, Erosion)
- erforderliche Maßnahme für das Bauwerk selbst (z. B. Abdichtung, Dränung, Wider standsfähigkeit gegen aggressive Wässer, hydrostatischer Druck)
- Auswirkungen auf Dritte (z. B. durch Absenkung, Wasserentzug Aufstau)
- das Versickerungsvermögen des Baugrunds
- für die Nutzungsmöglichkeit als Brauchwasser für bautechnische Zwecke

Bei jedem Bauvorhaben sind die angetroffenen Baugrundverhältnisse auf Übereinstimmung mit den Ergebnissen der Hauptuntersuchung zu überprüfen, gegebenenfalls zu ergänzen und zu dokumentieren.

In einer zusammenfassenden Beurteilung der gewonnenen Baugrunddaten ist eine Bewertung der Baugrundverhältnisse vorzunehmen und darzulegen, welche grundsätzlichen Folgerungen sich für das zu erstellende oder zu überprüfende Bauwerk sowie für die Bauhilfsmaßnahmen und für die Baudurchführung ergeben, die Grundwasserverhältnisse zu kommentieren und im Hinblick auf ihre Auswirkungen auf das Bauwerk und die Baudurchführung zu beurteilen. Hierbei sind auch Veränderungen der Grundwasserverhältnisse durch die Baumaßnahme abzuschätzen.

Chemische Wasseranalysen sind hinsichtlich

- Betonaggressivität nach DIN 4030
- Stahlaggressivität nach DIN 50929-1
- DIN 50929-3

und gegebenenfalls bezüglich spezieller Fragestellungen zu dokumentieren.

5.9 Ermittlung des Bemessungswasserstandes für Bauwerksabdichtungen

Schäden an Bauwerken durch hohe Grundwasserstände und unzureichende Abdichtungen gehören in Deutschland zu den häufigsten Bauschäden und beschäftigen zunehmend die Gerichte. Aufgezeigt werden sollen die konkreten Arbeitsschritte, die für die Ermittlung des Bemessungsgrundwasserstandes für Bauwerksabdichtungen erforderlich sind (alle Ausführungen in Kapitel 5.9 basieren auf Auszügen aus dem Merkblatt BWK-M8, Ausgabe September 2009).

5.9.1 Allgemeine Einleitung

In Deutschland werden die »Allgemein anerkannten Regeln der Technik« bei Bauwerksabdichtungen maßgeblich durch die DIN 18195 geprägt. Das Zusammenspiel von Abdichtung und Dränung wird durch Hinzuziehung der »Drännorm« DIN 4095 geregelt. Bezüglich vieler bautechnischer Details können bei der Planung und Ausführung Fehler gemacht werden. Die nachteiligsten Konsequenzen ergeben sich jedoch, wenn zu Beginn der Planung der Bemessungsgrundwasserstand falsch angenommen wird.

Schon die Erarbeitung des Statusberichtes hat deutlich gemacht, dass die Ermittlung des Bemessungsgrundwasserstandes keine triviale Aufgabe darstellt, da die witterungsbedingten Schwankungen des Grundwasserstandes häufig von anderen wasserwirtschaftlichen Faktoren überlagert werden, z. B. Förderverringerung seit langem bestehender Entnahmen der Wasserversorgung oder Fremdwasserverringerung in der Kanalisation und einem dadurch bedingten nennenswerten Grundwasseranstieg.

In der Neufassung der DIN 18195 vom August 2000 findet sich in Teil 1 folgende Definition zum Bemessungswasserstand: *»Der höchste, nach Möglichkeit aus langjährigen Beobachtungen ermittelte Grundwasserstand/Hochwasserstand«.*

Wesentliches Unterscheidungskriterium sind die Lastfälle »nichtdrückendes Wasser« und »drückendes Wasser«, wobei DIN 18195, Teil 6 die erforderlichen Maßnahmen festlegt, die die wasserdruckhaltende Abdichtung der Bauteile unterhalb und bis in eine Höhe von 0,3 m oberhalb des Bemessungswasserstands betreffen. Teil 6 der DIN wird auch auf den Lastfall »aufstauendes Sickerwasser« angewandt.«

Die DIN 18195 bezieht sich sowohl auf die äußere Belastung eines Bauwerks durch Grundwasser als auch auf Höchstwasserstände oberirdischer Gewässer im Hochwasserfall. Das Ziel dieser Definition ist klar: Der Schutz gegen drückendes Wasser soll so vorgenommen werden, dass auch bei kurzzeitigen besonders hohen Grundwasser-/Hochwasserständen kein Schaden am Bauwerk entsteht.

Der Hinweis, dass der Bemessungswasserstand »nach Möglichkeit aus langjährigen Beobachtungen« zu ermitteln ist, ist in Relation zu anderen Regelwerken und Festlegungen vergleichsweise wenig konkret. Von daher ist es nicht verwunderlich, dass hierzu in Gerichtsurteilen weitere Spezifizierungen erfolgten.

So verurteilte das OLG Düsseldorf in seinem Urteil vom 17.03.2000-22U142/99 einen Architekten auf Schadensersatz, weil er im Jahr 1996 einen nicht abgedichteten Keller plante, dessen Sohle 1,36 m unter dem im Jahr 1960 gemessenen Grundwasserhochstand liegt.

Die Verurteilung erfolgte, obwohl bis dahin keine Vernässung des Kellers eingetreten war. In diesem Zusammenhang wurde ausgeführt, dass der Planer mindestens 40 Jahre hätte zurückschauen müssen und den in diesem Sinne »langjährig höchsten Grundwasserstand« zuzüglich eines Sicherheitszuschlags hätte zugrunde legen müssen. Weiter wurde festgelegt, dass den Bauherrn bei »nicht ausreichender Grundwassersicherheit seines Bauvorhabens nur dann ein Mitverschulden trifft, wenn er vom Architekten umfassend, zutreffend und unmissverständlich über das Grundwasserrisiko aufgeklärt wurde und er sich dieser Aufklärung verschlossen hat.«

Auf diesen Einzelfall bezogen wurde somit für die Ermittlung des Bemessungsgrundwasserstandes eine Konkretisierung vorgenommen, die aus der DIN 18195 nicht unmittelbar ablesbar ist.

Die Richtlinie des Deutschen Ausschusses für Stahlbeton für Wasserundurchlässige Bauwerke aus Beton (WU-Richtlinie des DAfStb) vom November 2003 definiert den Bemessungswasserstand wie folgt: »Der höchste innerhalb der planmäßigen Nutzungsdauer zu erwartende Grundwasser-, Schichtenwasser – oder Hochwasserstand unter Berücksichtigung langjähriger Beobachtungen und zu erwartender zukünftiger Gegebenheiten: der höchste planmäßige Wasserstand.«

Mit dieser Definition kommen die zusätzlichen Aspekte der »Nutzungsdauer« und der zu erwartenden »zukünftigen Gegebenheiten« hinzu, die vom Planer bei der Festlegung des Bemessungswasserstandes zu berücksichtigen sind. Damit wird zwar das angestrebte Ziel des langfristigen Schutzes der Bausubstanz verdeutlicht, eine Konkretisierung der Vorgehensweise bei der Ermittlung dieses Bemessungswasserstandes erfolgt jedoch nicht.

Aus der Bestandsaufnahme und Analyse der Schäden ergibt sich, dass dieser wasserwirtschaftliche Systemzusammenhang häufig übersehen wird und aus diesem Grund immer wieder gravierende Planungsfehler entstehen.

Das hiermit vorgelegte Merkblatt zeigt eine systematische Vorgehensweise und konkrete Arbeitsschritte zur Ermittlung des Bemessungswasserstandes auf. Mit diesen Empfehlungen soll die erforderliche technische Verallgemeinerung von Planungsgrundsätzen erfolgen, die einer an Einzelfällen orientierte Rechtsprechung naturgemäß nicht erbringen kann.

5.9.2 Zielsetzungen des Merkblattes

An der Errichtung von Bauwerken sind zahlreiche Personen und Institutionen beteiligt, deren Zuständigkeiten bei Planung und Bau in Gesetzen und Regelwerken umfassend geklärt und beschrieben sind.

Das hiermit vorgelegte Merkblatt hat insbesondere jene Personen als Zielgruppe, die im Rahmen der Planung die Wechselwirkung zwischen Baugrund und Bauwerk unter dem Aspekt der Einwirkung von Grundwasser zu beurteilen haben.

Das sind zum einen die Bauherren, die letztlich entscheiden, was gebaut wird, das sind zum anderen aber auch insbesondere die Planer und die von ihnen eingeschalteten Sonderfachleute, die darüber entscheiden, welchen Umfang Vorerkundungen und Baugrunduntersuchungen annehmen sollen. Hierbei geht es in Ergänzung zu dem schon bestehenden Regelwerk darum, den wasserwirtschaftlichen Systemzusammenhang als Einflussgröße auf den anzusetzenden Bemessungsgrundwasserstand sachgerecht einzubeziehen.

Von daher sollen auch der Hydrogeologe und der Ingenieur der Wasserwirtschaft angesprochen werden, die an Bauwerksplanungen beteiligt sind, wobei der Blick vom einzelnen Bauobjekt auch auf die Bauleitplanung und die höheren Planungsebenen (z. B. Regionalplanung) gelenkt werden soll. Schließlich gilt es, bei Planung und Bau wasserwirtschaftlicher Maßnahmen immer auch die potenziellen Auswirkungen auf bestehende oder geplante Bauwerke im Auge zu behalten, deren Bemessungsgrundwasserstand möglicherweise unter anderen Voraussetzungen ermittelt wurde.

Wenn ein Bauherr beabsichtigt, ein Gebäude zu errichten, kennt er in der Regel nicht die umfangreichen technischen Regeln, die zu beachten sind und deren Befolgung dafür sorgt, dass Baufehler vermieden werden.

Der Bauherr hat vielmehr klare Vorstellungen davon, zu welchem Zweck er das Gebäude nutzen möchte. Er beauftragt einen Planer oder auch eine Baufirma, die ihm den Erfolg schulden, das errichtete Gebäude auch entsprechend nutzen zu können.

Wasser im Keller schließt nicht nur die beabsichtigte Nutzung des Kellers aus, sondern kann über Schimmelbildung die Nutzung des gesamten Bauwerks in Frage stellen.

Zum Leistungsumfang einer in diesem Sinne »erfolgreichen« Gebäudeplanung gehört im Rahmen der Grundlagenermittlung eine Standortanalyse. Im Rahmen dieser Analyse entscheidet der vom Bauherrn beauftragte Planer, wen er zusätzlich an der Planung fachlich beteiligen will, um die technischen Merkmale eines mängelfreien Bauwerkes sachgerecht und kostenbewusst definieren zu können.

Der vom Bauherrn beauftragte Planer hat den Bauherrn dann über die Rahmenbedingungen soweit aufzuklären, dass dieser seine Kosten-/Nutzenentscheidungen sowie Risikoabwägungen fundiert treffen kann. Die Erteilung einer (heute vielfach nicht mehr erforderlichen) Baugenehmigung hat demgegenüber nicht zum Inhalt, z. B. das Erfordernis einer technischen Abdichtung eines Kellers gegen drückendes Wasser zu überprüfen. Hier ist der Bauherr auf seinen Planer angewiesen. Von daher richtet sich das vorgelegte Merkblatt vor allem an diejenigen Planer (Architekten und Ingenieure), die im Auftrag ihrer Bauherren die Gesamtplanung erstellen und von deren Einschätzung die Hinzuziehung von Sonderfachleuten maßgeblich abhängt. Auf das Leistungsspektrum der Honorarordnung für Architekten und Ingenieure (HOAI 1996) bezogen, sind das vor allem die Planungsleistungen der Teile II und VII, in die andere Ingenieurleistungen, u. a. auch Leistungen des Erd- und Grundbaus, zu integrieren sind. Hierbei liegt es in der Verantwortung des Planers, je nach Schwierigkeitsgrad des Bauwerkes und des Standortes das Leistungsspektrum anderer Fachgebiete auch tatsächlich (manchmal sogar gegen den Widerstand des Bauherrn, der diese ja alle bezahlen muss) abzurufen.

5.9.3 Definitionen des Bemessungsgrundwasserstandes

Der Bemessungsgrundwasserstand wird wie folgt definiert: *»Der Bemessungsgrundwasserstand ist der Grundwasserhöchststand, der sich witterungsbedingt einstellen kann. Bei der Ermittlung des Bemessungsgrundwasser-standes sind die dauerhaft verbindlich festgeschriebenen und die nicht dauerhaft verbindlich festgeschriebenen wasserwirtschaftlichen Maßnahmen zu unterscheiden und mit ihren Auswirkungen auf den Grundwasserstand zu berücksichtigen.«*

Die in dieser Definition verwendeten wichtigen Begriffe werden folgendermaßen verstanden:

- **Witterungsbedingt:**
  Als witterungsbedingt im Sinne dieses Merkblattes wird die Entwicklung der Grundwasserstände bezeichnet, die durch die Gesamtheit der Wettervorgänge in einem bestimmten Gebiet und für einen bestimmten Zeitraum geprägt wird. Um die kennzeichnende Schwankungsbreite zwischen Grundwasserhöchstständen und -niedrigständen zu erfassen, sollte ein Beobachtungszeitraum von mindestens 30 Jahren zugrunde gelegt werden, in dem in einer Abfolge mehrerer Jahre mit unterdurchschnittlicher (Trockenperiode) und überdurchschnittlicher (Nassperiode) Grundwasserneubildung aufgetreten ist.
- **Dauerhaft:**
  Die wasserwirtschaftliche Maßnahme ist mit ihrer Aufhöhung oder Absenkung des Grundwasserstandes auf Dauer angelegt, z. B. der Gewässerausbau zur Sicherstellung der Vorflut mit seiner den Grundwasseranstieg begrenzenden Wirkung (in Abgrenzung beispielsweise zu der zeitweisen Grundwasserabsenkung einer Wasserhaltung für die Baugrube einer Baumaßnahme).
- **Verbindlich:**
  Als verbindlich ist in diesem Zusammenhang die Auswirkung einer Maßnahme auf den Grundwasserstand anzusehen, die Vertrauensschutz genießt, z. B. ein Pumpwerk, das für ein Gewässer die Vorflut dauerhaft sicherstellt (in Abgrenzung zum Wasserrecht beispielsweise für die Grundwasserentnahme eines Wasserwerkes, das nicht die Pflicht beinhaltet, Grundwasser zu entnehmen und somit den Grundwasserstand dauerhaft abzusenken).

Die Dauerhaftigkeit und Verbindlichkeit der Auswirkungen wasserwirtschaftlicher Maßnahmen auf den Grundwasserstand spielen bei der Definition des Bemessungsgrundwasserstandes eine wichtige Rolle. Die Verbindlichkeit lässt sich rechtlich nicht auf einfache Art und Weise verallgemeinern, da im Genehmigungsbescheid zu einzelne Maßnahmen einzelfallbezogen unterschiedliche Regelungen zu deren Dauerhaftigkeit getroffen sein können.

Dennoch ist es möglich, die wichtigsten wasserwirtschaftlichen Einflussfaktoren und Maßnahmen gemäß der weithin üblichen Genehmigungspraxis und im Sinne eines darauf aufbauenden Vertrauensschutzes in kennzeichnende Gruppen einzuteilen. Im folgenden Kapitel wird anhand solcher wasserwirtschaftlicher Fallgruppen und Maßnahmen jeweils auf die üblicherweise vorliegende Verbindlichkeit bzw. Verpflichtung zur dauerhaften Aufrechterhaltung der Funktionsfähigkeit eingegangen. Auf der anderen Seite soll auch für die zukünftige Genehmigungspraxis Verständnis dafür geweckt werden, wie wichtig es ist, bei allen geplanten wasserwirtschaftlichen Maßnahmen die Konsequenzen für das Grundwasser sorgsam zu planen und – soweit möglich – langfristig verlässlich in den Genehmigungsbescheiden zu verankern.

Vor diesem Hintergrund sollen die in der DIN 18195 und darauf aufbauend auch in der DAfStb-Richtlinie »Wasserundurchlässige Bauwerke aus Beton (WU-Richtlinie)« vorgenommenen Abgrenzungen des Lastfalles »aufstauendes Sickerwasser« gegenüber dem Lastfall »drückendes Grundwasser« nachfolgend aus der Sicht des vorliegenden Merkblattes näher beleuchtet werden.

Insbesondere der Lastfall des »aufstauenden Sickerwassers« wird in der Baupraxis häufig nicht erkannt und bautechnisch falsch umgesetzt. Die Definition ist nicht deckungsgleich mit dem o. g. Begriff des »Stauwassers im Boden« aus der Bodenkunde. Vielmehr stellt dieser Lastfall eine durch langjährige Erfahrung und Handhabung der DIN 18195 geprägte Zuordnung dar, wobei das entscheidende Kriterium die Durchlässigkeit kf < oder kf > 10^{-4} m/s des Untergrundes im Bereich von Kellerwänden ist. Immer wenn von der Geländeoberfläche bis unter die Kellersohle der Untergrund durchgehend stark durchlässig (kf > 10^{-4} m/s) ist, tritt der Lastfall »aufstauendes Sickerwasser« nicht auf.

Wenn jedoch die Durchlässigkeit geringer ist (und sei es auch nur bereichsweise oder auch durch Verfüllung des Arbeitsraumes mit bindigem Material), ist vom Lastfall »aufstauendes Sickerwasser« auszugehen und eine Abdichtung gemäß DIN 18195-6, vorzusehen. Von einer entsprechenden Abdichtung kann nur dann abgesehen werden, wenn eine Dränage den Aufstau des zeitweise von oben eindringenden Sickerwassers wirksam verhindert. Der zeitliche Bezug (»zeitweise«) dieser Zuordnung mag in Abgrenzung zum Lastfall »Grundwasser« suggerieren, als sei der Lastfall »Grundwasser« zeitlich unveränderlich, was angesichts der ausgeprägten witterungsbedingten Schwankungen der Grundwasseroberfläche nun aber gerade nicht der Fall ist. Möglicherweise hat auch diese falsche Vorstellung von einem wenig veränderlichen Grundwasser zu den zahlreichen Fehlplanungen geführt, die Anlass für die Erstellung des vorliegenden Merkblatts waren.

Die Definition des Bemessungsgrundwasserstandes konkretisiert die Vorgehensweise zur Identifizierung des Lastfalles »von außen drückendes Wasser (Grundwasser)« nach der DIN 18195-6.

Grundsätzlich gilt dann, dass die druckwasserhaltende Abdichtung immer mindestens 30 cm über den Bemessungsgrundwasserstand hochzuführen ist, um damit auch den Bereich des kapillaren Aufstiegs einzubeziehen.

Aufbauend auf die DIN 18195 sind die »BWA-Richtlinien für Bauwerksabdichtungen« als Leitfaden für die praktische Ausführung von Abdichtungen anzusehen.

Für die in der DIN 18195 definierten Abdichtungsbauweisen werden ebenfalls in dieser DIN die hierbei zu verwendenden Stoffe und Verarbeitungsweisen konkretisiert, für die jeweils ein weiteres Spektrum an Normen (z. B. DIN EN 12591, Bitumen und bitumenhaltige Bindemittel, Anforderungen an Straßenbaubitumen) existiert.

Für die Bauweise der sogenannten »Weißen Wanne« zur Abdichtung gegen drückendes Wasser gibt es die DAfStb Richtlinie: Wasserundurchlässige Bauwerke aus Beton (WU-Richtlinie). Hier werden je nach Beanspruchungsklasse und nach Nutzungsklasse Anforderungen an den Beton, an die Bauteildicke sowie Entwurfsgrundsätze konkretisiert, für die wiederum zahlreiche Regelwerke zur Verfügung stehen (z. B. die DIN 1045/DIN EN 206 Tragwerke aus Beton, Stahlbeton und Spannbeton).

Eine besondere Bedeutung für alle wasserdichten Bauweisen spielen Fugenabdichtungen zwischen verschiedenen Baukörpern und bei unvermeidbaren Durchdringungen (z. B. durch Leitungen) dichter Bauteile. Für die Fugenabdichtungen bei wasserundurchlässigen Bauwerken aus Beton gibt Hohman [Hohmann, Rainer; Fugenabdichtungen bei wasserundurchlässigen Bauwerken aus Beton, Stuttgart: Fraunhofer IRB Verlag 2005] eine gute Zusammenfassung, in der auch die umfangreichen Normen hierzu (z. B. DIN 7865 und DIN 18541 für Fugenbänder) aufgeführt sind.

Ein großes Problemfeld stellt die Sanierung und nachträgliche Abdichtung von Bauwerken dar, für die die Angabe des Bemessungsgrundwasserstandes ebenfalls notwendige Voraussetzung ist. Hinweise für die Sanierungspraxis lassen sich aus dem WTA-Merkblatt 4-6-05/D (Merkblatt-Entwurf 4-6-11/D) der Wissenschaftlich-Technischen Arbeitsgemeinschaft für Bauwerkserhaltung und Denkmalpflege (WTA) gewinnen.

Entsprechend den unterschiedlichen baulichen Voraussetzungen, die bei der Sanierung angetroffen werden, finden sich im WTA-Merkblatt »Verfahren der nachträglichen Außenabdichtung und Innenabdichtung wie auch Injektionsverfahren, die sowohl groß-flächig als auch punktuell eingesetzt werden können« (erarbeitet im Referat 4 Mauerwerk und Bauwerksabdichtung; WTA – Nachträgliches Abdichten erdberührter Bauteile, Merkblatt 4-6; WTA – Mauerwerksinjektionen gegen kapillare Feuchtigkeit, Merkblatt 4-4-07/D)

Zunehmend werden Europäische Normen die bestehenden deutschen Normen ersetzen und zu einer Vereinheitlichung der Bauweisen in Europa führen.

6 Anwendung der DIN 18195 zur Bauwerksabdichtung

6.1 Planungsgrundsätze

Es ist zwischen Bauwerken zu unterscheiden, die oberhalb des Bemessungswasserstandes und ganz oder teilweise unterhalb des Bemessungswasserstandes errichtet werden sollen. Beide Bauwerkszustände unterscheiden sich in der Beurteilung der zukünftigen Beanspruchungsart. Auch die Wasserdurchlässigkeit des anstehenden Bodens führt zu unterschiedlichen Beanspruchungen der Bauwerksabdichtung. Oberhalb des Bemessungswasserstandes können bei stark wasserdurchlässigen Böden ($k > 10^{-4}$ m/s nach DIN 18130-1) lediglich Bodenfeuchte und Sickerwasser auftreten. Beide Beanspruchungsarten üben keinen hydrostatischen Wasserdruck auf die Abdichtung aus. Bei wenig wasserdurchlässigen Böden ist von Stau-, Kluft- und Hangwasser auszugehen, das vergleichbar mit Grundwasser mindestens zeitweise einen Wasserdruck ausübt. Die Wasserdurchlässigkeit des anstehenden Bodens muss deshalb für Bauwerke oberhalb des Bemessungswasserstandes als Grundlage für die Bemessung von Bauwerksabdichtungen festgestellt und richtig einbezogen werden.

Da Bauwerksabdichtungen oberhalb des Bemessungswasserstandes durch Dränung entlastet werden können, ist hier bei wenig wasserdurchlässigen Böden zu unterscheiden, ob eine Dränung vorgesehen ist oder nicht. Es ist zu berücksichtigen, dass Bauwerksabdichtungen unterhalb des Bemessungswasserstandes, im Bereich von Stau- oder Hangwasser oder in Wasserbehältern generell durch hydrostatischen Druck unterschiedlicher Ausprägung belastet werden. Ein Maß für die Beanspruchung stellt auch die Eintauchtiefe dar, die den Aufbau der Abdichtung maßgeblich beeinflusst.

6.2 Arten der Beanspruchung

Für die Bemessung von Bauwerksabdichtungen muss die Beanspruchungsart analysiert werden. DIN 18195 unterscheidet folgende Beanspruchungsarten für Bauwerksabdichtungen:

Es gilt die niedrigste Beanspruchungsart »Bodenfeuchtigkeit und nichtstauendes Sickerwasser« nicht nur für gut wasserdurchlässigen Boden (z. B. Kies), sondern auch bei wenig wasserdurchlässigem Boden mit funktionsfähigen Dränanlagen. Dabei wird der Realität Rechnung getragen, dass Oberflächenwasser oder sonstiges Sickerwasser drucklos an der Abdichtung herabläuft und im Baugrund oder in der Dränage versickert. Eine höhere Beanspruchung kann nur durch Dränagemängel verursacht werden, die bei den heute technisch hoch entwickelten und weitgehend ausgereiften modernen Dränsystemen nicht blindlings vorauszusetzen sind. Aufstauendes Sickerwasser gilt für Kelleraußenwände und Bodenplatten mit Gründungstiefen bis 3,0 m unter GOK in wenig durchlässigen Böden ($k < 10^{-4}$ m/s) ohne Dränung nach DIN 4095, bei denen Bodenart und Geländeform nur Stauwasser erwarten lassen. Die Unterkante der

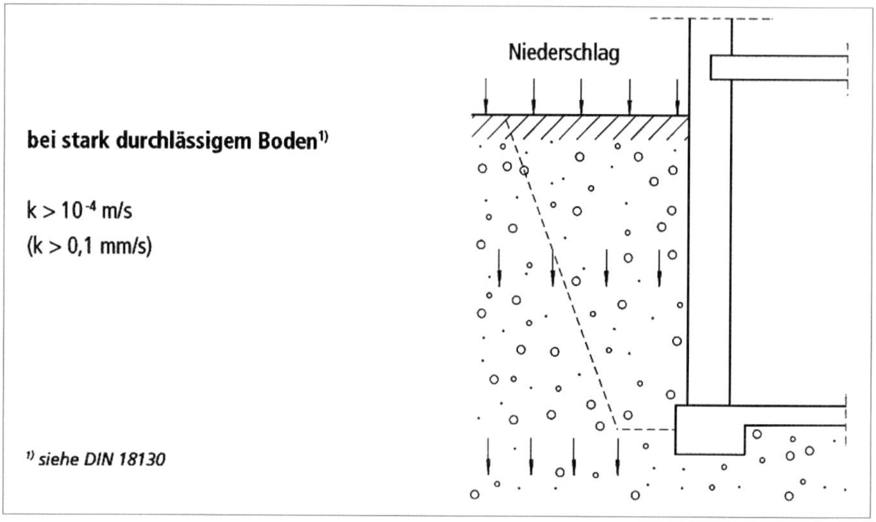

Bild 31: Bodenfeuchte, Skizze aus: Richtlinie für die Planung und Ausführung von Abdichtungen mit kunststoffmodifizierten Bitumendickbeschichtungen (Ausgabe 2010).

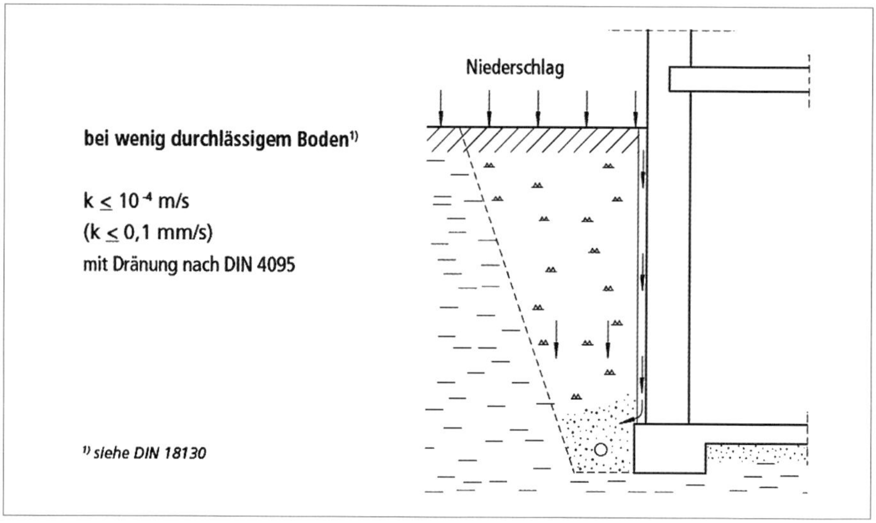

Bild 32: nichtstauendes Sickerwasser. Skizze aus: Richtlinie für die Planung und Ausführung von Abdichtungen mit kunststoffmodifizierten Bitumendickbeschichtungen (Ausgabe 2010).

Kellersohle muss mindestens 300 mm über dem nach Möglichkeit langjährig ermittelten Bemessungswasserstand liegen.

Nichtdrückendes Wasser gilt für Gebäude oder bauliche Anlagen auf die Wasser in flüssiger Form einwirkt, wie z. B. Niederschlagswasser, Sickerwasser, Brauchwasser, Anstaubewässerung bis rd. 100 mm, das keinen oder nur vorübergehend einen geringfügigen hydrostatischen Druck ausübt. Je nach Art und Aufgabe der Abdichtung, ihrem Schutzziel sowie der Größe den auf die Abdichtung einwirkenden Beanspruchungen durch Verkehr, Temperatur und Wasser werden mäßig und hoch beanspruchte Abdichtungen unterschieden. Drückendes Wasser gilt für Gebäude und bauliche Anlagen im Grundwasser und im Schichtenwasser, unabhängig von Gründungstiefe, Eintauchtiefe und Bodenart.

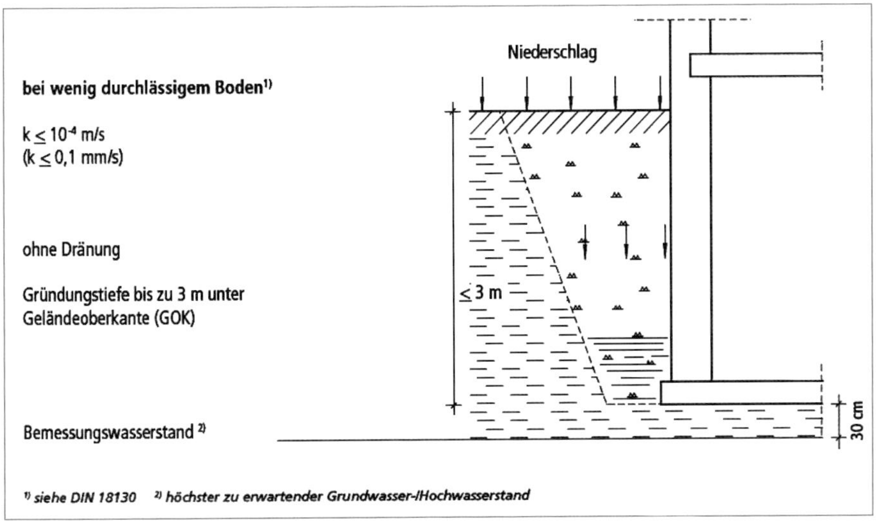

Bild 33: Aufstauendes Sickerwasser, Skizze aus: Richtlinie für die Planung und Ausführung von Abdichtungen mit kunststoffmodifizierten Bitumendickbeschichtungen (Ausgabe 2010).

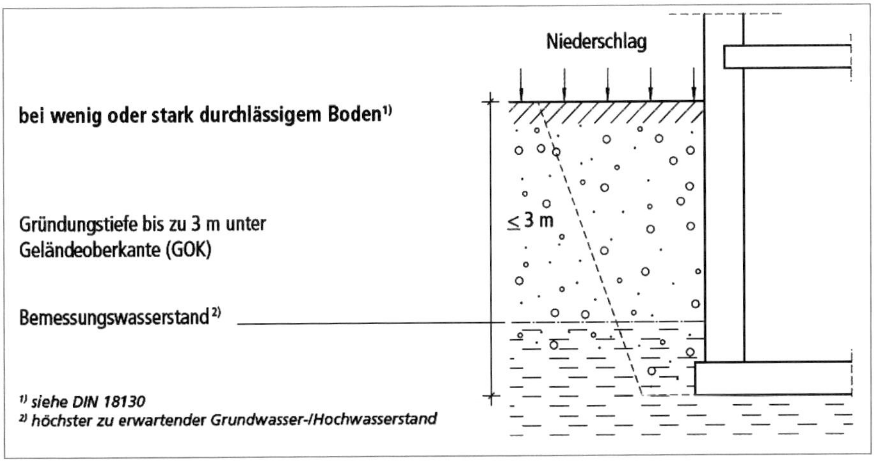

Bild 34: drückendes Wasser von außen, Skizze aus: Richtlinie für die Planung und Ausführung von Abdichtungen mit kunststoffmodifizierten Bitumendickbeschichtungen (Ausgabe 2010).

6.3 Bauliche Erfordernisse

Die einwandfreie Verarbeitung und dauerhafte Funktion einer Bauwerksabdichtung kann nur sichergestellt werden, wenn alle baulichen Erfordernisse erfüllt sind. Im Folgenden werden in einer exemplarischen Auswahl aus der Normenreihe bauliche Erfordernisse für eine bevorstehende regelrechte Anordnung von Bauwerksabdichtungen angesprochen:

- Abdichtungsuntergründe müssen frostfrei, fest eben, frei von Nestern und klaffenden Rissen, Graten und frei von schädlichen Verunreinigungen und bei aufzuklebenden Abdichtungen oberflächentrocken sein.
- Nicht verschlossene Vertiefungen größer 5 mm, wie beispielsweise Mörteltaschen, offene Stoß- und Lagerfugen oder Ausbrüche, müssen verschlossen sein.
- Kanten müssen gefast und Kehlen sollten gerundet sein.
- Vor- und Rücksprünge der abzudichtenden Flächen sind auf die unbedingt notwendige Anzahl zu beschränken.
- Das Entstehen von Rissen im Bauwerk, die durch die Abdichtung nicht überbrückt werden können, ist durch konstruktive Maßnahmen, z. B. durch Anordnung von Bewehrung, ausreichender Wärmedämmung oder Fugen zu verhindern.
- Auf Deckenflächen mit nicht drückendem Wasser und in Nassräumen ist das auf die Abdichtung einwirkende Wasser dauernd wirksam so abzuführen, dass es keinen bzw. nur einen geringfügigen hydrostatischen Druck ausüben kann. Bei planmäßiger Anstaubewässerung darf der Wasserstand maximal 100 mm betragen.
- Bei Abdichtungen gegen nichtdrückendes Wasser auf Deckenflächen und in Nassräumen sind schädigende Auswirkungen durch einwirkende Mengen stehenden Wassers durch eine planmäßige Gefällegebung oder andere Maßnahmen (z. B. Abläufe in den durch Durchbiegung entstandenen Mulden) zu beseitigen. Dies gilt dann besonders auch für die Kehlen zwischen Gefälleflächen.
- Der Abdichtung darf keine Übertragung von planmäßigen Kräften parallel zu ihrer Ebene zugewiesen werden.

Bild 35:
Egalisierung der Untergründe mit der Dichtschlämme

Bild 36:
Einbau einer mit Dichtungskehle

Bild 37:
Abfasen der Kante

Bild 38:
Auftragen der Dichtschlämme

6.4 Anordnung von Bauwerksabdichtungen

- Die Abdichtung ist im Regelfall auf der dem Wasser zugekehrten Bauwerksseite anzuordnen. Sie muss eine geschlossene Wanne bilden oder das Bauwerk allseitig umschließen.
- Die vertikale Abdichtung muss bis zum Fundamentabsatz reichen und ist an die waagerechte Abdichtung (Querschnittsabdichtung) anzuschließen.
- Die vertikale Abdichtung ist im Regelfall 300 mm über Geländeoberfläche als Spritzwasserschutz hochzuführen. Im Endzustand darf dieser Wert das Maß von 150 mm nicht unterschreiten.
- Deckenabdichtungen sind mindestens 200 mm über die Fuge zwischen Decke und Wänden herunterzuziehen.

- Die wasserdruckhaltende Abdichtung ist bei stark durchlässigem Boden mindestens 300 mm über den Bemessungswasserstand zu führen; daran anschließend ist eine Abdichtung gegen Bodenfeuchte oder nicht drückendes Wasser zu wählen.
- Die wasserdruckhaltende Abdichtung ist bei wenig durchlässigem Boden mindestens 300 mm über die geplante Geländeoberkante zu führen.
- Bodenplatten sind gegen aufsteigende Feuchte abzudichten. Bei geringen Anforderungen an die Trockenheit der Raumluft kann die Abdichtung entfallen, wenn mindestens 150 mm kapillarbrechende Schüttung den Kapillartransport hinreichend vermindert.
- Bei Verblendmauerwerk kann die Abdichtung hinter der Verblendung auf die Außenseite der Innenschale hochgeführt werden. Der Schalenzwischenraum sollte am Fußpunkt der Verblendschale oberhalb der Geländeoberfläche entwässert werden. Erfolgt die Entwässerung unterhalb der Geländeoberfläche, ist in eine Sickerschicht oder Dränung zu entwässern.

Bild 39:
Grundierung

Bild 40:
Dichtschlämme als
Haftbrücke

Bild 41:
Hinterfeuchtungsschutz

Bild 42:
Fertiger Dichtungs-kehlenbereich

- Die Abdichtung darf bei den zu erwartenden Bewegungen der Bauteile durch Schwinden, Temperaturänderungen und Setzungen ihre Schutzwirkung nicht verlieren.
- Die Abdichtung von waagerechten oder schwach geneigten Flächen ist an Aufkantungen im Regelfall mindestens 150 mm über die Oberfläche des Belages hochzuführen und dort zu sichern. Ist dies im Einzelfall nicht möglich, z. B. bei Balkon- oder Terrassentüren, sind dort besondere Maßnahmen gegen das Eindringen von Wasser oder das Hinterlaufen der Abdichtung einzuplanen (z. B. ausreichend große Vordächer, Rinnen mit Gitterrosten).

Abläufe zur Entwässerung von Belagoberflächen, die die Abdichtung durchdringen, müssen sowohl die Nutzfläche als auch die Abdichtungsebene entwässern.

Bild 43:
Grundierung

Bild 44:
Dichtschlämme

Bild 45:
Vorspritzmörtel

6.5 Bemessung der Bauwerksabdichtung

Allgemeines

Nachfolgend wird anhand exemplarisch ausgewählter Beispiele für verschiedene Beanspruchungsarten der Aufbau der Abdichtungsschichten dargestellt, ohne Berücksichtigung von Verarbeitungsvorschriften und flankierenden Funktionselementen, wie z. B. Applikation, Schutzschichten und Schutzmaßnahmen, Durchdringungen, Übergängen, An- und Abschlüssen sowie Bauwerksfugen. Für eine fachgerechte Ausführungsplanung des Schutzes des Bauwerkes gegen Feuchtigkeit wird insbesondere auf die Einschlägigen Stoffnormen sowie auf die VOB-Teil C, DIN 18336, und auf die Normenreihe DIN 18195 Teile 1 bis 10 verwiesen. Für die Bauwerksabdichtung kommen Stoffe nach DIN 18195, Teil 2 in Frage. (siehe Tabelle 15 – 18)

Bodenplatte	Querschnittsabdichtung	Wände
KMB 2-lagig, 3 mm Voranstrich	Dichtschlämmen*	Deckaufstrichmittel 2,5 mm trocken mit Voranstrich (nicht für Keller)
Bitumenbahnen 1-lagig, volldeckend, heiß, Voranstrich	Bitumendachbahnen	KMB 2-lagig, 3,0 mm, Voranstrich
KSK 1-lagig, Voranstrich	Bitumen-Dachdichtungsbahnen	Bitumendachbahnen 1-lagig, Voranstrich V13, G 200 DD, PV200 DD, J 300 S5, V60 S4, PYE, PYP, in Klebemasse
Kunststoff-Elastomer	Kunststoff-Dichtungsbahnen	KSK-Bahnen 1-lagig mit Voranstrich
Elastomer-Dichtungsbahnen, 1-lagig, Voranstrich		Kunststoff- und Elastomer Dichtungsbahnen und Elastomer-Dichtungsbahnen mit Voranstrich
Asphaltmastix, 10 mm		

Tabelle 15: Bodenfeuchte und nichtstauendes Sickerwasser

Bodenplatte	Querschnittsabdichtung	Wände
KMB 2-lagig, 3 mm Voranstrich	entfällt	entfällt
Bitumen- oder Polymerbitumenbahnen 1-lagig mit Voranstrich		
KSK 1-lagig, Voranstrich		
Kunststoff-Dichtungsbahnen, PIB oder ECB 1-lagig, 1,5 mm, mit Klebemasse		
Asphaltmastix 2-lagig, 15 mm		

Tabelle 16: Nichtdrückendes Wasser, mäßige Beanspruchung, z. B. Balkone und Nassräume Innen

Bodenplatte	Querschnittsabdichtung	Wände
KMB 2-lagig, 4 mm Voranstrich, Verstärkungseinlage	Dichtschlämmen*	KMB 2-lagig, 4 mm Voranstrich, Verstärkungseinlage
ohne Verstärkungseinlage*		ohne Verstärkungseinlage*
Polymerbitumen-Schweißbahn 1-lagig mit Voranstrich		Polymerbitumen-Schweißbahn 1-lagig mit Voranstrich
Bitumen- oder Polymerbitumenbahnen 2-lagig mit Voranstrich	entfällt nach Norm	Bitumen- oder Polymerbitumenbahnen 2-lagig mit Voranstrich
Kunststoff- und Elastomer Dichtungsbahnen 1-lagig mit Voranstrich		Kunststoff- und Elastomer Dichtungsbahnen 1-lagig mit Voranstrich

Tabelle 17: Aufstauendes Sickerwasser

Bodenplatte	Querschnittsabdichtung	Wände
System mit KMB, 2-lagig 4 mm (n. Vereinbarung)*	Drei Lagen Dichtungsschlämme, wenn die Abdichtung auf der Bodenplatte erfolgt.*	System mit KMB, 2-lagig 4 mm (n. Vereinbarung)*
Beispiel: Nackte Bitumenbahnen mit Metallbänder 3-lagig Voranstrich u. Deckaufstrich	entfällt nach Norm	**Beispiel:** Nackte Bitumenbahnen mit Metallbänder 3-lagig – Voranstrich und Deckaufstrich
Polymerbitumen-Dachdichtungsbahnen 2-lagig, Voranstrich und Deckaufstrich		Polymerbitumen-Dachdichtungsbahnen 2-lagig, Voranstrich und Deckaufstrich
Bitumenschweißbahnen bis drei Lagen, nur für Ausnahmefälle: z. B. Überkopfbereich		Bitumenschweißbahnen bis drei Lagen, nur für Ausnahmefälle: z. B. Überkopfbereich.

Tabelle 18: Druckwasser

* nur mit abP und besonderer Vereinbarung

6.6 Abdichtungen über Bewegungsfugen

Anwendungsbereich, DIN 18195, Teil 8

Diese Norm gilt für die Abdichtung über Bewegungsfugen von Bauwerken (im Folgenden kurz Fugen genannt) im Zusammenhang mit Abdichtungen gegen

- Bodenfeuchte und nichtstauendes Sickerwasser nach DIN 18195-4
- nichtdrückendes Wasser einschließlich der Abdichtungen unter intensiv begrünten Dachflächen nach DIN 18195-5;

- von außen drückendes Wasser und Aufstauendes Sickerwasser nach DIN 18195-6 und
- von innen drückendes Wasser nach DIN 18195-7

Abdichtungen gegen Bodenfeuchte

Bei Flächenabdichtungen aus Bitumenwerkstoffen sind die Abdichtungen über den Fugen durch mindestens eine Lage Bitumen-Dichtungs- oder Schweißbahnen, 300 mm breit, mit Gewebe- oder Polyestervlieseinlagen zu verstärken. Bei Flächenabdichtungen aus Kunststoffmodifizierten Bitumendickbeschichtungen (KMB) erfolgt die Abdichtung über Fugen mit bitumenverträglichen Fugenbändern aus Kunststoff-Dichtungsbahnen, die eine Vlies- oder Gewebekaschierung zum Einbetten in die Kunststoffmodifizierte Bitumendickbeschichtung (KMB) besitzen. Die Stoßverbindungen der Fugenbänder sind je nach Werkstoff in Fügetechnik nach DIN 18195-3:2000-08, auszuführen. Bei Flächenabdichtungen aus Bitumen-KSK-Bahnen ist die Abdichtung über den Fugen durch einen zusätzlichen, mindestens 300 mm breiten Streifen aus Bitumen-KSK-Bahn zu verstärken.

Abdichtungen gegen nichtdrückendes Wasser auf Deckenflächen und in Nassräumen

Bei Flächenabdichtungen aus Bitumen-KSK-Bahnen ist die Abdichtung über den Fugen durch zwei zusätzliche, mindestens je 300 mm breite Streifen aus Bitumen-KSK-Bahn zu verstärken, wobei jeweils ein Streifen oberhalb und unterhalb der eigentlichen Flächenabdichtung anzuordnen ist. Bei Abdichtungen mit Kunststoffmodifizierten Bitumendickbeschichtungen (KMB) sind Sonderkonstruktionen erforderlich.

Gebäudetrennfugen auf durchgehender Bodenplatte:

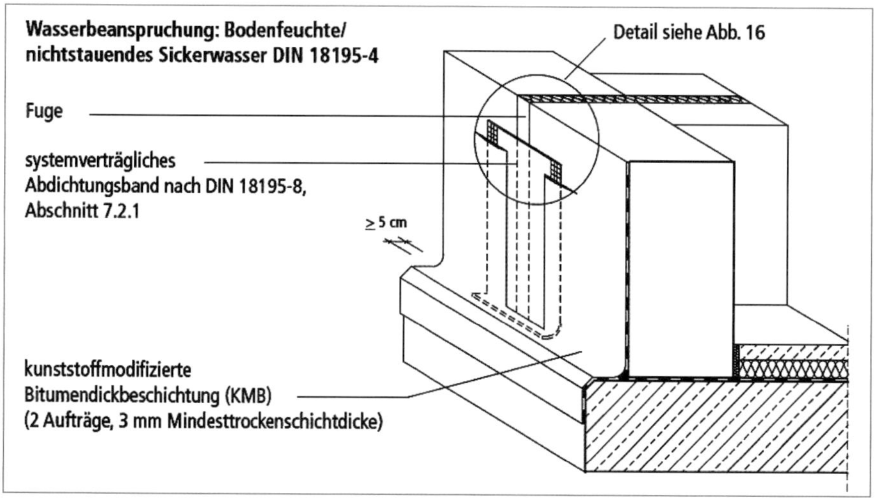

Bild 46: Abdichtung einer Fuge zwischen zwei Haustrennwänden auf durchgehender Bodenplatte nach KMB-Richtlinie, Ausgabe 2010

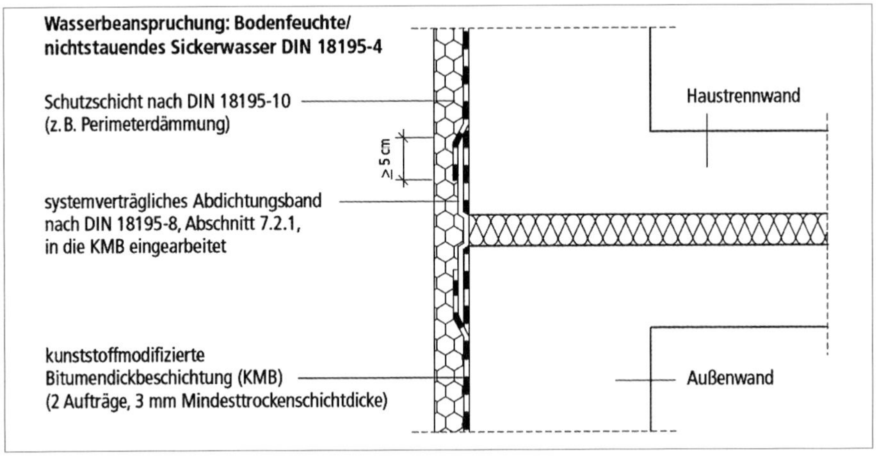

Bild 47: Abdichtung einer Durchdringung beim Lastfall Bodenfeuchtigkeit nach KMB-Richtlinie (Ausgabe 2010)

6.7 Durchdringungen, Übergänge, An- und Abschlüsse

Anwendungsbereich, DIN 18195, Teil 9

Diese Norm gilt für das Herstellen von Durchdringungen, Übergängen und An- und Abschlüssen von Abdichtungen gegen

- Bodenfeuchte und nichtstauendes Sickerwasser nach DIN 18195-4
- nichtdrückendes Wasser einschließlich der Abdichtungen unter intensiv begrünten Dachflächen nach DIN 18195-5
- von außen drückendes Wasser und Aufstauendes Sickerwasser nach DIN 18195-6 und
- gegen von innen drückendes Wasser nach DIN 18195-7.

Diese Norm gilt nicht für das Herstellen von Durchdringungen, Übergängen und An- und Abschlüssen bei Bauteilen, die so wasserundurchlässig sind, dass die Dauerhaftigkeit des Bauteils und die Nutzbarkeit des Bauwerks ohne weitere Abdichtung im Sinne dieser Norm gegeben sind. In diesem Sinne gilt sie auch nicht für Konstruktionen aus wasserundurchlässigem Beton.

Allgemeines

Durchdringungen und Übergänge müssen so angeordnet werden, dass die Bauwerksabdichtung fachgerecht angeschlossen werden kann. Flächen für Abschlüsse müssen gut zugänglich sein, ausreichend hoch über der Oberfläche des späteren Nutzbelages liegen und so beschaffen sein, dass das hochgeführte Abdichtungsende sicher befestigt werden kann. Einbauteile müssen den Erfordernissen der Abdichtung entsprechend beschaffen sein. Durchdringungen sind auf die unbedingt notwendige Anzahl zu beschränken.

Mindestabstände

Klebeflansche, Anschweißflansche und Manschetten sind im Regelfall so anzuordnen, dass sie untereinander zu anderen Bauteilen, z. B. Bauwerkskanten und -kehlen und Wandanschlüssen, mindestens 150 mm, bei Bewegungsfugen mindestens 300 mm entfernt sind, sofern nicht aus Verarbeitungsgründen ein größerer Abstand erforderlich ist. Maßgebend ist dabei die äußere Begrenzung des Flansches oder der Manschette. Los- und Festflanschkonstruktionen sind so anzuordnen, dass ihre Außenkanten mindestens 300 mm von Bauwerkskanten und -kehlen sowie mindestens 500 mm von weiteren Bauwerksfugen entfernt sind. Können diese Mindestmaße nicht eingehalten werden, so sind für die Abdichtung Sonderkonstruktionen einzuplanen.

Gebäudesockel für Abschlüsse von Abdichtungen nach DIN 18195-4 und DIN 18195-6:2000-08, Abschnitt 9

Bei unverputzt bleibendem, zweischaligem Mauerwerk am Gebäudesockel (Verblendmauerwerk) kann die Abdichtung hinter der Verblendschale auf der Außenseite der Innenschale hochgeführt werden. Der Schalenzwischenraum sollte am Fußpunkt der Verblendschale oberhalb der Geländeoberfläche entwässert werden. Erfolgt die Entwässerung unterhalb der Geländeoberfläche, so ist in eine Sickerschicht oder Dränung zu entwässern.

Anschlüsse und Übergänge

Bei Abdichtungen gegen Bodenfeuchte (Kapillarwasser, Haftwasser) und nichtstauendes Sickerwasser an Bodenplatten und Wänden nach DIN 18195-4. Anschlüsse an Einbauteile von Aufstrichen aus Bitumen sind mit spachtelbaren Stoffen oder mit Manschetten auszuführen. Bei Abdichtungen mit Kunststoffmodifizierten Bitumendickbeschichtungen (KMB) nach DIN 18195-4 sind diese hohlkehlenartig an die Durchdringung anzuarbeiten.

Bauwerke mit Abdichtungen gegen von außen drückendes Wasser nach DIN 18195-6:2000-08, Abschnitt 8

Abschlüsse von Abdichtungen gegen drückendes Wasser von außen in stark wasserdurchlässigen Böden sind mindestens 300 mm über dem Bemessungswasserstand anzuordnen. Die Abdichtungen sind gegen Abgleiten und Hinterlaufen zu sichern, z. B. durch Verwahren in einer Unterschneidung oder Sicherung mit einer Klemmschiene nach 6.2.2 bei Aufbringen der Abdichtung von außen (Abdichtung mit Arbeitsraum) bzw. Umlegen des Abdichtungsendes auf die Abdichtungsrücklage bei Aufbringen der Abdichtungen von innen (Abdichtung ohne Arbeitsraum) oder durch andere gleichwertige Maßnahmen. Abdichtungen der darüber liegenden Wandbereiche gegen Bodenfeuchte und nichtstauendes Sickerwasser nach DIN 18195-4 bzw. Abdichtungen von anschließenden Decken nach DIN 18195-5 müssen den Abschluss überdecken.

Durchdringungen (Beispiele)

Bodenfeuchte und nichtstauendes Sickerwasser:

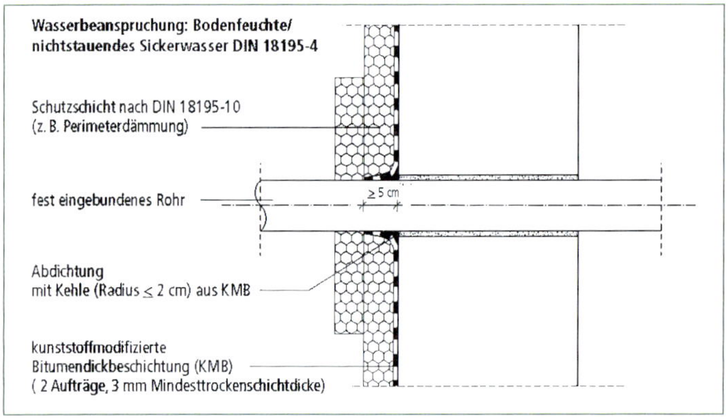

Bild 48: Durchdringung durch Kelleraußenwand nach KMB-Richtlinie (Ausgabe 2010)

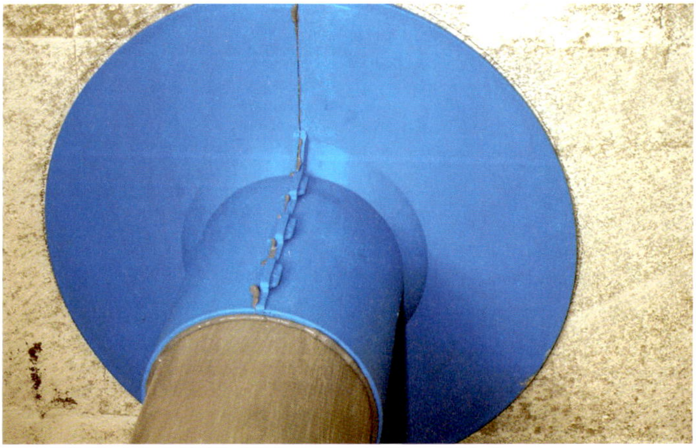

Bild 49: Aufstauendes Sickerwasser, Beispiel: Rohrflansch-Konstruktion

Druckwasser, hohe Belastung

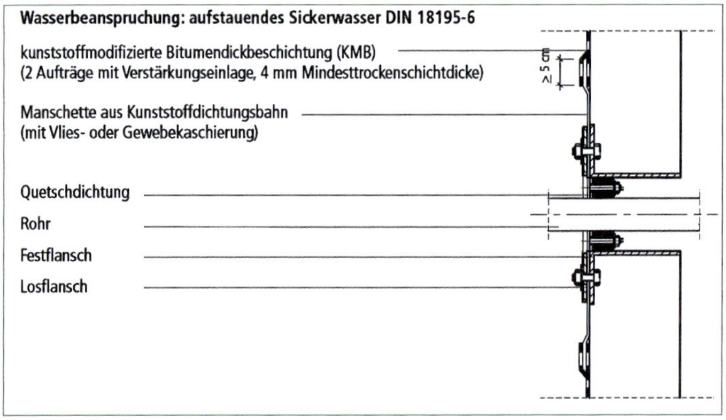

Bild 50: Fest- und Losflanschkonstruktionen nach KMB-Richtlinie (Ausgabe 2001)

Bei der Bauwerksabdichtung ist nun ein bestimmtes System durch das Objekt selbst vorgegeben, d. h., dass im Aufbau ob von innen nach außen oder von unten nach oben eine Kombination verschiedener Baumaterialien und Bauteile vorgegeben ist. Dies bedeutet nun, dass Produkt- und Anwendungssysteme Materialkombinationen sind, die für sich genommen zueinander passen müssen.

Beim Neubau und erst recht bei der Bauwerksinstandsetzung kommt kein Produkt am Objekt allein vor. Jedes Produkt-System hat sich ein- bzw. zuzuordnen. Produktsysteme müssen in ihrer Anwendung beschrieben werden. Planer und Handwerker haben einen Anspruch darauf, die Rahmenbedingungen für die Anwendung des Produktpaketes klar und deutlich zu kennen. Schließlich wollen der ausführende Architekt und der beschäftigte Handwerker in ihrem Vertragsverhältnis und erst recht in Richtung auf den Bauherrn sichergehen, dass die vorgegebenen Aufgaben auch voll erfüllt werden.

Bauwerksabdichtungen sind also nach der Tabelle 1. der DIN 18195 Teil 1 zu planen und dann erst auszuführen.

Bauteilart	Wasserart	Einbausituation		Art der Wassereinwirkung	Art der erforderlichen Abdichtung [zutreffende (r) Norm/Normteil]
Erdberührte Wände und Bodenplatten oberhalb des Bemessungswasserstandes	Kapillarwasser Haftwasser Sickerwasser	stark durchlässiger Boden k $\geq 10^{-4}$ m/s		Bodenfeuchtigkeit	
		wenig durchlässiger Boden k $\leq 10^{-4}$ m/s	mit Dränung	**nichtstauendes Wasser**	DIN 18195-4
			ohne Dränung	Aufstauendes Sickerwasser	**Abschnitt 9 von DIN 18195-6: 2000-08**

Tabelle 19: Auszug aus der DIN 18195, Teil 1, Tabelle 1; Zuordnung der Abdichtungsarten nach dieser Norm zu Wasserbeanspruchung und Bodenart

Mit Verfüllmaterial, das aus stark durchlässigem Boden besteht, kann die Abdichtung von Sohle und Außenwänden nach DIN 18195-4 ausgeführt werden (in Tabelle 19 hellgrün markiert).

Bei wenig durchlässigen Böden mit einem Durchlässigkeitsbeiwert k $\leq 10^{-4}$ m/s muss damit gerechnet werden, dass in den Arbeitsraum eindringendes Oberflächen- und Sickerwasser vor den Bauteilen aufstaut und diese als Druckwasser beansprucht. In solchen Fällen sind im Regelfall Abdichtungen nach DIN 18195-6 erforderlich (in Tabelle 19 mittelgrün markiert).

Wird ein Aufstauen durch eine Dränung nach DIN 4095, deren Funktionsfähigkeit auf Dauer sichergestellt ist, verhindert, können Sohle und Außenwände auch in wenig durchlässigen Böden ($k \leq 10^{-4}$ m/s) nach DIN 18195-4 abgedichtet werden (in Tabelle 19 hellgrau markiert).

6.8 Wie wird die Bauwerksabdichtung in Zukunft geregelt sein?

Es ist geplant die Bauwerkabdichtungsnormen neu zu strukturieren. Diese Abbdichtungsnormen beschreiben dann folgende Bauteilanwendungen:

- DIN 18531 Abdichtungen von Dächern
- DIN 18532 Abdichtungen von Verkehrsflächen
- DIN 18533 Abdichtungen von erdberührten Bauteilen und Abdichtungen in und unter Wänden
- DIN 18534 Abdichtungen von Innenräumen
- DIN 18535 Abdichtungen von Behältern und Becken.

Die DIN 18533 wird in Zukunft in drei Teile gegliedert sein:

- **Teil 1**
  Teil 1 beschreibt Anwendungsgebiete, Begriffe, Beanspruchungsklassen, Planungsgrundsätze, Anforderungen an die Abdichtung, Grundsätze der Detailgestaltung und enthält alle nicht abdichtungsstoffbezogenen Angaben.
- **Teil 2**
  Teil 2 beschreibt alle Regeln für bahnenförmige Abdichtungsstoffe, wobei eine Untergliederung nach Stoffgruppen vorgenommen wird, z. B.
  - 2.1 Abdichtungen aus Bitumenbahnen
  - 2.2 Abdichtungen aus Kunststoff- und Elastomerbahnen.
- **Teil 3**
  Teil 3 beschreibt alle Regeln für flüssige Abdichtungsstoffe:
  - 3.1 Abdichtungen aus kunststoffmodifizierten Bitumendickbeschichtungen
  - 3.2 Abdichtungen aus mineralischen Dichtungsschlämmen
  - 3.3 Abdichtungen aus Reaktionsharzen
  - 3.4 Abdichtungen aus Asphaltmastix.

Sie gilt ferner für die Planung und Ausführung der Abdichtungen über Bewegungsfugen, für Durchdringungen, Übergänge und Abschlüsse sowie für Schutzschichten und Schutzmaßnahmen.

Der Geltungsbereich ist auf der folgenden Übersichtskizze (Quelle: AIBAU) dargestellt:

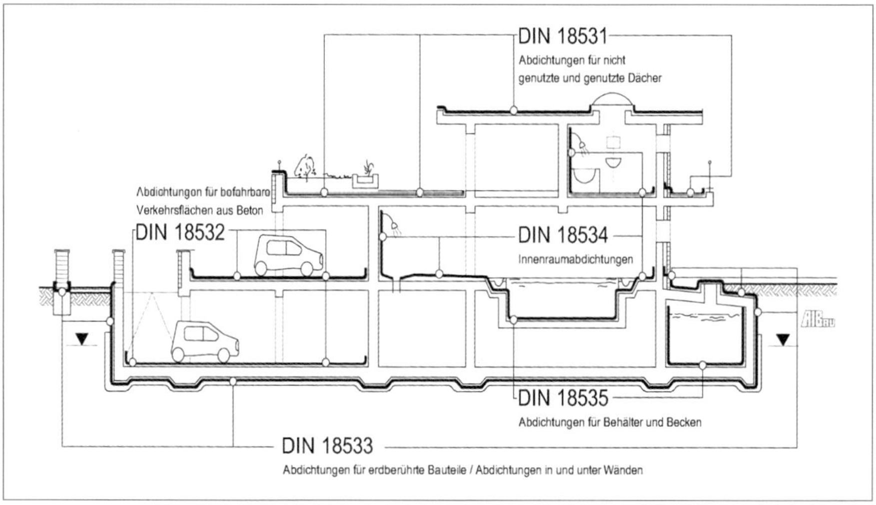

Bild 51: Darstellung der Normenzuständigkeiten

7 Bauwerksabdichtung und Schutzschichten mit Wärmeschutz

7.1 Allgemeines

Abdichtungen müssen gegen das einwirkende Wasser (Druckwasser, Feuchtebeanspruchung) beständig sein und dauerhaft wirksam bleiben. Die Wahl der zweckmäßigsten Abdichtungsart ist abhängig von der Angriffsart des Wassers, von der Art des Baugrundes und von den zu erwartenden Beanspruchungen sowie der vorgesehenen Nutzung. Abdichtungen können beispielsweise mit einer flächigen Dichtungshaut nach DIN 18195 als »Schwarze Wanne« oder mit Beton mit hohem Wassereindringwiderstand nach DIN EN 206-1 und DIN 1045-2 als »Weiße Wanne« hergestellt werden.

Bild 52: Ansicht »Weiße Wanne«

Die Abdichtung einer »Schwarzen Wanne« ist in DIN 18195 geregelt. Für »Weiße Wannen« gilt diese Norm ausdrücklich nicht. Für die »Weiße« Bauweise existiert bislang in Deutschland keine gesonderte Norm. Merkblätter und Veröffentlichungen ergänzen zur Zeit die Normaussagen bei Planung und Ausführung dieser Bauweise. Da auch die neue Normengeneration für die Betonbauweise in DIN 1045 keine zusätzlichen Regelungen für Weiße Wannen enthält, erarbeitete der Deutsche Ausschuss für Stahlbeton (DAfStb) eine Richtlinie »Wasserundurchlässige Bauwerke aus Beton«. Grundlage der Planung ist die Feststellung der Beanspruchungsart auf der Basis des Bemessungswasserstandes. Maßgebend ist der aus langjährigen Beobachtungen ermittelte, höchste Wasserstand durch Grund-, Schichten- oder Hochwasser.

Bild 53: Objektbeispiel Außendämmung

Entscheidend für die Planung ist die Anforderung hinsichtlich der späteren Nutzung im Gebrauchszustand. Bei Wohnungs- und Wirtschaftsbauten kommen in der Regel zusätzlich Anforderungen an das spätere Raumklima hinzu, die die Anordnung einer druckwassergeeigneten Wärmedämmung und entsprechende bauphysikalische Nachweise erforderlich machen können.

Bild 54:
Mangelhafter Feuchteschutz

Eine vernünftige Kellerdämmung verringert den Heizenergieverbrauch. Dieses dürfte in heutiger Zeit jedem klar sein, da der Kellerraum dadurch ja auch als Wohnraum, Spielraum, Partyraum, Arbeitsraum zusätzlich genutzt werden kann. Zudem verbessert eine Kellerdämmung das Klima in den einzelnen Räumen und erhöht den Wohnwert. Der Mindest-Wärmeschutz nach DIN 4108-2, beträgt $R \leq 1{,}20$ ($(m^2K)/W$). Nach der Energieeinsparverordnung (EnEV) sollte der U-Wert für die Außendämmung von 0,4 und für die Innendämmung (0,5 $W/(m^2K)$) nicht unterschritten werden. Die Dämmschichtdicke von mindestens 80 bis 120 mm ist vorteilhaft, um die Energiekosten so gering wie möglich zu halten. Eine außenseitige Perimeterdämmung ist ebenfalls von Vorteil für eine Kellerabdichtung. Dämmungen können Schutzschichten darstellen, müssen jedoch im System zusätzlich gegen Beschädigungen geschützt werden. In der Praxis tritt es seit Jahren immer öfter auf, das sogenannte Altbaukeller nachträglich abgedichtet werden müssen. Dabei handelt es sich nicht nur um Altbaukeller im klassischen Sinn, sondern auch um Keller der jüngsten Bauperiode. Häufig sind Kellerbauwerke schon nach relativ kurzer Nutzung sanierungsbedürftig.

Bild 55: Ansicht eines zu sanierenden Kellers

Ursache hierfür dürfte die mangelhafte Planung und Ausführung dieser Bauwerke sein. Wenn die Außenfläche eines erdberührten Mauerwerks von außen nicht zugänglich ist, empfiehlt sich eine Abdichtung von innen.

7.2 Bauphysikalische Maßnahmen

Sollen Räume auf der Innenseite eines wasserundurchlässigen Bauwerks hochwertig genutzt werden, z. B. als Aufenthaltsräume oder als Kellerräume mit wohnähnlicher Nutzung, sind vor der Planung zusätzliche bauphysikalische Maßnahmen (Feuchteschutz, Wärmedämmung) vorzusehen und raumklimatische Erfordernisse (Lüftung, Heizung) festzulegen. Bisher ging man bei wasserundurchlässigen Bauwerken von einer geringen, kontinuierlich durch das Bauteil hindurch tretenden Wassermenge aus, die kapillar oder durch Diffusion transportiert wird.

Auf der Nutzungsinnenseite können Baufeuchte und Tauwasser auftreten. Tauwasserbildung auf Bauteiloberflächen kann unabhängig von der Art der Abdichtung dann auftreten, wenn Luft mit hohem Feuchtegehalt auf kalten Flächen abkühlt, beispielsweise wenn feuchtwarme Luft nach innen gelangt. Es entsteht der »Bierglas-Effekt«. Bei feuchten Innenflächen handelt es sich häufig nicht um durchdringendes, sondern um kondensierendes Wasser. Außen wärmegedämmte Bauteile können Tauwasserbildung in der Regel verhindern. Für den Nachweis des bauphysikalischen Feuchteschutzes ist DIN 4108 »Wärmeschutz im Hochbau« maßgebend.

Eine Außendämmung ist bauphysikalisch optimal, bedeutet jedoch einen großen Aufwand bei der nachträglichen Abdichtung. Sie kommt in Frage, wenn zur außenseitigen Abdichtung oder zur Installation einer Dränanlage der Kellerwandbereich auf der Außenseite ohnehin freigelegt wird. Bei hochwertiger Nutzung der Kellerräume werden Dämmstoffe in erdberührten Bereichen verbaut. Als Perimeterdämmung wird die Wärmedämmung von Bauteilen im Kontakt zum Erdreich bezeichnet. Bei dieser Anwendung ist der Wärmedämmstoff hoher Feuchte- und Druckbeanspruchung ausgesetzt, dieses insbesondere im Bereich von drückendem Wasser (Grundwasser).

7.2.1 Anforderungen an den Wärmeschutz

Der Wärmeschutz von Bauteilen im Erdkontakt richtet sich nach der Nutzungsart der Kellerräume. Nach den Landesbauordnungen sind Aufenthaltsräume in Kellergeschossen zulässig, wenn der Feuchtigkeitsschutz und der Wärmeschutz gesichert ist. Bei beheizten Räumen muss die Energieeinsparverordnung berücksichtigt werden. Beim Wärmeschutz sind 2 Bereiche zu unterscheiden:

Zum Einen muss der in den Landesbauordnungen (LBO) verlangte »Mindest-Wärmeschutz« in jedem Fall erbracht werden. Dessen Anforderungswerte sind der Technischen Baubestimmung (TBB) DIN 4108-2 zu entnehmen. Zum Anderen muss der energiesparende Wärmeschutz nach der Energieeinsparverordnung (EnEV) eingehalten werden, deren Umsetzung nach dem Energieeinspargesetz (EnEG) § 5 dem Wirtschaftlichkeitsgebot unterliegt. Außerdem muss der Tauwasserschutz gemäß DIN 4108-3 sichergestellt sein.

7.2.2 Normative Regelungen/Perimeterdämmung

Für diese Dämmstoffe darf die Dämmschicht beim Wärmeschutznachweis nach DIN 4108-2 ausdrücklich eingerechnet werden. Eine Allgemeine bauaufsichtliche Zulassung (AbZ) für die Anwendung als Perimeterdämmung ist für XPS und Schaumglas daher nicht erforderlich.

Für andere Wärmedämmstoffe, wie zum Beispiel EPS- oder PUR-Hartschaumstoffe muss im bauaufsichtlichen Genehmigungsverfahren der Verwendbarkeitsnachweis durch eine allgemeine bauaufsichtliche Zulassung erbracht werden.

Produkt	Zulässige Einbautiefe	Anforderung an den anstehenden Boden	Abstand von Verkehrslasten > 5 kN/m²	Einbau im Bereich von drückendem Wasser
EPS	3 m	gut wasserdurchlässig	3 m	nicht zugelassen
EPSh	3 – 6 m	gut wasserdurchlässig	keine Anforderung	nicht zugelassen
PUR	3 m	gut wasserdurchlassig	3 m	nicht zugelassen
XPS	keine Beschränkung	keine Anforderung	keine Anforderung	bis 3,5 m
Schaumglas	keine Beschränkung	keine Anforderung	keine Anforderung	bis 12 m

Tabelle 20: Welcher Dämmstoff ist wo geeignet?

7.3 CE-Kennzeichnung

Nach der Bauproduktenrichtlinie der früheren Europäischen Gemeinschaft (EG) müssen Wärmedämmstoffe und auch Schutz-Systeme, die im Bereich der Europäischen Union in den Handel gebracht werden, mit dem CE-Zeichen gekennzeichnet sein. Mit dem CE-Zeichen ist für das Produkt ausgewiesen, dass es die Anforderungen erfüllt, die für dieses Produkt nach der betreffenden harmonisierten europäischen Produktnorm festgelegt sind. Ergänzend zum CE-Zeichen müssen durch einen Kennzeichnungsschlüssel Mindestanforderungen an physikalische Kennwerte des Produktes in Klassen oder Stufen ausgewiesen werden. Mit dem Übereinstimmungszeichen (Ü-Zeichen) müssen folgende Angaben ausgewiesen werden:

- Angabe des Herstellers (gegebenenfalls verschlüsselt)
- Übereinstimmung mit den technischen Regeln (Norm oder Zulassung)
- Bemessungswert der Wärmeleitfähigkeit
- Zeichen der Zertifizierungsstelle für die Fremdüberwachung.

Für Sonderanwendungen, wie zum Beispiel im Bereich von drückendem Wasser, muss außerdem der Verwendbarkeitsnachweis durch Angabe der Nummer der bauaufsichtlichen Zulassung geführt werden.

Voraussetzung für die Verlegung von Dämmplatten als Perimeterdämmung ist die fachgerechte Ausführung der Gebäudeabdichtung nach DIN 18195. Die erdberührten Bauteile können auch aus wasserundurchlässigem Beton nach DIN 1045 bestehen. Eine Perimeterdämmung ersetzt jedoch nicht die Bauwerksabdichtung. In DIN 18195 werden Perimeterdämmstoffe als Schutzschichten empfohlen. Beim Verkleben ist darauf zu achten, dass die Dämmplatten die Abdichtung nicht beschädigen. XPS und Schaumglasplatten dürfen auch im Bereich von ständig oder langanhaltend drückendem Wasser (Grundwasser) angewendet werden, sofern hierfür bauaufsichtliche Zulassungen vorliegen. Die Bauwerksabdichtung darf durch die Wärmedämmschicht in ihrer Funktionsfähigkeit jedoch nicht beeinträchtigt werden. Fachgerechte Abdichtung und gute Wärmedämmung sind Voraussetzung für die höherwertige Nutzung von Kellerräumen. Vielfach werden Kellerräume bewusst zunächst als Abstell- oder Lagerraum, Weinkeller o. ä. genutzt. Werden diese Räume in Büros, Spiel- oder Gästezimmer, als Sauna, Partykeller, Bastel- oder Hauswerkraum umgewandelt, ist eine Beheizung erforderlich und damit auch ein Wärmeschutznachweis.

Falls für diese Umfassungsbauteile nicht schon von vornherein ein sinnvoller Wärmeschutz vorgesehen war, muss der Wärmeschutz nachgebessert werden. Dabei sind die Anforderungen der Energieeinsparverordnung (EnEV) zu berücksichtigen.

Die bauphysikalisch optimale Lösung ist die Außendämmung. Ein Dämmstoff, der an der Außenseite der Kellerwände eingesetzt werden soll, wird stark beansprucht. Infolge von Niederschlägen ist die Erde zeitweilig feucht. Der Dämmstoff ist dem Erdruck ausgesetzt. Je nach baulichen Gegebenheiten ist mit zusätzlicher Druckbeanspruchung aus Verkehrslasten zu rechnen.

Anwendung im Sockelbereich

Auch der Kellersockelbereich zwischen Oberkante Erdreich und aufgehendem, gedämmtem Mauerwerk oder außenliegendem Wärmedämmverbundsystem muss gedämmt werden. Ein für die Perimeterdämmung geeigneter Dämmstoff muss deshalb druckfest sowie unempfindlich gegen Stoßbeanspruchung und Feuchtigkeit sein.

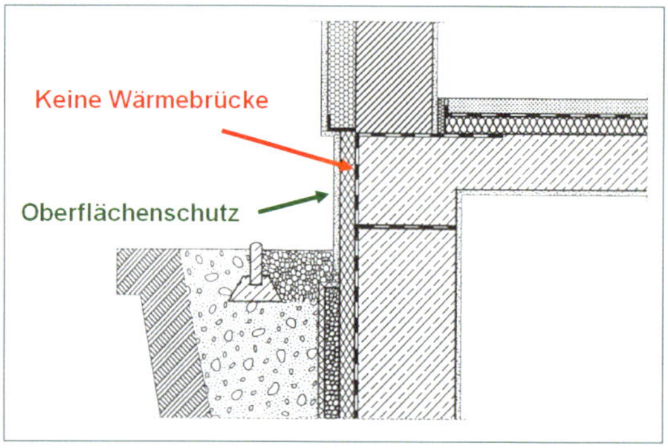

Bild 56:
Sockeldämmung; von Dipl.-Ing. Elmar Boy, BASF AG in Ludwigshafen zum Thema »Wärme- und Tauwasserschutz bei der Kellermodernisierung«.

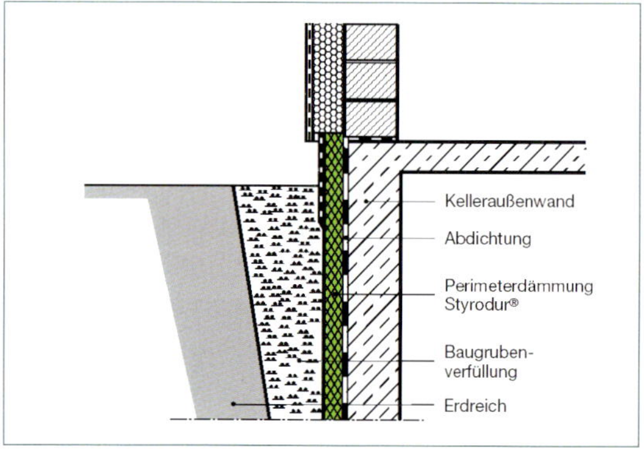

Bild 57:
Perimeterdämmung (außenseitig) von Dipl.-Ing. Elmar Boy, BASF AG in Ludwigshafen zum Thema »Wärme- und Tauwasserschutz bei der Kellermodernisierung«.

Für die Berechnung des Dämmwertes ist es egal, wo die Dämmstoffschicht angeordnet ist, außenseitig oder raumseitig. Es ist bauphysikalisch vorteilhaft, sie außenseitig als Perimeterdämmung anzuordnen. Bei allen formbedingten Wärmebrücken, wie Gebäudekanten, einbindende Decken und Wände sind die nachteiligen Auswirkungen dadurch vermieden. Die für die dauerhafte Gebrauchstauglichkeit wichtige Abdichtung auf der Außenfläche der tragenden Wand ist durch die Perimeterdämmplatten wirkungsvoll vor mechanischen Einwirkungen geschützt. Voraussetzung für die Verlegung von Dämmplatten in der Perimeterdämmung ist die fachgerechte Ausführung der Gebäudeabdichtung. Die Dämmplatten werden an den Wandflächen dicht gestoßen im Verband verlegt. Zur Vermeidung von Wärmebrücken sind Platten mit Stufenfalz besonders geeignet.

Bild 58:
Mangelhafter Anschluss

Bis zum Verfüllen der Baugrube müssen die Dämmplatten gegen Verschieben oder Verrutschen gesichert werden. Dies geschieht an Wänden durch Verkleben. An Fußpunkten, zum Beispiel dem unteren Beginn der Perimeterdämmung, sollen die Dämmplatten so aufstehen, dass ein späteres Abrutschen durch Setzungsvorgänge ausgeschlossen ist. Auch im Bereich von Fenstern muss die Dämmung wärmebrückenfrei ausgeführt werden. Deshalb müssen auch Fensterstürze und Fensterlaibungen gedämmt werden. Lichtschächte müssen so angebracht werden, dass die Perimeterdämmung nicht unterbrochen wird und keine Wärmebrücken entstehen. XPS und Schaumglasplatten dürfen auch im Bereich von ständig oder langanhaltend drückendem Wasser (Grundwasser) angewendet werden, sofern hierfür bauaufsichtliche Zulassungen vorliegen.

Die Bauwerksabdichtung darf in ihrer Funktionsfähigkeit durch die Wärmedämmschicht nicht beeinträchtigt werden. Die Dämmplatten müssen auf dem zu dämmenden Bauteil im Verband verlegt und dicht befestigt werden. Dabei ist sicherzustellen, dass ein Hinterfließen der Dämmschicht durch Wasser ausgeschlossen ist, weil dies

Bild 59:
Fehlende Laibungsdämmung

Bild 60:
Beispiel: Anschluss an Lichtschächte

Bild 61:
Schutz mit Gleit- und Lastverteilungsschicht

die Dämmwirkung beeinträchtigen würde. Hierzu sind die Dämmplatten mit den gleichen Klebern vollflächig zu verkleben.

Die Perimeterdämmung hat einen wichtigen Nebeneffekt: Durch sie wird die Temperatur an der Innenseite der jeweiligen Kellerwände erhöht. An ungedämmten Kellerwänden stellen sich nämlich im Jahresverlauf je nach Wandbaustoff, Kellerwanddicke und äußeren Umgebungsbedingungen Temperaturen von 12 – 16 °C ein.

7.4 Baugrubenverfüllung

Nach der Verdingungsordnung für Bauleistungen, DIN 18300, Erdarbeiten, ist die Wahl des Materials zum Verfüllen der Baugrube dem Auftragnehmer überlassen. Weitgehend wird mit dem vorhandenen Erdaushub verfüllt. Hierfür müssen jedoch Fremdkörper, wie Baustellenabfall, große Steine etc. entfernt werden. Gemäß den bauaufsichtlichen Zulassungen ist zum Verfüllen der Baugrube gleichmäßig gemischt körniges Sand-Kiesgemisch zu verwenden. Die Baugrube ist lagenweise in Schichten zu verfüllen und mechanisch zu verdichten. Bei fachgerechter Baugrubenverfüllung benötigen Hartschaumstoffe keine zusätzliche Schutzschicht. Besteht beim Verfüllen des Arbeitsraumes die Gefahr einer Beschädigung der Dämmschicht durch grobkörniges Material, ist gegebenenfalls ein Anfüllschutz einzubauen. Schaumglasplatten müssen vollflächig mit der werkseits oder bauseits aufgebrachten bituminösen Deckschicht versehen werden. Die CE-Kennzeichnung von Geotextilien nach DIN EN 13252 für Drän- und Schutz-Systeme gilt gemäß der »Richtlinie des Rates vom 21. Dezember 1988 zur Angleichung der Rechts- und Verwaltungsvorschriften der EU-Mitgliedsstaaten über Bauprodukte«.

7.5 Auszüge aus DIN 18195, Teil 10

Diese Norm gilt für das Herstellen von Schutzschichten auf Bauwerken mit Abdichtungen gegen

- Bodenfeuchte und nichtstauendes Sickerwasser nach DIN 18195-4
- nichtdrückendes Wasser und unter intensiv begrünten Dachflächen nach DIN 18195-5
- von außen drückendes Wasser und Aufstauendes Sickerwasser nach DIN 18195-6
- von innen drückendes Wasser nach DIN 18195-7
- für Schutzmaßnahmen die vorzusehen sind, um Bauwerksabdichtungen bis zur Fertigstellung des Bauwerks vor Beschädigungen zu schützen.

Sie gilt ferner für das Herstellen von Schutzschichten auf Abdichtungen unter intensiv begrünten Dachflächen, über Bewegungsfugen nach DIN 18195-8 und an Durchdringungen, Übergängen und Abschlüssen nach DIN 18195-9.

Stoffe für Schutzschichten müssen mit der Bauwerksabdichtung verträglich und gegen die auf sie einwirkenden Beanspruchungen mechanischer, thermischer und chemischer Art widerstandsfähig sein. Schutzschichten können auch Nutzschichten

Bild 62:
Vollflächige Verklebung mit Stufenfalz

Bild 63:
Mangelhafte Schutzschicht ohne Gleitschicht und Lastverteilung

des Bauwerks bilden, z. B. bei Dachterrassen. Dabei sind insbesondere auch die Belastungen während der Bauzeit zu beachten. Die Art der Schutzschicht ist in Abhängigkeit von den zu erwartenden Beanspruchungen und den örtlichen Gegebenheiten auszuwählen. Schutzschichten, die auf die fertige Abdichtung aufgebracht werden, sind bei Bahnenabdichtungen möglichst unverzüglich nach Fertigstellung und bei KMB nach der Durchtrocknung herzustellen, im anderen Fall sind Schutzmaßnahmen gegen Beschädigungen zu treffen.

Bild 64: Fehlerhafte Plattenverlegung bei Druckwasser

7.6 Bauwerksabdichtungen und Dämmungen sind also zu planen

Hierzu stehen dem Planer und dem Ausführenden praxisgerechte Produkt-Systeme mit jahrzehntelanger Erfahrung zur Verfügung. Bei diesen Produkt-Systemen handelt es sich im Regelfall um solche, die über die Normen hinausgehen und bei Einhaltung der Regeln den Erfolg garantieren. Zum Abschluss sei darauf hingewiesen, dass diese Produkt-Systeme natürlich auch geprüft und nach der jeweiligen Landesbauordnung zugelassen sind. Wenn nun die Abdichtungsplanung, gerade im Bestand, Leistungsbeschreibung und Ausführung aufeinander abgestimmt sind, dann sind Keller nicht nur »Trocken und Dicht«, sondern können auch als Wohnräume benutzt werden. Der Wärme- und Feuchteschutz ist rechnerisch nachzuweisen.

Bild 65: Kellerraum vor der Instandsetzung

Bild 66:
Kellerraum nach der Instandsetzung

»Als Perimeterdämmung bezeichnet man nun bekannterweise die Wärmedämmung von erdberührten Bauteilen von Gebäuden und Bauwerken an ihrer Außenseite. Diese kann sich unterhalb der Bodenplatte eines Gebäudes oder an der Außenseite einer im Erdreich eingebundenen Kelleraußenwand befinden.« [Merkblatt für den Wärmeschutz erdberührter Bauteile, Herausgeber: FPX Fachvereinigung Polystyrol-Extruderschaumstoff, Rossdorf]

Die Dämmstoffe dürfen nur gemäß den Anwendungsgebieten nach DIN 4108-10 verwendet werden. Um die Dämmstoffe entsprechend dem Einsatzgebiet – Wärmedämmung bzw. Trittschalldämmung – besser zuordnen zu können, unterschied man früher verschiedene Anwendungstypen. Im Zuge der Vereinheitlichung der nationalen Normen auf einen einheitlichen europäischen Normenkatalog, wurden auch die Anforderungen an die Wärmedämmstoffe neu definiert. Die neue Normung erlaubt nun eine Zuordnung der Dämmstoffe zu den jeweiligen Einsatzgebieten und gibt gleichzeitig die Eigenschaften an.

Anwendungsgebiete nach der neuen DIN 4108-10:

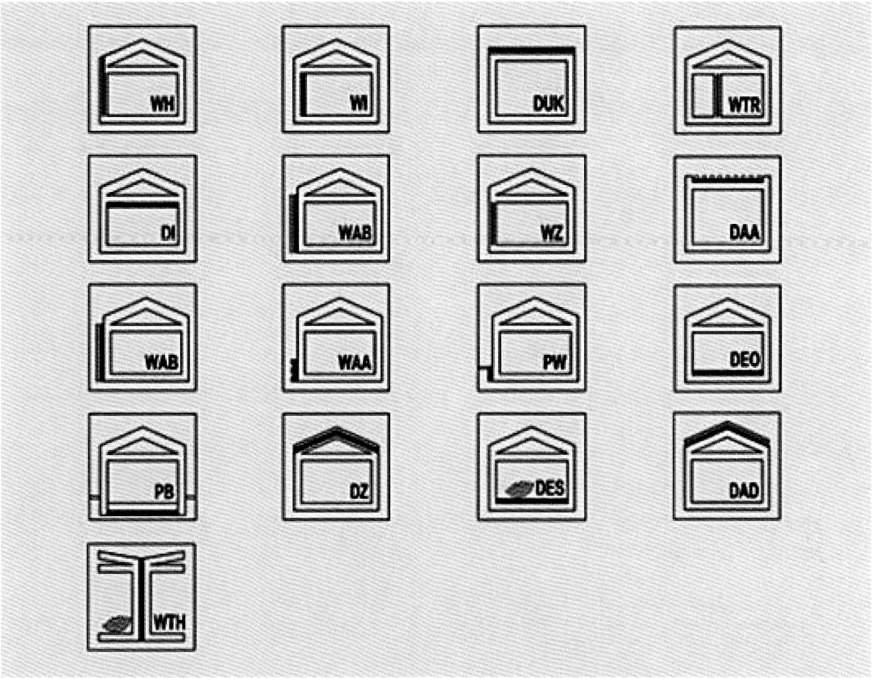

Bild 67: Piktogramme und Kurzbezeichnungen der Anwendungsgebiete nach DIN 4108-10

Diese bedeutet für den Perimeterbereich, dass nur Dämmstoffe verwendet werden dürfen, die das Piktogramm besitzen

Bild 68:
Piktogramm PW Außen liegende Wärmedämmung von Wänden gegen Erdreich (außerhalb der Abdichtung)

oder

Bild 69:
Piktogramm PB Außen liegende Wärmedämmung unter der Bodenplatte gegen Erdreich (außerhalb der Abdichtung)

8 Praxisbeispiel – Abdichtung

Es ist also wichtig, dass gerade die Bauwerksabdichtungen sorgfältiger geplant und ausgeschrieben werden müssen. Die Ausführungsart muss vereinbart sein. Auch die DIN 18195 berücksichtigt hier insbesondere die zweckmäßige Planung Zitat: »Wirkung und Bestand einer Bauwerksabdichtung hängen nicht nur von ihrer fachgerechten Planung und Ausführung ab, sondern auch von der abdichtungstechnisch, zweckmäßigen Planung, Dimensionierung und Ausführung des Bauwerks und seiner Teile, auf die die Abdichtung aufgebracht wird. «Das Vorwort zur DIN 18195, August 2000 sagt: Die weitere Vorgehensweise bei der Überarbeitung der Normenreihe DIN 18195 »Bauwerksabdichtungen« hat der Arbeitsausschuss wie folgt beschlossen: In der ersten Phase werden die Teile 8 bis 10 an die geänderten Teile 1 bis 6 angeglichen. Der Teil 7 bedarf einer umfangreichen Änderung, die für die zweite Phase vorgesehen ist. In der zweiten Phase werden alle 10 Teile der Norm grundlegend überarbeitet, dabei soll auch über Festlegung für Abdichtungen mit bisher nicht in die Normenreihe aufgenommenen Produkten, wie z. B. mineralische Dichtschlämmen, Abdichtungen mit Flüssigkunststoffen sowie weiteren Kunststoff-Dichtungsbahnen mit oder ohne Selbstklebeschicht beraten werden. Hierzu werden Kriterien zur Aufnahme dieser Produkte in die Normenreihe DIN 18195 vom Arbeitsausschuss aufgestellt. Die Auszüge aus dem Vorwort zeigen, dass an eine Systemabdichtung gedachte wurde.

Der Teil 3 der Norm beschreibt die Anforderungen an den Untergrund: Hier müssen Kanten gefast und Kehlen gerundet sein. Und für die Verarbeitung flüssiger Massen die Bauteil- und Umgebungstemperatur mehr als +5 °C betragen.

Die Bauwerksflächen, auf die Abdichtungen aufgebracht werden sollen, müssen frostfrei, fest, eben, frei von Nestern und klaffenden Rissen, Graten und frei von schädlichen Verunreinigungen sein und müssen bei aufgeklebten Abdichtungen oberflächentrocken sein.

Nicht verschlossene Vertiefungen größer 5 mm, wie beispielsweise Mörteltaschen, offene Stoß- und Lagerfugen oder Ausbrüche, sind mit geeigneten Mörteln zu schließen. Oberflächen von Mauerwerk nach DIN 1053-1 oder von haufwerksporigen Baustoffen, offene Stoßfugen bis 5 mm und Oberflächenprofilierungen bzw. Unebenheiten von Steinen (z. B. Putzrillen bei Ziegeln oder Schwerbetonsteinen) müssen, sofern keine Abdichtungen mit überbrückenden Werkstoffen (z. B. Bitumen- oder Kunststoff-Dichtungsbahnen) verwendet werden, entweder durch Verputzen (Dünn- oder Ausgleichsputz), Vermörtelung, durch Dichtschlämmen oder durch eine Kratzspachtelung verschlossen und egalisiert werden. Bei kunststoffmodifizierten Bitumendickbeschichtungen kann die Kratzspachtelung aus dem Beschichtungsmaterial selbst bestehen. Die Kratzspachtelung stellt keinen Abdichtungsauftrag dar. Vor dem Auftrag der Abdichtungsschicht muss die Kratzspachtelung soweit getrocknet sein, dass sie durch den darauffolgenden Auftrag nicht beschädigt wird. Bei der Verarbeitung von kunststoffmodifizierten Bitumendickbeschichtungen bzw. Kratzspachtelungen aus diesem Werkstoff ist grundsätzlich ein Voranstrich auf den Untergrund aufzubrin-

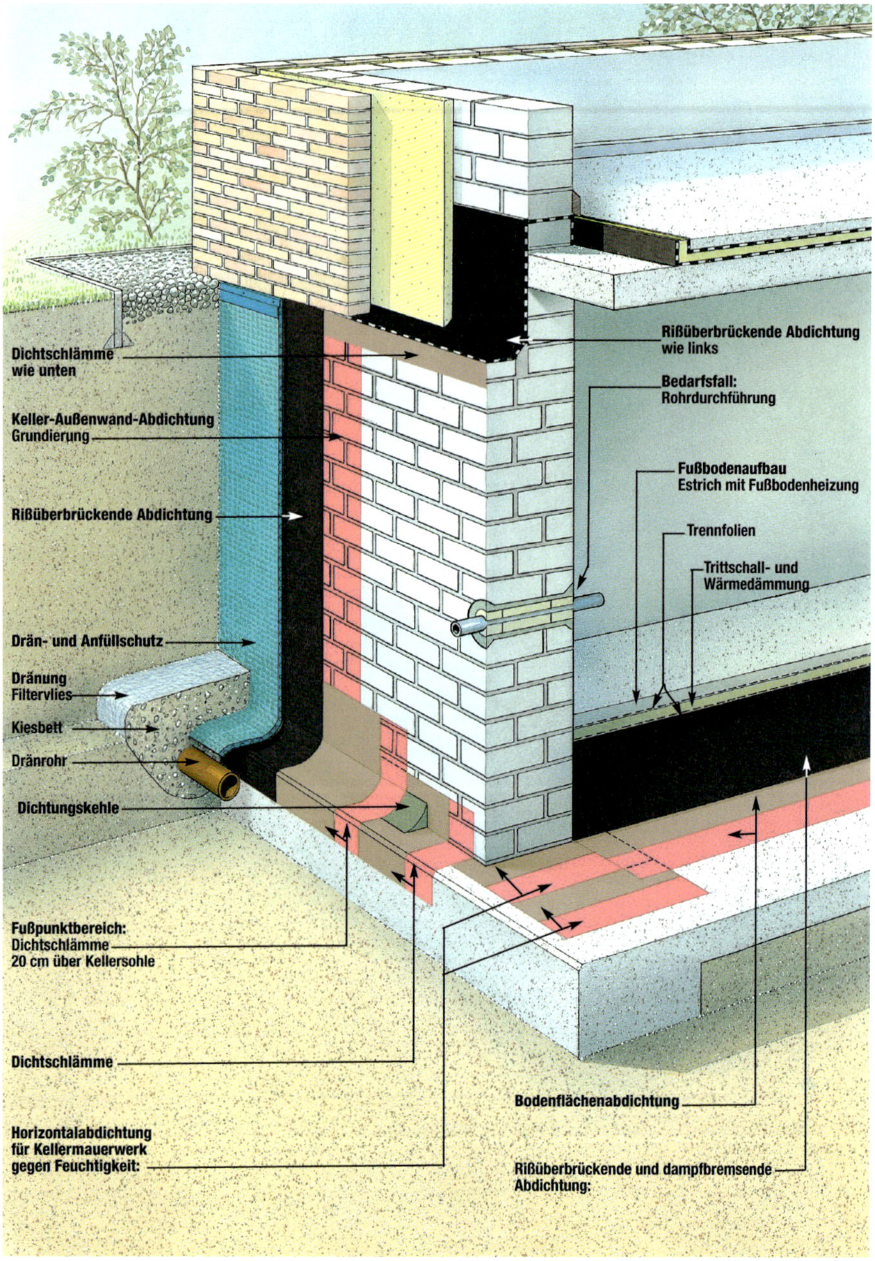

Bild 70: Abdichtungssystem (Fa. Remmers Baustofftechnik)

gen und die vorgeschriebene Mindestschichtdicke darf an keiner Stelle unterschritten werden. Dazu ist die erforderliche Nassschichtdicke vom Hersteller anzugeben. Diese darf an keiner Stelle um mehr als 100 % überschritten werden (z. B. in Kehlen).

Bild 71:
Ansicht einer gefasten Bodenplatte

Bild 72:
Vorbereiteter Untergrund

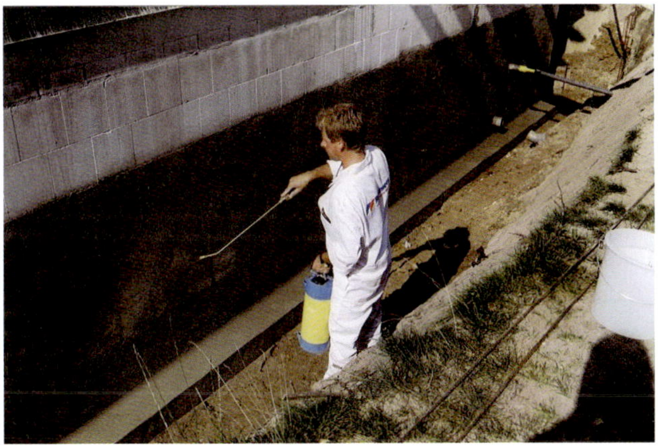

Bild 73:
Grundierung der Wandflächen

Im Bereich Boden/Wandanschluss mit vorstehender Bodenplatte ist die kunststoffmodifizierte Bitumendickbeschichtung aus dem Wandbereich über die Bodenplatte bis etwa 100 mm auf die Stirnfläche der Bodenplatte herunterzuführen. Nach DIN

18195 Teil 3 sind Prüfungen erforderlich. Die Schichtdickenkontrolle hat im frischen Zustand durch das Messen der Nassschichtdicke (mind. 20 Messungen je Ausführungsobjekt bzw. mind. 20 Messungen je 100 m^2) zu erfolgen. Die Verteilung der Messpunkte sollte diagonal erfolgen. Je nach baulichen Gegebenheiten ist die Messpunktdichte z. B. im Bereich von Durchdringungen, Übergängen, Anschlüssen, zu erhöhen. Bei zwei Aufträgen mit Verstärkungseinlagen sind beide Schichtdicken gesondert zu kontrollieren. Die Überprüfung der Durchtrocknung muss an einer Referenzprobe zerstörend mittels Keilschnittverfahren erfolgen. Die Referenzprobe besteht aus dem an dem Objekt vorhandenen Untergrund (z. B. Mauerstein), der in der Baugrube gelagert wird. Für nachträgliche Prüfungen an dem Objekt kann die Trockenschichtdicke durch das Keilschnittverfahren festgestellt werden. Bei Abdichtung nach DIN 18195-5 und DIN 18195-6 sind die Schichtdickenkontrollen (Anzahl, Lage, Ergebnis) sowie die Durchtrocknungsprüfung zu dokumentieren.

Die Bodenplatte ist grundsätzlich gegen aufsteigende Feuchtigkeit abzudichten. Dabei muss die Abdichtung des Fußbodens an die waagerechte Abdichtung der Wände so herangeführt oder mit ihr verklebt werden, dass keine Feuchtigkeitsbrücken insbesondere im Bereich von Putzflächen entstehen können (Putzbrücken). Bei Raumnutzungen mit geringen Anforderungen an die Trockenheit der Raumluft kann die Abdichtung entfallen, wenn durch eine kapillarbrechende Schüttung ($k \geq 10^{-4}$ m/s) von mindestens 150 mm Dicke unter der Bodenplatte der Wassertransport durch die Bodenplatte hinreichend vermindert wird. Hierunter fallen beispielsweise nicht Räume zum ständigen Aufenthalt von Personen!

Die Abdichtung der Wände muss unten bis zum Fundamentabsatz reichen und so an die waagerechte Abdichtung herangeführt oder mit ihr verklebt werden, dass keine Feuchtigkeitsbrücken, insbesondere im Bereich von Putzflächen, entstehen können (Putzbrücken). Bei unverputzt bleibendem, zweischaligem Mauerwerk am Gebäudesockel (Verblendmauerwerk) kann die Abdichtung hinter der Verblendung auf der Außenseite der Innenschale hochgeführt werden. Der Schalenzwischenraum sollte am Fußpunkt der Verblendschale oberhalb der Geländeoberfläche entwässert werden. Erfolgt die Entwässerung unterhalb Geländeoberfläche ist in eine Sickerschicht oder Dränung zu entwässern.

Wenn kapillarsaugendes Sichtmauerwerk verwendet wird, ist oberhalb der Spritzwasserzone eine weitere waagerechte Abdichtung in der Verblendschale erforderlich. Bei Wänden aus Beton ist die Anordnung von waagerechten Abdichtungen in den Wänden in der Regel nicht möglich. Zum Schutz gegen das Aufsteigen von Feuchtigkeit sind im Einzelfall besondere Maßnahmen erforderlich, die vom Planer vor Beginn der Arbeiten festzulegen sind. Die Abdichtung mit kunststoffmodifizierten Bitumendickbeschichtungen ist in zwei Arbeitsgängen aufzubringen. Die Aufträge können frisch in frisch erfolgen. Die kunststoffmodifizierte Bitumendickbeschichtung muss eine zusammenhängende Schicht ergeben, die auf dem Untergrund haftet. Die Mindesttrockenschichtdicke muss 3 mm bzw. 4 mm (bei Druckwasser) betragen. Das Aufbringen der Schutzschicht darf erst nach ausreichender Trocknung der Abdichtung erfolgen.

9 Qualitätssicherung bei der Bauwerksabdichtung im System

Zur Sicherung der Qualität der Bauwerksabdichtung müssen die Anwender ausgebildet und mit der Verfahrensweise vertraut sein. Die DIN 18195 schreibt Prüfungen gemäß Teil 3 vor.

So verlangt z. B. der »Deutsche Holz- und Bautenschutzverband e. V.« ein Ausführungsprotokoll mit folgenden Angaben und Anwendungsbereichen: Ausführungsprotokoll für die Herstellung von Bauwerksabdichtungen mit kunststoffmodifizierten Bitumendickbeschichtungen (KMB) an erdberührten Bauteilen. Das Ausführungsprotokoll beinhaltet:

- Anwendungsbereich
- allgemeine Angaben
- Lastfall
- Hinweise
- Boden
- Dränung
- Baufortschritt
- Objektdaten
- Untergrund
- Vorbereitende Arbeiten
- Untergrundvorbereitung
- Vordichtungen
- Voranstrich
- Dichtungskehlen
- An-/Abschlüsse
- Flächenabdichtungen
- Detail-/Systemkomponenten
- Schutz-/Nutzschichten.

Folgende Prüfungen müssen durchgeführt werden:

- Messung Nassschichtdicke gemäß DIN 18195 Bauwerksabdichtung (Stand: Ausgabe 2000-08), Teil 1-10, (ist bei Abdichtungen nach DIN 18195, Teil 5, 6 und 9 Pflicht und muss dokumentiert werden)
  - 20 Messungen je Objekt bzw. mindestens 20 Messungen je 100 m^2
  - anlegen einer Referenzprobe, z. B. Mauerstein in der Baugrube
- Referenzprobe
- Durchtrocknungsprüfung

Prüfung der Nassschichtdicken

20 je Objekt 20 je 100 m²	1. Auftrag	2. Auftrag	Gesamtschichtdicke
Messung 1:	mm	mm	mm
Messung 2:	mm	mm	mm
Messung 3:	mm	mm	mm
Messung 4:	mm	mm	mm
Messung 5:	mm	mm	mm
Messung 6:	mm	mm	mm
bis	:::	:::	:::
:::	:::	:::	:::
Messung 20:	mm	mm	mm

Tabelle 21: Prüfprotokoll am Objekt gefertigt

Auch in der Richtlinie für die Planung und Ausführung von »erdberührten Bauwerksabdichtungen« gibt es hier Anforderungen an den Auszuführenden: Die Ausführung von Abdichtungsarbeiten mit Bitumendickbeschichtungen erfordert spezielle Fachkenntnisse. Die Abdichtungsarbeiten müssen deshalb von fachlich qualifizierten Verarbeitern vorgenommen werden. Die entsprechenden Fachkenntnisse werden beispielsweise in dem Lehrgang »Herstellen von Abdichtungen aus kunststoffmodifizierten Bitumendickbeschichtungen« vermittelt. Die Inhalte in Art und Umfang sowie der Ablauf des genannten Lehrgangs werden von einem zugehörigen Ausbildungsbeirat mit Geschäftsführung beim Zentralverband des Deutschen Baugewerbes (ZDB) festgelegt. Durchgeführt wird der Lehrgang von, seitens des Ausbildungsbeirates anerkannten und neutralen Ausbildungsstätten. Auch die Prüfungen zur Qualitätssicherung sind nach dieser Richtlinie durchzuführen: Basis der Eigenüberwachung einer Abdichtungsmaßnahme mit kunststoffmodifizierten Bitumendickbeschichtungen ist die kontinuierliche Messung der Nassschichtdicke. Diese läßt sich mit einem Schichtdickenmesser durchführen. Es sind am Ausführungsobjekt mind. 20 Messungen pro 100 m vorzunehmen. Die einzelnen Messpunkte sollten diagonal über die Fläche angeordnet sein. In Bereichen schwieriger Details wie beispielsweise Durchdringungen, Übergängen oder Anschlüssen sollte die Messpunktdichte erhöht werden. Wird eine Verstärkungseinlage in die Abdichtung eingebaut, sind die Schichtdicken der zwei Aufträge gesondert zu kontrollieren. Die einzelnen Aufträge werden während des Beschichtungsvorganges in ihrer Nassschichtdicke gemessen. Bei Abdichtungsmaßnahmen gemäß DIN 18195-5 und DIN 18195-6 sind die Ergebnisse der Nassschichtdickenkontrolle zu dokumentieren. Bei Abdichtungen gemäß DIN 18195-4 ist dieses ebenfalls zu empfehlen. Die Trockenschichtdicke kann nachträglich am Objekt nur zerstörend geprüft werden, so dass diese Prüfung nur in begründeten Einzelfällen erfolgen sollte. Sollte eine nachträgliche Überprüfung der Trockenschichtdicke erforderlich sein, so kann diese mit dem Keilschnittverfahren vorgenommen werden. Eine weitere Maßnahme im Rahmen der Eigenüberwachung ist die Überprüfung und Dokumentation der Durchtrocknung der Abdichtung aus kunststoffmodifizierten Bitumendickbeschichtungen. Da der Durchtrocknungsprozess abhängig ist von den Witterungsbedingungen wie beispielsweise der Luftfeuchte, der Lufttemperatur und den Windverhältnissen, lässt sich dieser Vorgang nicht allgemeingültig voraussagen. Daher ist die Eigenüberwachung auf der Baustelle erforderlich. Um die ausgeführte Abdichtung am Objekt nicht zu zerstören, werden Referenzproben aus den im Wand- oder Bodenbereich verwendeten Materialien hergestellt.

Der Untergrund der Referenzprobe muss dem Untergrund des abzudichtenden Bauteils entsprechen. Die einzelnen Referenzproben z. B. einzelne Mauersteine werden mit der jeweiligen Dickbeschichtung analog zur ausgeführten Abdichtung, zum gleichen Ausführungszeitpunkt »mitbeschichtet« und unter gleichen Witterungsbedingungen im unteren Bereich der Baugrube eingelagert. Mittels einer solchen Referenzprobe kann z. B. durch Keilschnitt oder durch Entnahme eines Probenstückes der jeweilige Durchtrocknungszustand der Abdichtung geprüft und entsprechend dokumentiert werden. Entsprechend DIN 18195 müssen bei Abdichtungen gemäß den Teilen 5 und 6 die Ergebnisse der Eigenüberwachung dokumentiert werden. Grundsätzlich ist für alle Abdichtungsmaßnahmen eine Dokumentation dringend zu empfehlen. Hierzu kann das im Anhang dieser Richtlinie befindliche Formblatt »Dokumentation« genutzt werden. Die Funktionstüchtigkeit des Gewerks Bauwerksabdichtung erfordert die qualifizierte Dokumentation der Ergebnisse einer Eigenüberwachung auf der Baustelle.

10 Auszüge aus der »Richtlinie für die Planung und Ausführung von Abdichtungen mit kunststoffmodifizierten Bitumendickbeschichtungen (KMB)«

10.1 Allgemeines

Die 3. Ausgabe der »Richtlinie für die Planung und Ausführung von Abdichtungen mit kunststoffmodifizierten Bitumendickbeschichtungen (KMB) – erdberührte Bauteile« in der Fassung 2010 wurde von Vertretern der nachfolgend genannten Verbände erarbeitet und gleichberechtigt von den folgenden Verbänden herausgegeben:

- Arbeitsgemeinschaft Mauerziegel im Bundesverband der Deutschen Ziegelindustrie e. V.
- Bundesverband Kalksandsteinindustrie e. V.
- Bundesverband Porenbetonindustrie e. V.
- Deutsche Bauchemie e. V.
- Deutscher Holz- und Bautenschutzverband e. V.
- Zentralverband des Deutschen Baugewerbes e. V.
- Zentralverband des Deutschen Dachdeckerhandwerks e. V.

Die 1. Ausgabe der »Dickbeschichtungsrichtlinie« vom Juni 1997 wurde im Rahmen einer Überarbeitung inhaltlich an die Teile 1 bis 6 der überarbeiteten DIN 18195 »Bauwerksabdichtungen« aus August 2000 angepasst. Daraus resultierte die 2. Ausgabe der Dickbeschichtungsrichtlinie aus November 2001. Im Rahmen der vorliegenden 3. Ausgabe wurden zwischenzeitlich erworbene Erfahrungen eingearbeitet und die geänderten bauaufsichtlichen Regeln für KMB berücksichtigt. Die 3. Ausgabe der »KMB-Richtlinie« aus 2010 löst die 2. Ausgabe vom November 2001 ab.

Die »Dickbeschichtungsrichtlinie« steht jedermann zur Anwendung frei. Wer sie anwendet, hat für die richtige Anwendung im konkreten Fall Sorge zu tragen. Durch das Anwenden dieser Richtlinie entzieht sich jedoch niemand der Verantwortung für eigenes Handeln.

Die Anwender dieser Richtlinie werden gebeten, ihre Erfahrungen mit der Richtlinie sowie eventuelle Anmerkungen an die Geschäftsstelle der DEUTSCHEN BAUCHEMIE zu senden.

Teil A der Richtlinie behandelt die Grundlagen für die Abdichtung von erdberührten Bauteilen mit kunststoffmodifizierten Bitumendickbeschichtungen (KMB) und bildet die Basis für den nachfolgenden Teil B und den Anhang 1.

10.2 Anwendungsbereich und Zweck

Diese Richtlinie regelt Abdichtungen von erdberührten Bauwerken oder Bauteilen mit kunststoffmodifizierten Bitumendickbeschichtungen. Die Richtlinie gilt als Grundlage für Planung und Ausführung von Abdichtungen mit kunststoffmodifizierten Bitumendickbeschichtungen (KMB). Außerdem sind DIN 18195 »Bauwerksabdichtungen« sowie die Herstellerangaben zu beachten.

Die Richtlinie erfasst die Abdichtung von Bauwerken und Bauteilen mit kunststoffmodifizierten Bitumendickbeschichtungen gegen

- im Boden vorhandenes, kapillargebundenes und durch Kapillarkräfte auch entgegen der Schwerkraft fortleitbares Wasser (Bodenfeuchte) sowie gegen das von Niederschlägen herrührende und nichtstauende Sickerwasser (Teil B »Abdichtungen mit KMB gemäß DIN 18195«)
- zeitweise aufstauendes Sickerwasser (Teil B »Abdichtungen mit KMB gemäß DIN 18195«)
- nichtdrückendes Wasser, mäßige Beanspruchung (Teil B »Abdichtungen mit KMB gemäß DIN 18195«)
- von außen drückendes Wasser mit max. Gründungstiefe von 3 m unter GOK (Anhang I »Abdichtungen mit KMB außerhalb DIN 18195«)
- Anschlüsse mit KMB (Anhang I »Abdichtungen mit KMB außerhalb DIN 18195«)
- Abdichtungen von erdberührten Deckenflächen mit KMB (Anhang I »Abdichtungen mit KMB außerhalb DIN 18195«).

Die Richtlinie dient:

- als Grundlage für die Planung von Abdichtungen mit kunststoffmodifizierten Bitumendickbeschichtungen
- der Festlegung von Grundanforderungen und Grenzwerten
- der Erhöhung der Verarbeitungssicherheit (Ausführungssicherheit)
- als Hinweis für Qualitätssicherungsmaßnahmen auf der Baustelle
- als Grundlage zur Beurteilung von ausgeführten Abdichtungen mit kunststoffmodifizierten Bitumendickbeschichtung.

Bei nachträglichen Abdichtungsmaßnahmen ist das WTA-Merkblatt »Nachträgliches Abdichten erdberührter Bauteile« mit dieser Richtlinie mit geltend.

Hinsichtlich der Abdichtung in anderen Bereichen wird auf die folgenden Regelwerke verwiesen:

- Nassräume und Balkone
  - DIN 18195-5 »Bauwerksabdichtungen – Abdichtungen gegen nichtdrückendes Wasser auf Deckenflächen und in Nassräumen, Bemessung und Ausführung«
  - ZDB-Merkblatt »Hinweise für die Ausführung von Verbundabdichtungenmit Bekleidungen und Belägen aus Fliesen und Platten für den Innen- und Außenbereich«

- Abdichtungen unter Estrichen
  - BEB-Merkblatt »Abdichtungsstoffe im Verbund mit Bodenbelägen«
- Schwimmbäder
  - ZDB-Merkblatt »Hinweise für Planung und Ausführung keramischer Beläge im Schwimmbadbau«
- Dachabdichtungen
  - DIN 18531 »Dachabdichtungen«
  - »Fachregel für Abdichtungen« des ZVDH
- Abdichtungen in und unter Wänden und Abdichtungen im Sockelbereich
  - »Richtlinie für die Planung und Ausführung von Abdichtungen erdberührter Bauteile mit flexiblen Dichtungsschlämmen« der DEUTSCHE BAUCHEMIE
  - »Richtlinie für die Planung und Ausführung von Abdichtungen von Bauteilen mit mineralischen Dichtungsschlämmen« der DEUTSCHE BAUCHEMIE

10.3 Anforderungen an die Planung

Wirkung und Dauerhaftigkeit einer Bauwerksabdichtung hängen nicht nur von ihrer fachgerechten Planung und Ausführung ab, sondern auch von der zweckmäßigen Planung und Ausführung des Bauwerkes und seiner Teile, auf die die Abdichtung aufgebracht wird. Insbesondere hat der Bauwerksplaner darauf zu achten, dass die Gründung und die Umfassungswände nach den einschlägigen Regeln der Technik bemessen und ausgeführt werden. Dabei müssen Setzungsunterschiede, Erddruck und gegebenenfalls der Lastfall »drückendes Wasser« berücksichtigt werden.

Jede Abdichtung von Bauwerken ist sorgfältig zu planen und bereits in die Gesamtplanung des Bauwerks oder Bauteils mit einzubeziehen. In diesem Rahmen sind von dem Planer auch die statischen, konstruktiven und bauphysikalischen Erfordernisse zu berücksichtigen. Vor Planungsbeginn muss sich der verantwortliche Planer unter anderem über die Eigenschaften des Baugrunds Klarheit verschaffen. Er hat zu klären, ob der Boden wasserdurchlässig ist (Durchlässigkeitsbeiwert $k > 10^{-4}$ m/s). Kann dies nicht zweifelsfrei festgestellt werden, muss ein Bodengutachten erstellt werden oder es ist der höhere Lastfall anzunehmen.

Zur fachgerechten Planung einer Abdichtung ist die Kenntnis des Bemessungswasserstandes unerlässlich. Nach DIN 18195-1 wird der Bemessungswasserstand wie folgt definiert: »Der höchste nach Möglichkeit aus langjähriger Beobachtung ermittelte Grundwasser-/Hochwasserstand und bei von innen drückendem Wasser der planmäßige Wasserstand«.

Wird bei schwach durchlässigem Boden ($k \leq 10^{-4}$ m/s) eine Dränung nach DIN 4095 vorgesehen, dann muss vorher geklärt werden, wie das anfallende Dränwasser sicher abgeleitet werden kann, da viele Kommunen in den Abwassersatzungen ein Einleitungsverbot für Dränwasser verankert haben. Bei Versickerung des Dränwassers auf dem Grundstück ist das Arbeitsblatt A 138 der Abwassertechnischen Vereinigung (ATV) zu berücksichtigen.

10.4 Definition der Lastfälle

10.4.1 Bodenfeuchte/nichtstauendes Sickerwasser

Bodenfeuchte ist im Erdreich vorhandenes, kapillar gebundenes und durch die Kapillarkräfte auch entgegen der Schwerkraft fortleitbares Wasser. Bodenfeuchte ist als Mindestbeanspruchung im Boden immer vorhanden. Eine dem Lastfall Bodenfeuchte vergleichbare Belastung wird durch das von Niederschlägen herrührende, nicht stauende Sickerwasser erzeugt. Mit dem Lastfall darf nur gerechnet werden, wenn das Baugelände bis zu einer ausreichenden Tiefe unter der Fundamentsohle und auch das Verfüllmaterial der Arbeitsräume aus stark durchlässigen Böden wie Sand oder Kies bestehen. Voraussetzung ist, dass die Böden für in tropfbar flüssiger Form anfallendes Wasser so durchlässig sind, dass es ständig von der Oberfläche des Geländes bis zum freien Grundwasserstand absickern kann und sich auch nicht vorübergehend, beispielsweise bei starken Niederschlägen, aufstaut. Dies fordert einen Durchlässigkeitsbeiwert des Bodens (k) von mind. 10^{-4} m/s. Die Feuchtigkeitsbeanspruchung liegt auch vor, wenn bei wenig durchlässigen Böden eine Dränung nach DIN 4095 vorhanden ist, deren Funktionsfähigkeit auf Dauer gegeben ist.

10.4.2 Nichtstauendes Sickerwasser

Nichtdrückendes Wasser ist Wasser in tropfbar flüssiger Form wie Niederschlag-, Sicker- oder Brauchwasser, das auf die Abdichtung keinen oder nur einen geringen hydrostatischen Druck ausübt. Mit diesem Lastfall ist auf allen waagerechten und geneigten Dachflächen im Freien und im Erdreich zu rechnen, sofern sie nicht durch drückendes Wasser beansprucht werden. Ferner liegt dieser Lastfall bei Fußböden und spritzwasserbeanspruchten Wänden in Nassräumen vor. Es wird unterschieden in mäßig und hoch beanspruchte Abdichtungen.

10.4.3 Nichtdrückendes Wasser, mäßige Beanspruchung

Mäßig beanspruchte Flächen sind u. a.

- Balkone und ähnliche Flächen im Wohnungsbau
- unmittelbar durch Spritzwasser belastete Fußboden- und Wandflächen in Nassräumen des Wohnungsbaus.

10.4.4 Nichtdrückendes Wasser, hohe Beanspruchung

Hoch beanspruchte Flächen sind u. a.

- Dachterrassen
- intensiv begrünte Flächen mit einer maximalen Anstaubewässerung bis 100 mm Höhe
- Parkdecks

- Hofkellerdecken
- erdberührte Decken
- durch Brauch- oder Reinigungswasser stark beanspruchte Fußboden- und Wandflächen in Nassräumen wie
  - Umgänge in Schwimmbädern
  - öffentliche Duschen
  - gewerbliche Küchen
  - andere gewerbliche Nutzungen.

10.4.5 Aufstauendes Sickerwasser und drückendes Wasser

Der Lastfall, bei dem Wasser mit hydrostatischem Druck auf das Bauwerk einwirkt, wird hinsichtlich der Intensität der Beanspruchung unterschieden in Bauteile, die in das Grundwasser eintauchen und solche, die sich oberhalb des Bemessungswasserstandes befinden.

10.4.6 Aufstauendes Sickerwasser

Der Lastfall »Aufstauendes Sickerwasser« liegt vor, wenn Kelleraußenwände oder Bodenplatten mit Gründungstiefen bis zu 3,0 m unter GOK in wenig durchlässigen Böden und ohne eine Dränung nach DIN 4095 vorhanden sind. Weiterhin müssen Bodenart und Geländeform so beschaffen sein, dass nur Stauwasser zu erwarten ist und der nach Möglichkeit langjährig ermittelte Bemessungswasserstand muss mindestens 300 mm unter der Unterkante Kellersohle liegen.

10.4.7 Drückendes Wasser

Gebäude bzw. Bauteile werden gegen drückendes Wasser abgedichtet, wenn sie Grundwasser oder Schichtenwasser ausgesetzt sind. Der Lastfall »drückendes Wasser« ist unabhängig von Gründungstiefe, Eintauchtiefe und Bodenart.

10.5 Stoffe

10.5.1 Voranstriche

Voranstriche stellen die Haftung der nachfolgenden Bitumendickbeschichtung sicher und binden den Staub auf der Oberfläche. In Abhängigkeit von der Art des Untergrundes und des gewählten Voranstriches können sie eindringen und den Untergrund verfestigen. Als Voranstrich eignen sich

- Bitumen-Emulsionen
- wässrige Lösungen.

Die Anwendung lösemittelhaltiger Produkte ist aus Gründen des Arbeitsschutzes, der Umweltverträglichkeit und des langsamen Verdunstens der Lösemittel auf das unbedingt erforderliche Minimum zu beschränken (zum Beispiel Instandsetzungen). In Innenräumen dürfen lösemittelbasierte Voranstriche nicht angewendet werden, da ohne ausreichende Belüftung Explosionsgefahr besteht.

10.5.2 Mineralische Dichtungsschlämmen (MDS)

Zementgebundene Dichtungsschlämmen gemäß DIN 18195-2 finden in Kombination mit Bitumendickbeschichtungen ggf. als Zwischenabdichtung, als Abdichtung in und unter Wänden (»Querschnittsabdichtung«) sowie als Sockelabdichtung Verwendung.

Es eignen sich:

- nicht rissüberbrückende mineralische Dichtungsschlämmen
- rissüberbrückende mineralische Dichtungsschlämmen.

Hinsichtlich der Anwendung von Dichtungsschlämmen kommen zur Geltung

- die »Richtlinie für die Planung und Ausführung von Abdichtungen erdberührter Bauteile mit flexiblen Dichtungsschlämmen« sowie
- die »Richtlinie für die Planung und Ausführung der Abdichtungen von Bauteilen mit mineralischen Dichtungsschlämmen«.

10.5.3 Kunststoffmodifizierte Bitumendickbeschichtungen (KMB)

Kunststoffmodifizierte Bitumendickbeschichtungen (KMB) sind pastöse, spachtel- oder spritzfähige Massen auf Basis von kunststoffmodifizierten Bitumenemulsionen. Es wird unterschieden in

- einkomponentige kunststoffmodifizierte Bitumendickbeschichtungen
- zweikomponentige kunststoffmodifizierte Bitumendickbeschichtungen.

10.5.4 Schutzschichten

Schutzschichten müssen die Abdichtung sicher vor Beschädigungen schützen. Sie können gleichzeitig auch die Funktion einer Dämmung und/oder Dränung übernehmen. Es eignen sich zum Beispiel

- expandierte Polystyrolhartschaumplatten
- extrudierte Polystyrolhartschaumplatten
- Noppenbahnen mit Gleitschicht
- Schaumglasplatten
- Schutzestriche auf Trennfolie.

10.5.6 Anforderungen an kunststoffmodifizierte Bitumendickbeschichtungen

Bauprodukte, die dazu beitragen, dass Bauwerke bzw. Bauteile vor Feuchtigkeit von außen geschützt werden, sind gemäß der Bauordnungen der Länder von bauaufsichtlicher Relevanz. Entsprechend fordert die in den Landesbauordnungen verankerte Bauregelliste A des Deutschen Instituts für Bautechnik (DIBt), für Materialien zur Bauwerksabdichtung im erdberührten Bereich Verwendbarkeitsnachweise und/ oder Übereinstimmungsnachweise.

Die Bauregelliste A, Teil 2 regelt, dass für kunststoffmodifizierte Bitumendickbeschichtungen ein allgemeines bauaufsichtliches Prüfzeugnis (abP) als Verwendbarkeitsnachweis vorliegen muss und dass das Übereinstimmungsnachweisverfahren ÜHP (Übereinstimmungserklärung des Herstellers nach vorheriger Erstprüfung durch eine anerkannte Prüfstelle) angewendet wird. Produkte, die diesen Regelungen entsprechen, sind mit dem Übereinstimmungszeichen (»Ü-Zeichen«) gekennzeichnet.

Die Eigenschaften, die im Rahmen des abP nachzuweisen sind und die anzuwendenden Prüfverfahren sind in den »Prüfgrundsätzen für die Erteilung von allgemeinen bauaufsichtlichen Prüfzeugnissen für normalentflammbare, kunststoffmodifizierte Bitumendickbeschichtungen für Bauwerksabdichtungen« (PG-KMB) festgelegt. Diese sind im amtlichen Teil der DIBt-Mitteilungen veröffentlicht. Innerhalb der abP werden die zulässigen Verwendungsbereiche des jeweiligen Produktes festgelegt.

Folgende Verwendungsbereiche für KMB sind in den abP bauaufsichtlich geregelt:

- Bauwerksabdichtung im erdberührten Bereich bei den Lastfällen Bodenfeuchte und nichtdrückendes Wasser im Sinne von DIN 18195-4 und -5:2008-8
- Bauwerksabdichtung im erdberührten Bereich bei den Lastfällen Bodenfeuchte, nichtdrückendes und zeitweise aufstauendes Sickerwasser bis zur einer maximalen Gründungstiefe von 3,0 m unter Geländeoberkante im Sinne von DIN 18195-4, -5, -6:2008-8
- Bauwerksabdichtung im erdberührten Bereich bei den Lastfällen Bodenfeuchte, nichtdrückendes und zeitweise aufstauendes Sickerwasser bis zu einer maximalen Gründungstiefe von 3,0 m unter Geländeoberkante und drückendes Wasser (Grundwasser) bis zu einer maximalen Eintauchtiefe von 3,0 m im Sinne von DIN 18195-4, -5, -6:2008-8
- Bauwerksabdichtung im erdberührten Bereich bei den Lastfällen Bodenfeuchte, nichtdrückendes und zeitweise aufstauendes Sickerwasser bis zu einer maximalen Gründungstiefe von 3,0 m unter Geländeoberkante und drückendes Wasser (Grundwasser) bis zu einer maximalen Eintauchtiefe von 3,0 m im Sinne von DIN 18195-4, -5, -6:2008-8 (darf außerdem auch für die Abdichtung von Arbeits- und Stoßfugen im Übergang der Flächenabdichtung zu Bauteilen aus Beton mit hohem Wassereindringwiderstand, z. B. Übergang Wand-/WU-Beton-Bodenplatte, bei den genannten Lastfällen verwendet werden).

- Außenliegende, streifenförmige Abdichtung von Arbeitsfugen von Bauteilen aus Beton mit hohem Wassereindringwiderstand mit einer maximalen Öffnungsbreite bis 0,25 mm (alternativ: bzw. von Sollrissquerschnitten mit einer maximalen Öffnungsbreite bis 0,5 mm) gegen Bodenfeuchte sowie gegen nicht drückendes Wasser, zeitweise aufstauendes Sickerwasser und drückendes Wasser bis zu einem maximalen Wasserdruck von 0,3 bar (3 m Eintauchtiefe), auch geeignet für Wasserwechselzonen. Die Abdichtung genügt den Anforderungen der Nutzungsklasse A für die Beanspruchungsklassen 1 und 2 entsprechend der WU-Richtlinie.

10.6 Arbeitssicherheit, Transport und Entsorgung

Die aktuellen Hinweise zur Arbeitssicherheit, zum Transport des Materials und zur Materialentsorgung sind dem Sicherheitsdatenblatt des Materialherstellers zu entnehmen. Bei kennzeichnungspflichtigen Produkten (z. B. lösemittelhaltige Voranstrichen) befindet sich die Kennzeichnung auf dem Gebinde. Die berufsgenossenschaftlichen Vorschriften sind zu beachten.

Lösemittelbasierte Voranstriche dürfen nicht in Innenräumen eingesetzt werden, da bei unzureichender Belüftung Explosionsgefahr und damit Lebensgefahr für den Verarbeiter besteht.

10.7 Anforderungen an den Untergrund

Zur Aufnahme einer Abdichtung aus kunststoffmodifizierte Bitumendickbeschichtungen sind zum Beispiel folgende Untergründe geeignet:

- Mauerwerk nach DIN 1053 wie:
  - Hochlochziegel, Vollziegel
  - Hohlblöcke und Vollsteine/-blöcke
  - Hüttensteine
  - Kalksandsteine
  - Mauersteine aus Beton
  - Porenbetonsteine
  - Schalungssteine aus Beton
- vorhandene Anstriche und Beschichtungen auf Bitumenbasis auf mineralischem Untergrund
- mineralische Dichtungsschlämmen.

Andere, oben nicht genannte Untergründe sind für den jeweiligen Anwendungsfall auf ihre Eignung zu prüfen.

Alle Untergründe müssen fest, tragfähig, frostfrei und frei von trennenden Substanzen (Trennmittel, Staub, Schmutz, etc.) sein. Die Überprüfung kann durch eine Wisch- und Kratzprüfung erfolgen. Bei der Wischprüfung (mit der Hand über den Untergrund streichen) dürfen sich keine Bestandteile vom Untergrund lösen.

Eine Kratzprüfung dient zur Feststellung von Sinterschichten oder Hohlstellen an sonst festen Untergründen. Hohlstellen sind zu beseitigen. Bei der Kratzprüfung wird der Untergrund zum Beispiel mit einem Nagel aufgekratzt. Springen hierbei Teile ab oder dringt der Nagel in den Untergrund, so ist die gesamte Sinterschicht zu beseitigen. Dieser Test kann nicht bei Porenbeton oder Bauteilen mit geringer Festigkeit durchgeführt werden.

Der Untergrund muss frei von Graten oder scharfkantigen Unebenheiten wie zum Beispiel Mörtel-, Betonüberständen oder Steinversätzen sein. Die Fläche muss augenscheinlich geprüft werden. Saugfähige Untergründe dürfen mattfeucht aber nicht glänzend nass sein. Die Benetzungsprobe dient als Hinweis. Auf den Untergrund aufgetragenes Wasser muss sich innerhalb kurzer Zeit verteilen und darf nicht abperlen.

Unterbetone/Sauberkeitsschichten zur Aufnahme von KMB (z. B. bei der Anordnung der Abdichtungsebene unter der Bodenplatte) müssen aus Beton mindestens der Güte C 25/30 erstellt werden und ausreichend bemessen sein. Bei der nachträglichen Abdichtungsmaßnahme (Instandsetzung) ist das WTA-Merkblatt »Nachträgliches Abdichten erdberührter Bauteile« mit geltend.

10.8 Vorarbeiten

10.8.1 Allgemeine Vorarbeiten

Kunststoffmodifizierte Bitumendickbeschichtungen können während der Bauphase durch auf ihre Rückseite einwirkendes Wasser geschädigt werden. Ist es nicht möglich, Wasser von der Haftseite der Abdichtung fernzuhalten, sind Zwischenabdichtungen anzuordnen. Sie müssen wasserundurchlässig sein und dürfen durch Wasserdruck nicht vom Untergrund abgelöst werden. Geeignet sind beispielsweise:

- nicht rissüberbrückende mineralische Dichtungsschlämmen (MDS)
- rissüberbrückende mineralische Dichtungsschlämmen (MDS).

Innenecken und Wand-/Bodenanschlüsse sind als Hohlkehlen auszubilden. Diese können in der Regel mit systemkompatiblen Mörteln in einem Radius von 4 bis 6 cm (Flaschenhohlkehle) ausgeführt werden. Es ist ein auf den Untergrund abgestimmter Mörtel zu verwenden. Alternativ kann, sofern im Merkblatt des Herstellers zugelassen, die Hohlkehle aus der kunststoffmodifizierte Bitumendickbeschichtung hergestellt werden. Hierbei darf ein Radius von 2 cm nicht überschritten werden.

Kanten und Vertiefungen sind zu beseitigen, Kanten müssen gefast sein.

10.8.2 Schichtdicken

Die geforderten Schichtdicken sind natürlich lastfallabhängig und können folgender Übersicht entnommen werden:

Lastfall	DIN 18195:2000-8	Ausführung der Abdichtung	Mindesttrocken-schichtdicke
Bodenfeuchte und nichtstauendes Sickerwasser an Bodenplatten und Wänden	DIN 18195, Teil 4, Abschnitte 7.3.3 und 7.4.2	2 Arbeitsgänge*	3 mm
Nichtdrückendes Wasser auf Deckenflächen und in Nassräumen mäßige Beanspruchung	DIN 18195, Teil 5, Abschnitt 8.2.8	2 Arbeitsgänge** Verstärkungseinlagen an Kehlen und Kanten	3 mm
Aufstauendes Sickerwasser Gründungstiefe ≤3,0 m Bemessungswasserstand mind. 300 mm unter UK Kellersohle	DIN 18195, Teil 6, Abschnitt 9.1	2 Arbeitsgänge** Verstärkungseinlage	4 mm

* Die Aufträge können frisch in frisch erfolgen

** Vor dem Auftrag der zweiten Abdichtungsschicht muss die erste Abdichtungsschicht soweit getrocknet sein, dass sie durch den darauffolgenden Auftrag nicht beschädigt wird.

Tabelle 22: Schichtdicken KMB

10.8.3 Vorarbeiten bei Mauerwerk

Nach DIN 1053-1 müssen Stoßfugen von mehr als 5 mm Breite, zum Beispiel bei nicht »knirsch« verlegten Mauersteinen, außenseitig beim Mauern mit Mörtel verschlossen werden.

Nicht verschlossene Vertiefungen ≥5 mm wie beispielsweise Mörteltaschen oder Ausbrüche sind mit geeigneten Mörteln zu schließen. Offene Stoßfugen bis 5 mm und Oberflächenprofilierungen bzw. Unebenheiten von Steinen (zum Beispiel Putzrillen bei Ziegeln oder Schwerbetonsteinen) müssen entweder durch Vermörtelung (Dünn- oder Ausgleichsputz), durch mineralische Dichtungsschlämmen oder durch eine Kratzspachtelung mit der kunststoffmodifizierten Bitumendickbeschichtung egalisiert werden.

Bei Mauerwerk aus haufwerkporigen Leicht- oder Betonsteine sind besondere Maßnahmen zum Schließen der Poren erforderlich (z. B. Kratzspachtelung mit kunststoffmodifizierten Mörteln). Die Spachtelung muss vor dem nächsten Arbeitsgang soweit getrocknet/abgebunden sein, dass sie durch den darauffolgenden Auftrag nicht beschädigt wird.

10.8.4 Vorarbeiten bei Beton

Beim Betonieren entstandene Fehlstellen und Schalungsgrate müssen wie bei Mauerwerk beseitigt werden. Trennende Substanzen wie zum Beispiel Schalöl oder Nachbehandlungsmittel sind zu entfernen.

Poren, offen oder verdeckt, können, zum Beispiel bei Sonneneinstrahlung, zur Blasenbildung in der frischen Beschichtung führen. Um das Risiko der Blasenbildung zu reduzieren sollte eine Kratzspachtelung durchgeführt werden. Die Kratzspachtelung muss vor dem nächsten Arbeitsgang getrocknet bzw. abgebunden sein.

Zementleimschichten oder festsitzende Verunreinigungen sind mechanisch zu entfernen (z. B. mit rotierenden Scheiben/Fräsen). Die Kante der Betonsohle ist zu fasen.

Vor dem Auftragen des Abdichtungssystems ist die vorbereitete Betonsohle (Sohlenüberstand) gründlich zu reinigen.

Beim Anschluss von KMB-Abdichtungen an WU-Ortbetonbauteilen ist der Untergrund mechanisch abtragend, z. B. durch Fräsen, so vorzubereiten, dass er frei von Verunreinigungen und losen Bestandteilen ist.

10.8.5 Vorarbeiten bei verputzten Oberflächen

Hohlliegende Putze müssen im Bereich der Hohlstellen entfernt und entsprechend ergänzt werden. Sandende Putze müssen verfestigt oder entfernt und ggf. erneuert werden.

10.8.6 Vorarbeiten bei vorhandenen Abdichtungen

Vorhandene Abdichtungen eignen sich als Untergrund für Bitumendickbeschichtungen nur, wenn die Materialverträglichkeit von kunststoffmodifizierter Bitumendickbeschichtung und vorhandener Abdichtung gegeben ist. Im Zweifelsfall ist die Materialverträglichkeit nachzuweisen. Des Weiteren ist die vorhandene Abdichtung auf ausreichende Haftung zum Untergrund zu prüfen und lose Teile zu entfernen.

Vorhandene Abdichtungen sind nach ihrer Reinigung im Regelfall mit einer systemkompatiblen Haftbrücke zu behandeln, um eine ausreichende Haftung der neuen Bitumendickbeschichtung sicherzustellen.

Teeranstriche sowie Teerbahnen sind als Untergrund für Bitumendickbeschichtungen in der Regel nicht geeignet.

10.9 Anforderungen an den Verarbeiter

Die Verarbeitung von kunststoffmodifizierten Bitumendickbeschichtungen erfordert spezielle Fachkenntnisse. Die Abdichtungsarbeiten müssen deshalb von fachlich qualifizierten Verarbeitern vorgenommen werden. Die entsprechenden Fachkenntnisse werden beispielsweise in dem Lehrgang »Herstellen von Abdichtungen aus kunststoffmodifizierten Bitumendickbeschichtungen« vermittelt. Die Inhalte in Art und Umfang sowie der Ablauf des genannten Lehrgangs werden von einem zugehörigen Ausbildungsbeirat mit Geschäftsführung beim Zentralverband des Deutschen Baugewerbes (ZDB) festgelegt. Durchgeführt wird der Lehrgang von, seitens des Ausbildungsbeirates anerkannten und neutralen Ausbildungsstätten.

10.10 Teil B, Ausführung der Abdichtungen mit KMB gemäß DIN 18 195

10.10.1 Untergrundvorbehandlung

Der Untergrund muss die Anforderungen gemäß Teil A, Abschnitt 7 erfüllen und gemäß Teil A, Abschnitt 8 vorbereitet sein. Zur Bindung von feinem Staub soll der Untergrund im Regelfall mit einer auf das nachfolgende Bitumendickbeschichtungssystem abgestimmten Grundierung behandelt werden. Wird in Abhängigkeit vom Untergrund eine Kratzspachtelung erforderlich, ist sie kratzend über die Bauteiloberfläche abzuziehen. Sie kann aus dem Abdichtungsmaterial bestehen.

10.10.2 Verarbeitung der Beschichtung

Bauwerksabdichtungen mit kunststoffmodifizierten Bitumendickbeschichtungen dürfen bei Witterungsverhältnissen, die sich nachteilig auf die zu erbringende Leistung auswirken können, nur ausgeführt werden, wenn durch besondere Maßnahmen nachteilige Auswirkungen verhindert werden. Solche Witterungsverhältnisse sind zum Beispiel Luft- und Bauteiltemperaturen unter +5 °C, Regen, Schnee und Eis sowie starke Sonneneinstrahlung.

Zum Mischen von zweikomponentigen Produkten sind auf das System abgestimmte Rührwerkzeuge zu verwenden. Es ist so lange zu rühren, bis eine homogene Masse entsteht. Vorgegebene Mischzeiten und Mischungsverhältnisse sind einzuhalten.

Kunststoffmodifizierte Bitumendickbeschichtungen sind grundsätzlich zur Abdichtung erdberührter Bauteile senkrecht, waagerecht und geneigt einsetzbar. Die Verarbeitung erfolgt je nach Konsistenz im Spachtel- oder Spritzverfahren. Kunststoffmodifizierte Bitumendickbeschichtungen sind in mindestens zwei Arbeitsgängen lastfallbedingt mit oder ohne Verstärkungseinlage auszuführen. Der Auftrag muss fehlstellenfrei, gleichmäßig und lastfallbezogen in entsprechender Schichtdicke erfolgen.

Handwerklich bedingt sind Schwankungen der Schichtdicke beim Auftragen des Materials nicht auszuschließen. Die vorgeschriebene Mindesttrockenschichtdicke darf an keiner Stelle unterschritten werden. Dazu ist die erforderliche Nassschichtdicke vom Hersteller anzugeben. Bei der lastfallbezogenen Ermittlung der benötigten Materialmenge sind die handwerklich bedingten Schwankungen zu berücksichtigen. Die vom Hersteller angegebene Nassschichtdicke sollte in der Fläche an keiner Stelle um mehr als 100 % überschritten werden. Die lastfallabhängige Mindesttrockenschichtdicke sowie die Ausführung der Abdichtung ist der Tabelle 2 zu entnehmen. Sollte im allgemein bauaufsichtlichen Prüfzeugnis für das jeweilige Produkt eine höhere Mindestschichtdicke festgelegt sein, so ist diese maßgebend.

Im Bereich Boden-/Wandanschluss mit vorstehender Bodenplatte ist die kunststoffmodifizierte Bitumendickbeschichtung aus dem Wandbereich über die Bodenplatte bis mindestens 100 mm auf die Stirnfläche der Bodenplatte herunterzuführen.

Bei Arbeitsunterbrechungen muss die kunststoffmodifizierte Bitumendickbeschichtung »auf Null« ausgestrichen werden. Bei Wiederaufnahme der Arbeiten wird überlappend weitergearbeitet. Arbeitsunterbrechungen dürfen nicht an Gebäudeecken erfolgen.

10.11 Anordnung der Abdichtung bei verschiedenen Lastfällen

10.11.1 Bodenfeuchte und nichtstauendes Sickerwasser

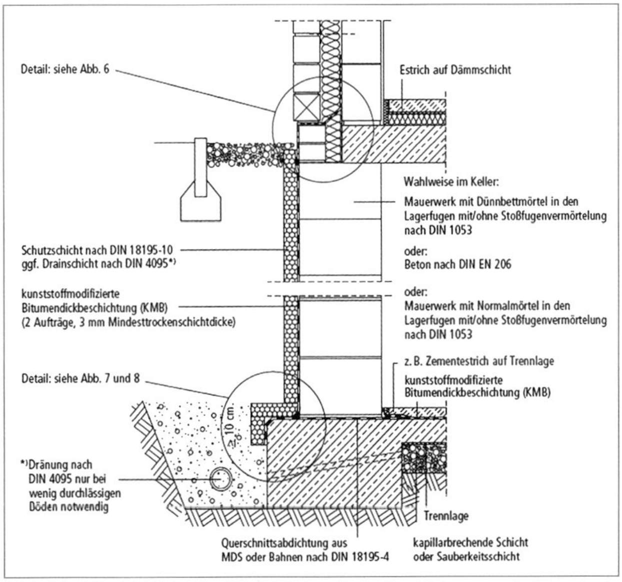

Bild 74: Bodenfeuchte und nichtstauendes Sickerwasser, Gesamtdarstellung

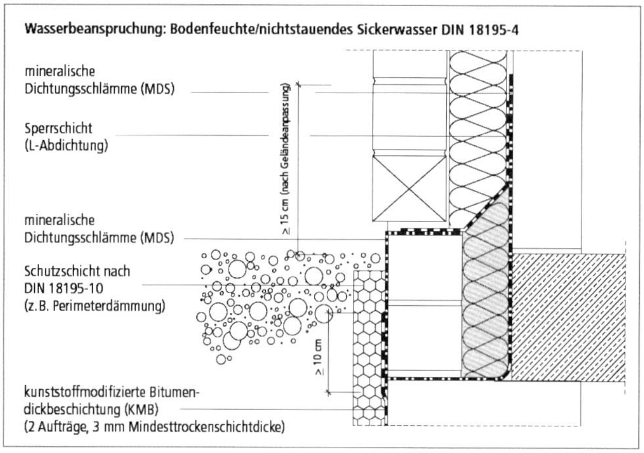

Bild 75: Bodenfeuchte und nichtstauendes Sickerwasser als Sockelausbildung bei zweischaligen Konstruktionen

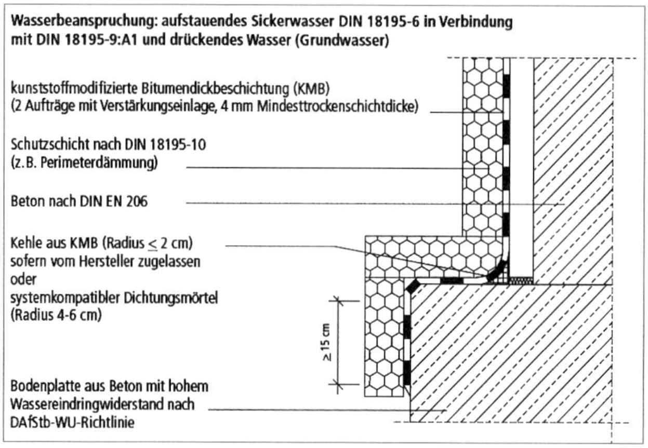

Bild 76: Wasserdichter Übergang der KMB Abdichtung an der WU-Betonbodenplatte Wand – Bodenanschluss

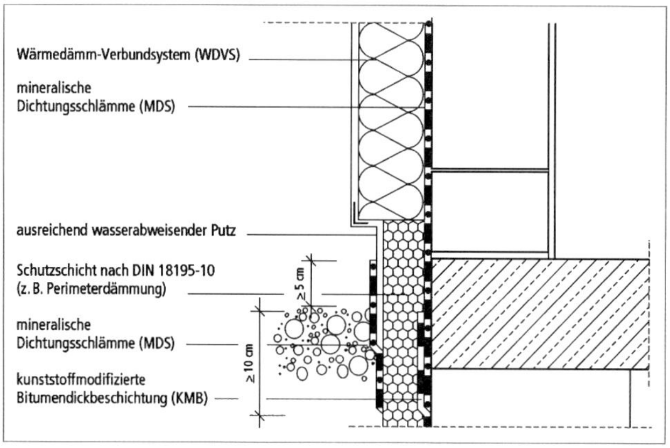

Bild 77: Sockelanschluss in Verbindung mit einem WDVS

Bild 78:
Sockelanschluss – Putz

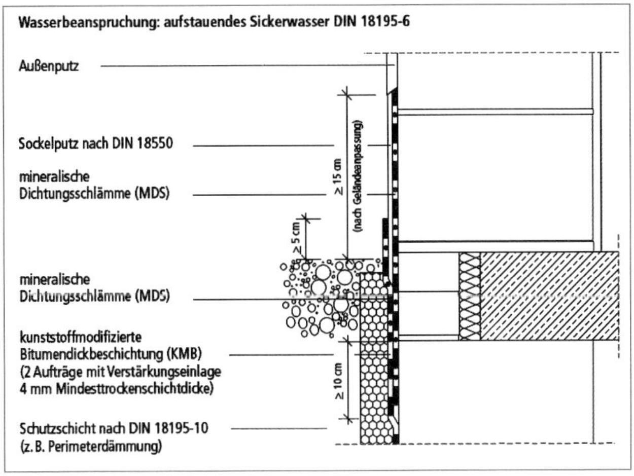

10.11.2 Durchdringungen

Durchdringungen (Rohrdurchführungen) können Abdichtungen in allen Ebenen durchstoßen. Grundsätzlich sollten sie so angeordnet sein, dass die Abdichtung möglichst im Bereich des Lastfalles »Bodenfeuchte und nichtstauendes Sickerwasser« durchstoßen wird. Die Flanschaußenkanten von Durchdringungen sollten untereinander einen Abstand von mindestens 30 cm haben.

Bild 79:
Durchdringungen angearbeitet mit einer KMB bei der Art der Wassereinwirkung Bodenfeuchtigkeit und nicht stauendes Sickerwasser

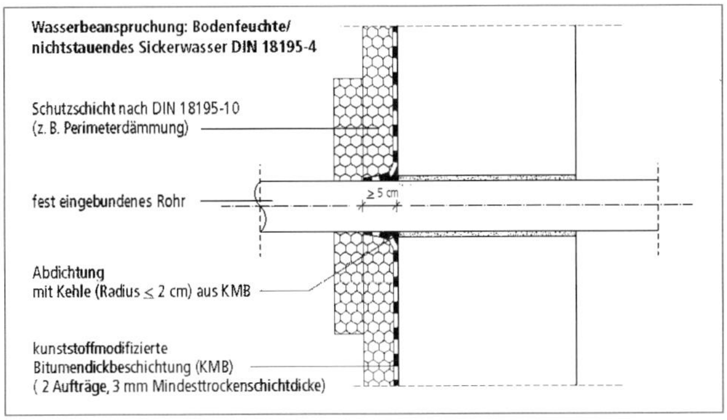

10.11.3 Bodenfeuchte und nichtstauendes Sickerwasser

Bei diesem Lastfall kann die Bitumendickbeschichtung hohlkehlenartig an die Durchdringung angearbeitet werden. Eine ausreichende Haftung zwischen der Bitumendickbeschichtung und Durchdringung ist zum Beispiel durch Aufrauen der Oberfläche der Durchdringung sicherzustellen. Es können auch Durchdringungen mit Klebeflanschen (Flanschbreite mind. 12 cm) zum Einsatz kommen.

10.11.4 Aufstauendes Sickerwasser

Abdichtungen mit kunststoffmodifizierten Bitumendickbeschichtungen sind beim Lastfall »aufstauendes Sickerwasser« mittels Los- und Festflanschkonstruktionen auszuführen. Im Bereich der Los-/Festflanschkonstruktionen sind vorgefertigte Manschetten zum Beispiel aus bitumenverträglichen Kunststoffdichtungsbahnen nach Tabelle 5 der DIN 18195-2 zu verwenden, die im Anschlussbereich zur Bitumendickbeschichtung eine Vlies- oder Gewebekaschierung zum Einbetten in die kunststoffmodifizierte Bitumendickbeschichtung besitzen, im Klemmbereich aber unkaschiert sind.

10.11.5 Nichtdrückendes Wasser, mäßige Beanspruchung

Beim Lastfall »nichtdrückendes Wasser, mäßige Beanspruchung« sind Anschlüsse an Durchdringungen durch Klebeflansche, Manschetten oder durch Los- und Festflanschkonstruktionen auszuführen.

Abläufe zur Entwässerung von Belagoberflächen, welche die Abdichtung durchdringen, müssen sowohl die Nutzfläche als auch die Abdichtungsebene dauerhaft entwässern. Für Wartungsarbeiten müssen die Abläufe leicht zugänglich sein.

10.12 Fugen

10.12.1 Fugenarten

Eine Bewegungsfuge ist Zwischenraum zwischen zwei Bauteilen oder Bauwerksabschnitten, der ihnen unterschiedliche Bewegungen ermöglicht. Die Anordnung und die Ausführung von Fugen benötigen eine sorgfältige Planung. An Bewegungsfugen dürfen sich Bewegungen aus Gebäudeteilen nicht so auswirken, dass die Funktionsfähigkeit der Abdichtung beeinträchtigt wird. Dazu muss die Ausführung der Bewegungsfugen auf die jeweilige Art der Abdichtung sowie auf die Art, Richtung, Größe und Häufigkeit der zu erwartenden Bewegungen abgestimmt sein. Es wird unterschieden zwischen Fugen des Typs I und II.

Fugentyp I sind Fugen für langsam ablaufende und einmalige oder selten wiederholte Bewegungen, z. B. Setzungsbewegungen, Schwindverkürzungen oder Längenänderungen in erdberührten Bauteilen. Dabei dürfen die Bewegungen der Fugenflanken sowohl für Einzelbewegungen als auch für kombinierte Bewegungen 5 mm nicht überschreiten.

Bei Überschreitung dieser Maße ist die Abdichtung über der Fuge nach Fugentyp II auszuführen. Fugen zwischen zwei Haustrennwänden auf durchgehender Bodenplatte sind dem Fugentyp I zuzuordnen.

Fugen des **Fugentyps II** sind Fugen für schnell ablaufende oder häufig wiederholte Bewegungen, z. B. Bewegungen durch wechselnde Verkehrslasten oder Längenänderungen durch tageszeitliche Temperaturschwankungen. Diese Fugen befinden sich in der Regel oberhalb der Geländeoberfläche.

10.12.2 Bewegungsfugen

Bewegungsfugen des Typs I und II sind mit einem auf das Abdichtungssystem abgestimmten Fugendichtungsband abzudichten. Abhängig von den zu erwartenden Bewegungen und der Art des Dichtungsbandes, kann insbesondere bei Fugen des Typs II, eine Schlaufenbildung erforderlich sein. Ein Überspachteln der Fugen ist unzulässig. Das Fugendichtungsband kann mit den folgenden Materialien befestigt werden:

- Kunststoffmodifizierte Bitumendickbeschichtung (KMB)
- mineralische Dichtungsschlämme, rissüberbrückend (MDS)
- Reaktionsharzklebstoff.

Anschließend wird das Fugendichtungsband in die Flächenabdichtung eingearbeitet.

Bewegungsfugen können nur abgedichtet werden, wenn eine lückenlose Verbindung der Fugendichtungsbänder über die ganze Länge der Bewegungsfuge sichergestellt ist.

Fugen zwischen zwei Haustrennwänden auf durchgehender Bodenplatte werden in der Regel ohne Schlaufenbildung des Fugendichtungsbandes abgedichtet. Das untere Ende des Dichtbandes wird in die Flächenabdichtung der Bodenplatte eingearbeitet. Es muss hierfür geeignet sein (z. B. durch Gewebekaschierung des Endes).

Gebäudetrennfugen auf durchgehender Bodenplatte werden in der Regel ohne Schlaufenbildung des Fugendichtungsbandes abgedichtet. Das untere Ende des Dichtbandes wird in die Flächenabdichtung der Bodenplatte eingearbeitet. Es muss hierfür geeignet sein (z. B. durch Gewebekaschierung des Endes).

10.12.3 Anschlüsse

Im Bereich der Spritzwasserzone ist die Abdichtung 30 cm über Gelände hochzuführen, um ausreichende Anpassungsmöglichkeiten der Geländeoberfläche sicherzustellen. Nach Geländeanpassung muss die Abdichtung mindestens bis 15 cm über die Geländeoberkante reichen. Die freiliegende KMB ist vor direkter UV-Belastung durch WDVS-Systeme, vorgehängte Fassadenelemente o. ä. zu schützen.

Die Abdichtung der Spritzwasserzone bei einschaligem Mauerwerk oder Betonwänden mit vorgesehenem Sockelputz ist mit mineralischer Dichtungsschlämme auszuführen. Der Auftrag der mineralischen Dichtungsschlämme erfolgt vor dem Putzauftrag.

Bei zweischaligem Mauerwerk werden bahnenförmige »Z-Abdichtungen« mit mineralischen Dichtungsschlämmen ins Verblendmauerwerk eingebunden.

Die Überlappungszone von mineralischer Dichtungsschlämme mit kunststoffmodifizierter Bitumendickbeschichtung liegt unter GOK und beträgt mindestens 10 cm.

10.13 Übergänge als adhäsive Verbindung

10.13 1 Übergänge von KMB auf WU-Betonbodenplatten

Mit kunststoffmodifizierten Bitumendickbeschichtungen (KMB) können Übergänge zwischen der KMB-Abdichtung und WU-Betonbauteilen zur Abdichtung gegen aufstauendes Sickerwasser nach DIN 18195-6, Abschnitt 9 sowie gegen Bodenfechte und nichtstauendes Sickerwasser (DIN 18195-4) hergestellt werden.

Für die Herstellung der Übergänge zu WU-Betonbauteilen dürfen Stoffe nach DIN 18195-2, Tabelle 6 verwendet werden, sofern diese für den speziellen Verwendungszweck über ein allgemeines bauaufsichtliches Prüfzeugnis verfügen.

Beim Übergang der KMB-Abdichtung auf eine WU-Betonbodenplatte ist die KMB-Abdichtung mindestens 15 cm auf die Stirnfläche herunter zuführen. Es ist darauf zu achten, dass die KMB-Abdichtung nach dem Auftragen ausreichend vor mechanischer Beschädigung und sonstigen schädigenden Einflüssen (z. B. Witterung) geschützt wird.

Zur Prüfung der Durchtrocknung und Haftung der aufgetragenen KMB-Abdichtung ist die KMB in Teilbereichen über den 15 cm-Anschlussbereich weiter zu führen. In diesen Bereichen ist die Durchtrocknung und Haftung zerstörend zu prüfen. Das Ergebnis dieser Überprüfung ist zu dokumentieren.

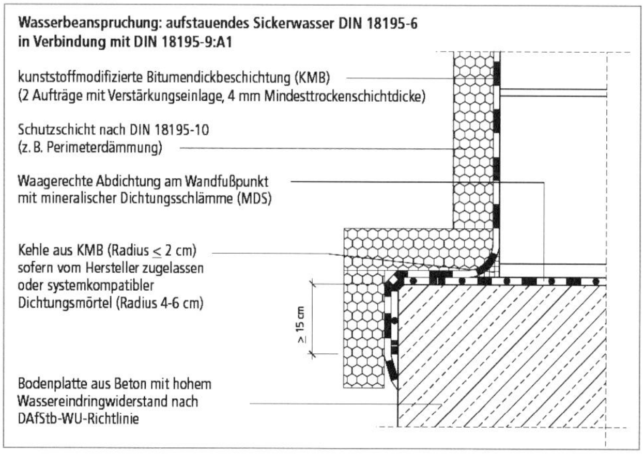

Bild 80: Wasserdichter Übergang der KMB – Abdichtung an der WU- Betonbodenplatte Wand – Bodenanschluss im Fall »bei hochwertige Nutzung«

10.14 Übergänge KMB auf Manschetten oder Fugenbändern aus bitumenverträglichen Kunststoffdichtungsbahnen

Manschetten oder Fugenbänder aus bitumenverträglichen Kunststoffdichtungsbahnen kommen in folgenden Bereichen vor:

- Durchdringungen mit Los-/Festflanschkonstruktionen bei aufstauendem Sickerwasser gemäß DIN 18195-6
- Übergänge an Fugenbänder.

Manschetten und Fugenbänder aus Kunststoffdichtungsbahnen müssen die Anforderungen gemäß DIN 18195-2, Tabelle 5 erfüllen und besitzen im Anschlussbereich eine Vlies- oder Gewebekaschierung.

Bei den Lastfällen Bodenfeuchte und nichtstauendem Sickerwasser (DIN 18195-4) müssen die Überlappungsbereiche zwischen KMB und kaschierter Kunststoffdichtungsbahn mindestens 5 cm betragen.

10.15 Schutzmaßnahmen und Schutzschichten

Schutzmaßnahmen dienen dem vorübergehenden Schutz der Abdichtung während der Bauzeit. Sie können bei geeigneter Konstruktion auch die Aufgabe der Schutzschicht übernehmen.

Auf die Abdichtungsrückseite einwirkendes Wasser ist zu vermeiden, da hierdurch die Durchtrocknung und die Haftung der kunststoffmodifizierten Bitumendickbeschichtung gestört werden kann.

Während der Bauphase dürfen auf ungeschützten Abdichtungen keine Lasten, beispielsweise durch Baustoffe, Geräte oder Gerüste, einwirken. Waagerechte Abdichtungen dürfen nicht mehr als unbedingt notwendig betreten werden, ggf. sind objektbezogen gesonderte Schutzmaßnahmen zu planen und zu ergreifen.

Kunststoffmodifizierte Bitumendickbeschichtungen sind auch während der Trocknungszeit gegen Wärmeeinwirkung, zum Beispiel intensive Sonnenstrahlung, durch geeignete Maßnahmen wie Abhängen mit Folien zu schützen. Sie sind bis zur Trocknung gegen Beanspruchung, beispielsweise durch Grund-, Regen-, Stau- und Oberflächenwasser, zu schützen. Frosteinwirkung ist ebenfalls bis zur Durchtrocknung zum Beispiel durch Erwärmung mit Warmluftgebläsen, zu vermeiden. Die Verwendung von offenen Flammen oder Infrarotstrahlern ist hier unzulässig. Bitumendickbeschichtungen sind grundsätzlich vor schädlichen Stoffen, zum Beispiel Schmier- und Treibstoffen, Lösemitteln oder Schalölen, zu schützen.

Schutzschichten müssen Bauwerksabdichtungen dauerhaft vor schädlichen Einflüssen statischer, dynamischer und thermischer Art schützen. Sie können in Einzelfällen Nutzschichten (z. B. Dränschicht) des Bauwerkes bilden.

Materialien für Schutzmaßnahmen und/oder Schutzschichten müssen mit der kunststoffmodifizierten Bitumendickbeschichtung verträglich sein. Schutzschichten dürfen erst nach Durchtrocknung der Bitumendickbeschichtung aufgebracht werden. Punkt- und Linienlasten sowie Belastungen, die die Funktionstüchtigkeit der Abdichtung durch Eindrückungen beeinträchtigen, sind zu vermeiden.

Durch geeignete Maßnahmen, wie zum Beispiel Gleitschichten, ist sicherzustellen, dass keine Bewegungen aus dem Erdreich auf die Abdichtung übertragen werden. Die Wahl der Schutzschicht erfolgt in Abhängigkeit der zu erwartenden Beanspruchungen und den örtlichen Gegebenheiten. Bei der Herstellung von Schutzschichten darf die Abdichtung nicht beschädigt werden. Verunreinigungen auf der Abdichtung sind vorher vorsichtig zu entfernen.

Waagerechte Abdichtungen mit einer kunststoffmodifizierter Bitumendickbeschichtung, beispielsweise auf der Sauberkeitsschicht, müssen nach ihrer Durchtrocknung und vor dem Aufbringen der Bodenplatte eine Schutzschicht erhalten. Zur Trennung zwischen waagerechter Abdichtung und Schutzschicht sind zwei Lagen PE-Folie als Gleitschicht anzuordnen. Bei Verwendung von Estrichen als Schutzschicht sind diese in einer Mindestschichtdicke von 5 cm unmittelbar auf die PE-Folien aufzubringen.

Schutzschichten auf Abdichtungen oberhalb der Bodenplatte sind beim Lastfall »nichtdrückendes Wasser« beispielsweise als Estrich auf Trennlage oder als Estrich auf Dämmschicht, herzustellen. Bewegungsfugen sind in starren Schutzschichten fortzusetzen und funktionsfähig zu erhalten.

Schutzschichten können auch aus Wärmedämmmaterialien (Perimeterdämmung) bestehen bzw. als Dränschichten - die Eignung nach DIN 4095 vorausgesetzt - eingesetzt werden. Es ist Sorge dafür zu tragen, dass diese Schutzschichten sich nicht, zum Beispiel am Wand-Sohlen-Anschluss, in die Abdichtung eindrücken. Bei der Verklebung von Schutzschichten mit dem Untergrund muss ein Kleber verwandt werden, der auf Bitumendickbeschichtungen abgestimmt ist. Werden Perimeterdämmplatten verklebt, können zusätzliche Schutzschichten erforderlich werden.

Beim Ausbau von Baugrubenumschließungen, beispielsweise dem Ziehen von Bohlträgern (Spundbohlen) ist durch geeignete Maßnahmen sicherzustellen, dass sich die Schutzschicht der Abdichtung nicht bewegt oder beschädigt wird.

Das Verfüllen der Baugrube muss nach den einschlägigen Richtlinien erfolgen. Das Verfüllgut ist lagenweise einzubringen und zu verdichten. Es ist Sorge zu tragen, dass die Schutzschicht beim Verdichten nicht beschädigt wird und keine erhöhten Lasten auf die Wände einwirken. Mit der Abdichtung verbundene Schutzschichten dürfen sich durch das Verdichten des Erdreiches nicht bewegen, ggf. sind zusätzliche Schutzschichten (Gleitschichten) anzuordnen.

10.16 Nachbesserung an Abdichtungen aus kunststoffmodifizierten Bitumendickbeschichtungen

Im Bereich von Fehlstellen in der Bitumendickbeschichtung ist die Abdichtung mechanisch zu reinigen und hohlliegende Randzonen an Beschädigungen sind auszuschneiden. Die Ränder der vorhandenen Abdichtung sind an der nachzubessernden Stelle anzuschrägen.

Die zu überarbeitende Fläche ist zu grundieren oder mit einer Haftbrücke zu versehen.

Zur Nachbesserung der Abdichtung ist das gleiche oder ein mit dem auf der übrigen Fläche verwendeten Abdichtungsmaterial verträgliches Material einzusetzen. Hier ist zweilagig zu arbeiten. Der erste Auftrag erfolgt in der gleichen Schichtdicke, wie auf den angrenzenden Flächen bereits vorhanden. Nach Austrocknung dieser ersten Lage wird die nachzubessernde Fläche und der angrenzende Bereich mit einer Überlappungsbreite von mindestens 10 cm auf null auslaufend überarbeitet.

Wenn die Abdichtung mit einer Verstärkungseinlage ausgeführt wurde, ist diese in die zweite Lage überlappend einzubauen.

10.17 Prüfungen zur Qualitätssicherung

10.17.1 Messung der Schichtdicken

Basis der Eigenüberwachung einer Abdichtungsmaßnahme mit kunststoffmodifizierten Bitumendickbeschichtungen ist die kontinuierliche Messung der Nassschichtdicke. Diese lässt sich mit einem Schichtdickenmesser durchführen. Es sind am Ausführungsobjekt mindestens 20 Messungen bzw. mindestens 20 Messungen pro 100 m^2 vorzunehmen. Die einzelnen Messpunkte sollten diagonal über die Fläche angeordnet sein. In Bereichen schwieriger Details wie beispielsweise Durchdringungen, Übergängen oder Anschlüssen sollte die Messpunktdichte erhöht werden. Wird eine Verstärkungseinlage in die Abdichtung eingebaut, sind die Schichtdicken der zwei Aufträge gesondert zu kontrollieren. Die einzelnen Aufträge werden während des Beschichtungsvorganges in ihrer Nassschichtdicke gemessen. Bei Abdichtungsmaßnahmen gemäß DIN 18195-5 und DIN 18195-6 sind die Ergebnisse der Nassschichtdickenkontrolle zu dokumentieren. Bei Abdichtungen gemäß DIN 18195-4 ist dieses ebenfalls zu empfehlen. Die Trockenschichtdicke kann nachträglich am Objekt nur zerstörend geprüft werden, so dass diese Prüfung nur in begründeten Ausnahmefällen erfolgen sollte.

10.17.2 Prüfung der Durchtrocknung

Eine weitere Maßnahme im Rahmen der Eigenüberwachung ist die Überprüfung und Dokumentation der Durchtrocknung der Abdichtung aus kunststoffmodifizierten Bitumendickbeschichtungen. Da der Durchtrocknungsprozess abhängig ist von den Witterungsbedingungen wie beispielsweise der Luftfeuchte, der Lufttemperatur und den Windverhältnissen, lässt sich dieser Vorgang nicht allgemeingültig voraussagen. Daher ist die Eigenüberwachung auf der Baustelle erforderlich. Um die ausgeführte Abdichtung am Objekt nicht zu zerstören, werden Referenzproben aus den im Wand- oder Bodenbereich verwendeten Materialien hergestellt.

Der Untergrund der Referenzprobe muss dem Untergrund des abzudichtenden Bauteils entsprechen. Die einzelnen Referenzproben z. B. einzelne Mauersteine werden mit der jeweiligen Dickbeschichtung analog zur ausgeführten Abdichtung, zum gleichen Ausführungszeitpunkt »mit beschichtet« und unter gleichen Witterungsbedingungen im unteren Bereich der Baugrube eingelagert. Mittels einer solchen Referenzprobe kann z. B. durch Keilschnitt oder durch Entnahme eines Probenstückes der jeweilige Durchtrocknungszustand der Abdichtung geprüft und entsprechend dokumentiert werden.

Entsprechend DIN 18195 müssen bei Abdichtungen gemäß den Teilen 5 und 6 die Ergebnisse der Eigenüberwachung dokumentiert werden. Grundsätzlich ist für alle Abdichtungsmaßnahmen eine Dokumentation dringend zu empfehlen. Hierzu kann das im Anhang 3 dieser Richtlinie befindliche Formblatt »Dokumentation« genutzt werden.

Zur Prüfung von Abdichtungen aus KMB auf WU-Betonbauteile ist die Abdichtung im Übergangsbereich über den 15 cm-Überlappungsbereich zu Prüfzwecken in Teilabschnitten über den 15 cm breiten Anschlussbereich weiterzuführen. In diesen Teilbereichen ist die Durchtrocknung und/oder die Haftung am Untergrund zerstörend zu überprüfen und das Ergebnis zu dokumentieren.

Zur Qualitätssicherung der Bauwerksabdichtung ist eine **Dokumentation** der Ergebnisse einer Eigenüberwachung auf der Baustelle erforderlich. Messprotokolle, Checklisten und Ähnliches bieten sich für die übersichtliche und geordnete Dokumentation an.

10.17.3 Abdichtungen mit KMB außerhalb DIN 18195

Dieser Anhang behandelt Abdichtungsarten, die nicht von DIN 18195 abgedeckt werden.

Die Abdichtung mit KMB gegen drückendes Wasser ist bauaufsichtlich geregelt. Für die Verwendung von KMB außerhalb der DIN 18195 ist ein allgemeines bauliches Prüfzeugnis (abP) erforderlich.

Hinweis zur vertragsrechtlichen Vereinbarung: Selbstverständlich ist es möglich, andere Bauweisen bzw. Materialien für die Bauausführung zu wählen, als durch die allgemein anerkannten Regeln der Technik oder in einschlägigen DIN-Normen festgelegt sind.

Voraussetzung ist jedoch, dass der Auftragnehmer den Auftraggeber über ein Abweichen von den entsprechenden Regelungen aufklärt. Er hat im Rahmen dieser Aufklärung sämtliche Vor- und Nachteile der von ihm angedachten Ausführungsweise bzw. des von ihm angedachten Stoffes zur Ausführung gegenüber dem Auftraggeber darzulegen. Er hat auch dezidiert darauf hinzuweisen, dass von der entsprechenden Regel oder Normen abgewichen wird. Er muss alles unternehmen, um dem Auftraggeber die anstehende Problematik zu verdeutlichen.

Die schriftliche Aufklärung ist in das Angebot aufzunehmen, das der Auftraggeber als Angebotsbestätigung unterzeichnet.

Der Auftragstext sollte dabei folgenden Satz beinhalten: *»Der Auftraggeber erklärt, vom Auftragnehmer über das Abweichen der angebotenen Ausführungsart von den anerkannten Regeln der Technik umfassend informiert worden zu sein. Der Auftraggeber erklärt weiter, dies vollumfänglich verstanden zu haben und verzichtet auf sämtliche Gewährleistungsansprüche, die sich aus der von den anerkannten Regeln der Technik abweichenden Herstellung ergeben.«* Alternativ kann eine gesonderte Niederschrift verfasst werden, die ebenfalls vom Auftraggeber zu unterzeichnen ist.

11 Dränanlage zur Unterstützung von Bauwerksabdichtungen

Der Ausbau von Kellerräumen für eine höherwertige Nutzung erfordert einen entsprechenden Schutz gegen das Wasser im Boden. Fast 20 % aller Schäden am Bau entfallen auf den Kellerbereich; davon 50 % auf die Dränanlage. Trotz umfangreicher Literatur auf diesem Gebiet nehmen die Schäden eher zu als ab. Den häufigsten Fehler stellt die falsche Einschätzung der Wasserbeanspruchung dar, so dass nicht nur die Abdichtung unzureichend ausgeführt, sondern häufig auch auf eine Bauwerksdränung verzichtet wird. Entscheidend bei allen Abdichtungsarbeiten ist die gründliche Planung, die über die Beachtung der Wasserverhältnisse im Boden (sog. Drückendes Wasser ja/nein), die Beachtung des abzudichtenden Untergrundes (Tragfähigkeit, Saugverhalten, Risse, Mauerwerksaufbau), die Untersuchung des Feuchte- und Salzgehaltes im Mauerwerk bis zur Auswahl des geeigneten Abdichtungsmaterials geht.

Abdichtung im Baurecht

Die Landesbauordnung(LbauO) verlangt den Schutz gegen schädliche Einflüsse, gegen Wasser und Feuchtigkeit und die Einhaltung der anerkannten Regeln der Technik (aRT) sowie die Verwendung von bestimmten Bauprodukten (geregelte, ungeregelte, ...). Die Einbeziehung von Normen und Baustoffen für die Abdichtung in die Bauregellisten schaffen eine gewisse Klarheit, was zu den aRT zählt. Komplettiert wird die Abdichtung durch definierte Dränmaßnahmen, Dämmstoffe oder Dränanlagen, deren Ausführung jedoch oft fehlerhaft ist. »Auf die Einholung eines Baugrundgutachtens kann nur dann verzichtet werden, wenn grundsätzlich nach der höchsten Wasserbeanspruchung geplant wird.« Deshalb beauftragt der Bauherr (in der Regel der Laie) den Planer (Architekten) mit dieser Aufgabe.

Dazu sagt das OLG Düsseldorf AZ 22 U 142 99 am 17.03.2000:

»Den Bauherrn trifft bei nicht ausreichender Grundwassersicherheit seines Bauvorhabens nur dann ein Mitverschulden, wenn er vom Architekten umfassend, zutreffend und unmissverständlich über das Grundwasserrisiko aufgeklärt wurde, und er sich dieser Aufklärung verschlossen hat.« (Stichwort: »Fachlicher Laie«). Die im August 2000 veröffentlichte Neufassung von DIN 18195 stuft die Lastfälle der Feuchtebelastung neu ein. Sie unterscheidet jetzt zwischen Bodenfeuchtigkeit, nichtstauendem Sickerwasser, vorübergehend aufstauendem Sickerwasser und drückendem Wasser. Zusätzlich nimmt sie kunststoffmodifizierte Bitumendickbeschichtungen sowie kalt selbstklebende Abdichtungsbahnen auf.

11.1 Arten der Wassereinwirkung bei Bodenfeuchtigkeit und nichtstauendem Sickerwasser

Bodenfeuchtigkeit ist anzunehmen, wenn das Baugelände bis zu ausreichender Tiefe unter der Fundamentsohle und auch das Verfüllmaterial der Arbeitsräume aus nicht bindigen Böden (Sand, Kies, Splitt) bestehen. Um Schichten- u. Hangwasser sicher abzuführen, ist bei bindigem Boden eine Dränage nach DIN 4095 erforderlich. Deren Funktionsfähigkeit muss auf Dauer sichergestellt sein. Diese Regelung ist neu, denn in der alten Fassung der Norm wurde einer Dränage nicht zugestanden, langfristig diesen Lastfall zu gewährleisten.

Drückendes Wasser

Ohne funktionierende Dränage ist bei Hang- oder Schichtenwasser von Aufstauendem Sickerwasser auszugehen. Randbedingung sind

- Gründungstiefen bis 3,0 m unter Geländeoberkante
- Unterkante Kellersohle mindestens 0,3 m über dem langfristig beobachteten Grundwasserstand.

Steht das Gebäude dauernd im Grundwasser, bestimmt der Lastfall »von außen drückendes Wasser« das Abdichtungssystem. Unabhängig von Gründungstiefe, Eintauch- und Bodenart gilt er nicht nur bei Grundwasser, sondern auch bei Schichtenwasser und stauendem Sickerwasser.

11.2 Wasseranfall und Grundwasserstände

Der Wasseranfall an den erdberührten baulichen Anlagen ist von der Größe des Einzugsgebietes, Geländeneigung, Schichtung und Durchlässigkeit des Bodens und der Niederschlagshöhe abhängig. Trockene Baugruben geben noch keinen Anhalt ob Dränmaßnahmen erforderlich werden. Außerdem ist zu beachten, dass der Wasseranfall durch Regen, Schneeschmelze und Grundwasserspiegelschwankungen beeinflusst wird und wesentlich größer sein kann, als beim Aushub beobachtet. Bei erdberührten Wänden und Decken ist der zusätzliche Wasseranfall aus angrenzenden Einzugsgebieten, benachbarten Deckenflächen und Gebäudefassaden zu berücksichtigen.

11.3 Dränage

Die Neufassung von DIN 18195 wertet die Dränage auf. Bei bindigem Boden darf jetzt vom Lastfall Bodenfeuchtigkeit ausgegangen werden, wenn eine Dränung nach DIN 4095 vorhanden ist, und deren Funktionsfähigkeit auf Dauer gegeben ist.

Die Flächendränage an der Wand und die Ringdränage am Fundament sind in entsprechender Qualität auszuführen. Dazu gehören auch funktionsfähige Vorflut sicherstellen, Kontrollschächte vorsehen und jährlich die Funktionsfähigkeit der Dränung kontrollieren.

Dränung dient zum Schutz baulicher Anlagen sie ist die Entwässerung des Bodens, sie verhindert Entstehung von aufstauendem Sickerwasser und sie gilt in Zusammenhang mit Maßnahmen zur Bauwerksabdichtung. Dränung besteht aus folgenden Bauteilen:

- Drän-, Kontroll- und Spüleinrichtungen = Dränanlage
- Dränleitung + Dränschicht = Drän
- Sickerschicht + Filterschicht = Dränschicht

11.4 Dränleitung

Die Dränleitung muss alle erdberührten Wände erfassen. Bei Gebäuden ist sie möglichst als Ringleitung zu planen. Bei Verwendung von Kiessand, z. B. der Körnung 0/8 mm Sieblinie A8 oder 0/32 mm Sieblinie B32 nach DIN 1045, darf die Breite oder der Durchmesser der Wassereintrittsöffnungen der Rohre maximal 1,2 mm und die Wassereintrittsfläche mindestens 20 cm²/m Rohrlänge betragen. Bei Verwendung von gebrochenem Material muss die Eignung mit dem Rohrhersteller abgestimmt werden.

Regelfall: Regelausführung für definierte Voraussetzungen

Sonderfall: Besondere Nachweise bei abweichenden Bedingungen

11.5 Beispiel einer Ringdränage (DIN 4095)

Um sicherzustellen, dass im Erdreich, an der Wand und auch Bodenplatte kein drückendes Wasser entsteht, sind die Dränanlagen nach Vorgaben der DIN 4095 zu planen. Hierzu gibt es Informationen zum Grundriss, den Reinigungsöffnungen und den Gefällen.

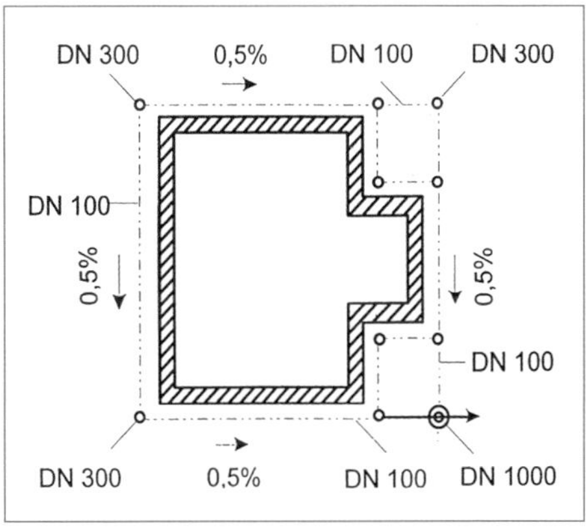

Bild 81:
Grundriss, Skizze aus DIN 4095 Dränung des Untergrundes zum Schutz von baulichen Anlagen, Deutsches Institut für Normung e. V.

Dränung- und Untersuchungen richten sich nach Einzugsgebiet, Art und Beschaffenheit des Baugrundes, Chemische Beschaffenheit des Wassers, Vorflut und Wasseranfall und Grundwasserstände (Bemessungswasserstand).

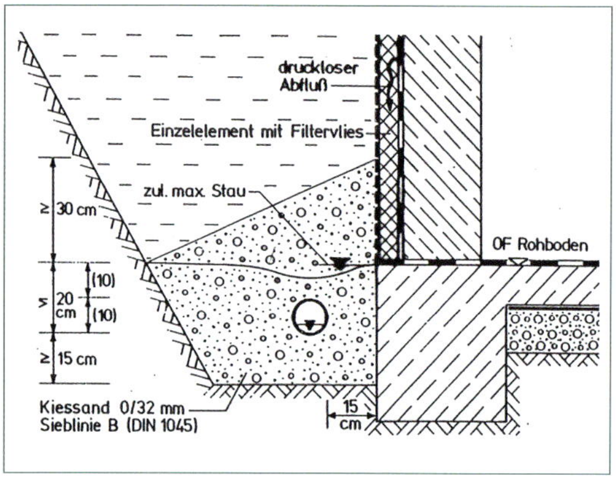

Bild 82:
Querschnitt, Skizze aus DIN 4095 Dränung des Untergrundes zum Schutz von baulichen Anlagen, Deutsches Institut für Normung e. V.

11.6 Planungshinweis Dränung zum Schutz baulicher Anlagen

Direkte Einleitung von Oberflächenwasser (z. B. Regenfallleitungen, Hofsenkkästen, Speier) oder das aus angrenzenden steilen Hanglagen abfließende Wasser, ist unzulässig.

Einflussgröße	Richtwert
Gelände	Eben bis leicht geneigt
Durchlässigkeit des Bodens	Schwach durchlässig
Einbautiefe	bis 3 m
Gebäudehöhe	bis 15 m
Länge der Dränleitung zwischen Hochpunkt und Tiefpunkt	bis 60 m

Tabelle 23: Regelausführung (Richtwerte vor Wänden)

Einflussgröße	Richtwert
Gesamtauflast	bis 10 kN/m^2
Deckenteilfläche	bis 150 m^2
Deckengefälle	ab 3 %
Länge der Dränleitung zwischen Hochpunkt und Dacheinlauf/Traufkante	bis 15 m
Angrenzende Gebäudehöhe	bis 15 m

Tabelle 24: Richtwerte auf Decken

Einflussgröße	Richtwert
Durchlässigkeit des Bodens	Schwach durchlässig
Bebaute Fläche	bis 200 m^2

Tabelle 25: Richtwerte unter Bodenplatten

Der Erhalt der dauernden Funktionstüchtigkeit obliegt dem Eigentümer des Bauwerkes, zu dem die Dränanlage gehört. Der Zustand ist regelmäßig zu überwachen. Werden die vorgenannten Einflussgrößen nicht eingehalten, gilt der sogenannte Sonderfall, d. h. die Dränanlage ist zu bemessen. Es gilt dann das Regelwerk DIN 4095 Baugrund – Dränung zum Schutz baulicher Anlagen – Planung, Bemessung und Ausführung. Für Bauprodukte »Dränagen« ist keine bauaufsichtliche Zulassung erforderlich. Sie müssen jedoch die Anforderungen der DIN 4095 erfüllen, damit bestimmte Qualitäten und Eigenschaften gesichert sind. Qualität und Eigenschaften werden von dafür zugelassenen Güteschutzorganisationen überwacht.

Ringdränage – Kontrolle der Dränleitungen nach DIN 4095, Abschnitt 8.1 müssen Dränleitungen kontrollierbar sein, Möglichkeit zum Durchspülen bei jedem Richtungswechsel, z. B. an Gebäudeecken und Spül- und Kontrollschacht von mindestens 300 mm Durchmesser vorhanden sein. Kontrollschächte passend zu den Rohrleitungen mit Anschlussstutzen und Reduzierstücken für verschiedene Rohrdurchmesser. Abdeckungen für unterschiedliche Verkehrsbelastungen vervollständigen das System mindestens einmal jährlich Ringdräne kontrollieren und gegebenenfalls durchspülen.

12 Auszüge aus der »Richtlinie für die Planung und Ausführung von Abdichtungen von Bauteilen mit mineralischen Dichtschlämmen«

Die Richtlinie wurde erarbeitet von interessierten Fachleuten, Sachverständigen und Planer, um eine Ergänzung zu den vorhandenen Abdichtungswerkstoffen zu beschreiben.

12.1 Anwendungsbereiche

Diese Richtlinie regelt Abdichtungen von erdberührten Bauteilen mit mineralischen Dichtschlämmen gegen Bodenfeuchte, Sickerwasser und drückendes Wasser. Zusätzlich erfasst die Richtlinie die Abdichtung gegen aufsteigende Feuchtigkeit und gegen Spritzwasser im Sockelbereich sowie Behälterinnenabdichtungen. Mineralische Dichtschlämmen sind zementgebunden und deshalb unempfindlich beim Auftrag auf porengesättigten, durchfeuchteten, mineralischen Untergründen. Mineralische Dichtschlämmen kommen bevorzugt auf Flächen zum Einsatz, bei denen z. B. aus den vorgenannten Gründen andere Abdichtungssysteme nicht möglich sind.

Die Richtlinie dient als Grundlage für die Planung von Abdichtungen mit mineralischen Dichtschlämmen, der Festlegung von Grundanforderungen und Grenzwerten, der Erhöhung der Verarbeitungssicherheit als Grundlage zur Beurteilung von ausgeführten Abdichtungen mit mineralischen Dichtschlämmen und als Innenabdichtung von Behältern, bei denen die Rissbildung bereits abgeklungen ist, wie z. B. Stahlbetonbehälter, älter als 6 Monate bzw. bei Instandsetzungen von derartigen Bauwerken.

12.2 Zwischenabdichtung

Als Zwischenabdichtung zum Schutz von Abdichtungen, die keiner Wassereinwirkung von der Haftseite ausgesetzt werden dürfen, wie z. B. Dichtungsbahnen, Folien, Bitumendickbeschichtungen.

12.3 Schaffung eines Untergrundes zur Aufnahme von Abdichtungen

Zur Schaffung eines Untergrundes zur Aufnahme von Abdichtungen, die einen trockenen Untergrund benötigen. Hier speziell bei nassen Mauerwerken in der Altbauinstandsetzung, siehe auch WTA-Merkblatt 4-6-04 »Nachträgliche Abdichtung erdberührter Bauteile«.

12.4 Spritzwasserschutz im Sockelbereich

Immer wieder sind Schäden an Fassadensockelputzen im Neu- und Altbau zu beobachten. In den meisten Fällen sind die Sockelschäden am Putz durch Feuchtigkeit begründet, mit der Folge, dass der Sockelputz in Teilbereichen Ausblühungen aufweist oder abfällt. Die Ursache liegt mit an der falschen oder unzureichenden Planung, Koordination und Ausführung der Schnittstelle Fassadensockelputz und Außenabdichtung. Hier wird in dieser Richtlinie besonders darauf hingewiesen.

12.5 Waagerechte Abdichtungen

Waagerechte Abdichtungen in und unter aufgehenden Wänden gegen aufsteigende bzw. fortleitende Feuchtigkeit. In Bereichen, wo rissüberbrückende Abdichtungen nicht eingesetzt werden können, z. B. nachträgliche Innenabdichtung bei der Altbauinstandsetzung, bei Unterfangungsarbeiten bzw. Grenzbebauungen etc. Für die Abdichtung sind folgende Normen, Merkblätter und Richtlinien mit dieser Richtlinie mitgeltend:

Nass- und Feuchträume

ZDB-Merkblatt »Hinweise für die Ausführung von Abdichtungen im Verbund mit Bekleidungen und Belägen aus Fliesen und Platten für Innen- und Außenbereiche«.

Schwimmbäder

ZDB-Merkblatt »Keramische Beläge im Schwimmbadbau«

Trinkwasserbehälter

DVGW-Merkblatt W 311, W 312 und W 347

Bestandsbauten

- WTA-Merkblatt 4-6-04-D »Nachträgliche Abdichtung erdberührter Bauteile«
- WTA-Merkblatt 4-5-97-D »Mauerwerksdiagnostik«
- WTA-Merkblatt 4-4-04-D »Mauerwerksinjektion gegen kapillare Feuchtigkeit«

Erdberührte Bauteile

- DIN 18195 »Bauwerksabdichtungen«
- DIN 4095 »Baugrund; Dränung des Untergrundes zum Schutz von baulichen Anlagen«
- »Richtlinie zur Planung und Ausführung von Abdichtungen erdberührter Bauteile mit kunststoffmodifizierten Bitumendickbeschichtungen«
- »Richtlinie für die Planung und Ausführung von Abdichtungen erdberührter Bauteile mit flexiblen Dichtschlämmen«.

Nichtdrückendes Wasser, mäßige Beanspruchung

Mäßig beanspruchte Flächen sind u. a. Balkone und ähnliche Flächen im Wohnungsbau und/oder unmittelbar spritzwasserbelastete Fußboden- und Wandflächen in Nassräumen des Wohnungsbaus.

12.6 Rückseitig einwirkendes Wasser

Rückseitig einwirkendes Wasser ist Wasser, das auf die Haftseite der Abdichtung einwirkt. Diese Belastung kann bei allen Lastfällen auftreten. Während der Bauzeit kann aufgrund von Niederschlägen, die sich im Bauwerk sammeln, Wasser auch auf erdberührte Abdichtungen rückseitig einwirken.

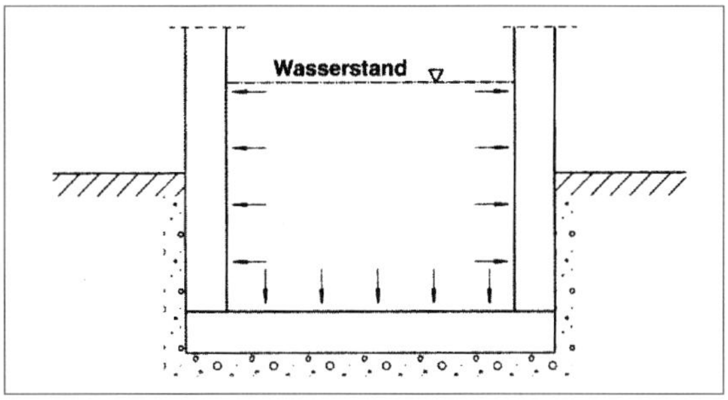

Bild 83: Lastfall: Von innen drückendes Wasser aus der Richtlinie für die Planung und Ausführung von Abdichtungen von Bauteilen mit mineralischen Dichtschlämmen, Deutsche Bauchemie e. V., (Ausgabe 2002)

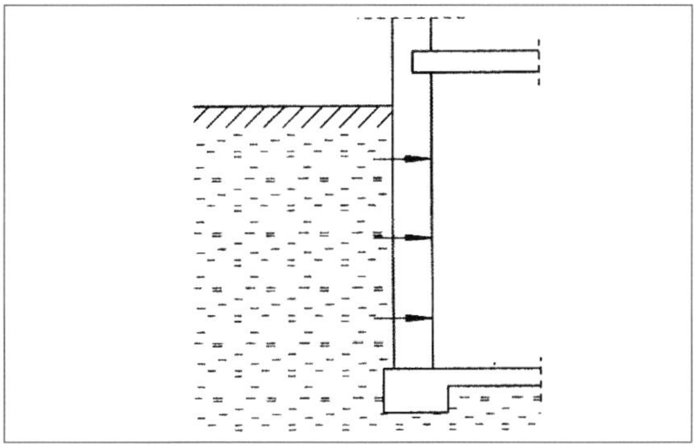

Bild 84: Lastfall: Rückseitig einwirkendes Wasser aus der Richtlinie für die Planung und Ausführung von Abdichtungen von Bauteilen mit mineralischen Dichtschlämmen, Deutsche Bauchemie e. V., (Ausgabe 2002)

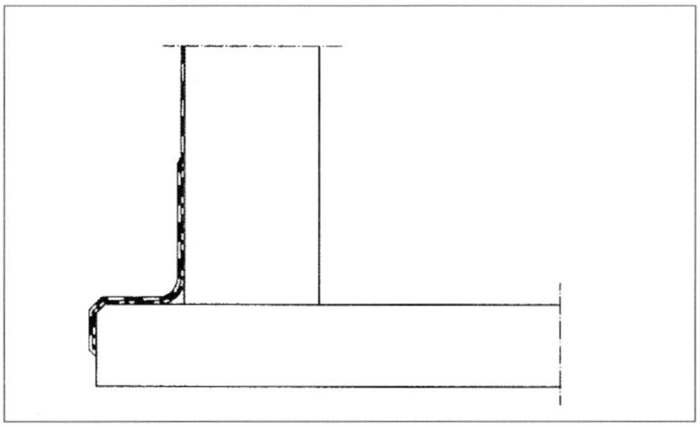

Bild 85: Zwischenabdichtung zwischen Untergrund und geplanter auszuführender Abdichtung aus der Richtlinie für die Planung und Ausführung von Abdichtungen von Bauteilen mit mineralischen Dichtschlämmen, Deutsche Bauchemie e. V., (Ausgabe 2002)

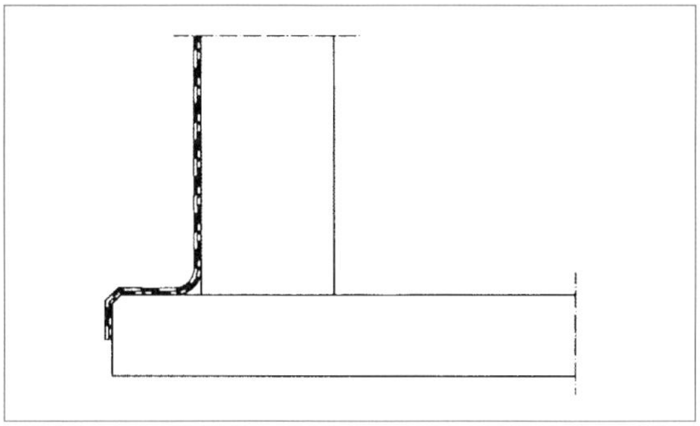

Bild 86:
Zwischenabdichtung bei porengesättigten, durchfeuchteten Bauwerksteilen aus der Richtlinie für die Planung und Ausführung von Abdichtungen von Bauteilen mit mineralischen Dichtschlämmen, Deutsche Bauchemie e. V., (Ausgabe 2002)

Die aufzubringende Mindestgesamttrockenschichtdicke bei Dichtschlämmen beträgt bei Bodenfeuchte und nichtstauendem Sickerwasser: ≥ 2 mm und bei aufstauendem Sickerwasser und drückendem Wasser ≥ 3 mm

12.7 Schutzmaßnahmen und Schutzschichten

Materialien für Schutzmaßnahmen und/oder Schutzschichten müssen mit der mineralischen Dichtschlämme verträglich sein. Das Aufbringen der Schutzschichten bzw. das Durchführen der Schutzmaßnahmen setzt voraus, dass die Abdichtung zu diesem Zeitpunkt durch diese und nachfolgenden Maßnahmen nicht beschädigt wird. Schutzmaßnahmen dienen dem vorübergehenden Schutz der Abdichtung während der Bauzeit. Sie können bei geeigneter Konstruktion auch die Aufgabe der Schutzschicht übernehmen. Schutzschichten müssen Bauwerksabdichtungen dauerhaft vor schädigenden Einflüssen statischer, dynamischer und thermischer Art schützen. Sie können in Einzelfällen Nutzschichten des Bauwerkes bilden.

Die Wahl der Schutzschicht erfolgt in Abhängigkeit von der zu erwartenden Beanspruchung und den örtlichen Gegebenheiten. Beim Aufbringen von Schutzschichten darf die Abdichtung nicht beschädigt werden. Verunreinigungen sind vorher zu entfernen. Bewegungsfugen sind in starren Schutzschichten fortzusetzen und funktionsfähig zu erhalten. Das Verfüllen der Baugrube muss nach den einschlägigen Richtlinien erfolgen. Es ist dafür Sorge zu tragen, dass die Schutzschicht beim Verdichten nicht beschädigt wird. Mit der Abdichtung verbundene Schutzschichten dürfen sich durch das Verdichten des Erdreiches nicht bewegen.

13 Planung und Instandsetzung von Gebäudesockeln

13.1 Allgemeines

Immer wieder sind Schäden an Fassadensockeln im Neu- und Altbau zu beobachten. In fast allen Fällen sind die Schäden durch Feuchtigkeit entstanden. Dieses hat dann zur Folge, dass weitere Schäden, wie Ausblühungen und/oder Bauteilzerstörungen auftreten. Die Ursachen sind in der mangelhaften oder nicht vorhandenen Planung begründet. Es fehlt hier sehr oft die Zusammenarbeit der Planer und der unterschiedlichen Handwerker vor Ort.

Wenn Instandsetzungsmaßnahmen durchgeführt werden müssen, kann in den wenigsten Fällen am Sockel ein regelgerechtes System Verwendung finden. Hier muss sich dann die Planung etwas Besonderes einfallen lassen, damit die Funktion und auch die Regeln der Technik eingehalten werden können. Somit ist dann jedes Objekt ein Unikat. Die einzelnen Situationen sind auch auf vergleichbare Anschlüsse wie z. B. auf Terrassen, Balkone, Dachterrassen, Flachdächer oder vergleichbare Bauteile übertragbar. Da die Sockelausbildung nicht immer vom Auftraggeber bzw. Architekten/ Planer detailliert geplant und in der Planung dargestellt werden, kommen in der Praxis unzureichende und improvisierte »Baustellenlösungen« zur Ausführung. Die nachfolgenden Bilder zeigen solche Situationen.

Bild 87: Anstrich und Putzschaden

Bild 88: Mangelhafte Sockelabdichtungen

Bild 89: Fehlende Abdichtung und Dämmung

Bild 90: Fehlende Bodenplattenabdichtung

Bild 91: Mangelhafter Anschluss Terrassentür

Bild 92: Mangelhafter Anschluss Terrassentür an der Hauseingangstür

Diese Beispiele zeigen, wie wichtig es ist, diese Details sorgfältig zu planen. Die Art der Ausführung und die zu verwendenden Baustoffe müssen bereits bei der Planung festgelegt werden, um die besonderen Anforderungen im Sockelbereich zu erfüllen. Dies bedeutet zum Beispiel, dass diese Baustoffe gegen die im Sockelbereich auftretende Wasserbelastung beständig sein müssen. Somit ist der Sockelbereich in erster Linie eine Abdichtungsaufgabe und in zweiter Linie eine gestalterische Aufgabe.

13.2 Planung

Die Ausbildung einer Sockelkonstruktion muss detailliert geplant werden.

Wenn dieses geschieht, kann verhindert werden, dass sogenannte Baustellenlösungen ihre Anwendung finden.

Bilder 93 und 94: Instandsetzung einer Abdichtung im Sockelbereich

Bereits bei der Dimensionierung des Bauwerkes und der Teile muss die Planung sich hier besondere Gedanken machen, wie ein solches Detail ausgeführt werden kann. Dieses bedeutet auch, dass die Planung sich hier Gedanken macht über die Baustoffe, die dort verwendet werden, damit eine dauerhafte Feuchtebelastung nicht gegeben ist. Bei der Planung des Sockelmauerwerks bzw. der Sockelkonstruktion sind unterschiedliche Gewerke zusammenzuführen, wie z. B. das Maurerhandwerk, die Bauwerksabdichter, der Stuckateur, die Putzer und auch das Malerhandwerk.

Es ist wichtig, dass vor der Planung von der planerischen Seite aus die Geländeoberfläche festgelegt wird, so dass die handwerklichen Arbeiten und auch speziell die Abdichtungsarbeiten in den entsprechenden Höhen ausgeführt werden können. Natürlich ist es auch wichtig, dass ebenso die gestalterischen Lösungen berücksichtigt werden.

13.3 Sockelabdichtungen im Bestand

Bei vielen älteren Gebäuden wurde mit zunehmender Belastung der Sockel sehr stark in Mitleidenschaft gezogen. Es sind häufig massive Anstrichabplatzungen und auch Ausblühungen zu erkennen und natürlich auch kapillar aufsteigende Mauerfeuchtigkeit, so dass hier eine Mauerwerksinstandsetzung durchzuführen ist.

Bei der Verwendung des Wärmedämmverbundsystems ist auch oft zu beobachten, dass die einzelnen Systembausteine nicht aufeinander abgestimmt sind.

Bild 95: Mangelhafter Abschluss der Bauwerksabdichtung am Sockel

13.4 Normen

Vom Prinzip her gilt die DIN 18195 für den Gebäudesockel. Der Gebäudesockel ist nach der Art der Wassereinwirkung »Bodenfeuchtigkeit« der DIN 18195 Teil 4 zuzuordnen. Die DIN 18195 berücksichtigt hier insbesondere den Feuchteschutz des Sockels und zwar 30 cm oberhalb des Geländes. So wird dort mitgeteilt, dass die vertikale Außenabdichtung im Regelfall 30 cm (Planung) über Geländeoberfläche als Spritzwasserschutz hochzuführen ist, wobei im Endzustand das Maß von 15 cm nicht unterschritten werden darf.

Ferner wird dort mitgeteilt, dass dann, wenn Verblendmauerwerk vorhanden ist, diese in der Norm beschriebene und erdberührt ausgeführte Abdichtung hinter der Verblendung auf der Außenseite des Hintermauerwerks hochzuführen ist.

Die Norm sagt auch im Teil 4, dass oberhalb des Geländes die Abdichtung entfallen darf, wenn dort ausreichend wasserabweisende Bauteile verwendet werden. Wasserabweisend bedeutet, dass der Wasseraufnahmekoeffizient des Sockelbaustoffes als $w \leq 0{,}5\ kg/m^2 \times \sqrt{h}$ einzuordnen ist.

Zu der DIN 18195 gibt es aus dem Jahre 2006 ein Beiblatt (ergänzt im März 2011) mit dem Titel »Anordnung von Abdichtungen«. Hier wird in den Beispielen ausführlich auf die Sockelsituation eingegangen.

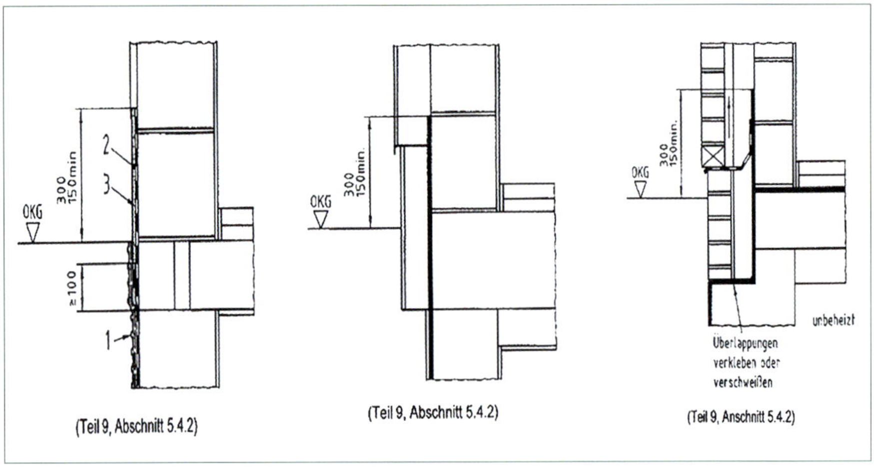

Bild 96: Beispielskizzen aus dem Beiblatt zur DIN 18195

Bild 97: Sockelausbildung mit Feuchtigkeitsschäden

13.5 »Sockelausbildung bei Putz und Wärmedämm-Verbundsystemen«

In diesen Informationen wird auch auf die falsche oder unzureichende Koordination der Schnittstellengewerke Stuckateur/Putzer mit Garten- und Landschaftsbauer eingegangen.

Die heutigen Regelwerke zur Sockelausführung sind

- DIN 18195-4 Bauwerksabdichtungen – Abdichtungen gegen Bodenfeuchte und nichtstauendes Sickerwasser an Bodenplatten und Wänden
- DIN 18195 Bbl 1 Bauwerksabdichtungen - Beispiele für Anordnung der Abdichtungen
- DIN V 18550 Putz und Putzsysteme – Ausführung
- DIN 55699 Verarbeitung von außenseitigen Wärmedämm-Verbundsystemen
- Zulassungen von Außenwärmedämmungen, EN 13914-1 Planung, Zubereitung und Ausführung von Innen- und Außenputzen – Teil 1 Außenputz.

Es gibt also ausreichende Regelwerke für die Sockelabdichtung, nur die Ist-Situation zeigt, dass wohl alle sie kennen, sie jedoch keiner anwendet.

Bild 98: Betonaußenwände ohne eine Bauwerksabdichtung oder Sockelabdichtung

Die DIN V 18550 »Putz und Putzsysteme – Ausführung« trifft Aussagen zur Kellerwandaußenputz/Außensockelputz. Wenn Putz in Kontakt mit Erdreich eingebaut wird, sind besondere Abdichtungsmaßnahmen zum Schutz vor Feuchtigkeit notwendig und zu planen. Dieses können z. B. Abdichtungsmaßnahmen nach DIN 18195 oder mineralische Dichtschlämmen und Schutzschichten (z. B. Noppenfolien) für mechanischen Schutz sein. Der Außensockelputz muss ausreichend fest, wasserabweisend widerstandsfähig gegen kombinierte Einwirkung von Feuchte und Frost sein.

Die Druckfestigkeit nach EN 998-1 CS IV = Zementputz, mineralische Oberputze im Sockelbereich Druckfestigkeit >2,5 N/mm². Ein Sockelputz sowie ein Kellerwandaußenputz sind im erdberührten Bereich immer abzudichten.

13.6 Geeignete und ungeeignete Baustoffe bzw. Verfahren

Hierzu gibt es in der Richtlinie für die fachgerechte Planung und Ausführung des Fassadensockelputzes Hinweise.

Bild 99:
aufsteigende Feuchtigkeit im Sockelputz

Bild 100:
Feuchtigkeit im Sockelputz

»Sockelunterputze müssen wasserabweisend sein. Dies sind in der Regel alle Sockelputze der Mörtelgruppe PII/CS III und PIII/CS IV. Sockelputze sollen eine Druckfestigkeit von mindestens 10 N/mm² erreichen – dies gilt vorzugsweise für Untergründe mit hoher Festigkeit. Auf Mauerwerk der Steinfestigkeitsklasse 6 und niedriger sollen nur Mörtel verwendet werden, die eine Druckfestigkeit von ca. 5 N/mm² aufweisen, z. B. Mörtel CS III. Die heute vorliegenden Erfahrungen zeigen, dass mit Putzen von Druckfestigkeiten über 10 N/mm² (Zementputze) auf den neueren, höher wärmedämmenden Mauersteinen Schäden am Putzgrund auftreten bzw. diese Putze reißen. Insofern sind Putze der Mörtelgruppe P II/CS III die richtige Lösung unter Beachtung der Putznorm für diesen Anwendungsfall. Im Einzelfall können auch Sanierputze eingesetzt werden.« [Richtlinie Fassadensockelputz/Außenanlage Stand 03/2004].

13.7 Anforderungen

13.7.1 Wasserabweisende Putzsysteme nach DIN V 18550

Putze bzw. Putzsysteme gelten als wasserabweisend, wenn sie folgende Eigenschaften aufweisen:

$w \leq 0{,}5\ kg/(m^2 \times h0{,}5)$ Wasseraufnahmekoeffizient

$sd \leq 2{,}0\ m$ Diffusionsäquivalente Luftschichtdicke

$w \times sd \leq 0{,}2\ kg/(m \times h0{,}5)$

Wasseraufnahme (kapillar) gemäß DIN EN 998-1 [1]

W0: nicht festgelegt

W1: $c \leq 0{,}40\ kg/m^2\ min0{,}5$

W2: $c \leq 0{,}20\ kg/m^2\ min0{,}5$

13.7.2 Für den Sockelbereich geeignete Putze

Unterputze:

- Mineralische Werktrockenmörtel MG P II/CS III (Kalk-Zementputze)
- mineralische Werktrockenmörtel MG P III/CS IV (Zementputze)
- Sanierputze nach WTA

Oberputze:

- Mineralische Werktrockenmörtel MG P II/CS III (Kalk-Zementputze)
- mineralische Werktrockenmörtel MG P III/CS IV (Zementputze)
- Kunstharzputze P Org. 1

Nicht genormte Oberputze:

(für die eine Herstellerfreigabe für den Sockelbereich vorliegen muss)

- Silikatputze
- Silikonharzputze

Spritzwasserschutzschicht

Im Bereich des Spritzwasseranfalls ist eine zusätzliche geeignete Beschichtung auf dem Putz oder eine farblose Imprägnierung dringend zu empfehlen und auszuschreiben.

13.7.3 Für den Sockelbereich nicht geeignete Putze

Unterputze

- Putze, die Druckfestigkeiten von $\leq 3{,}5$ N/mm² aufweisen (Ausnahme Sanierputze)
- mineralische Werktrockenmörtel MG P I/CS I (Luftkalkputze, Wasserkalkputze, hydraulische Kalkputze)
- mineralischer Werktrockenmörtel MG P IV (Gipsputze)
- Kunstharzputze P Org. 2

Nicht genormte Oberputze

- Silikatputze
- Silikonharzputze, P Org. 2

13.8 Schutzmaßnahmen auf Putz- und Wärmedämm-Verbundsystemen

Zum Schutz von Putzen und Wärmedämm-Verbundsystemen in Sockel- und erdberührten Bereichen gegen Feuchtigkeit sollten z. B. folgende Materialien verwendet werden:

- Mineralisch flexible Dichtungsschlämme auf Zementbasis
- mineralisch gebundene Spachtelmassen (zweikomponentige Dispersions-spachtelmassen).

Grundsätzlich ist festzuhalten, dass bituminöse Abdichtungen auf dem Putz möglich sind. Sie sind aber nicht überarbeitbar – z. B. mit einer Beschichtung – und wirken daher aus optischen Gründen vielfach sehr unästhetisch (schwarzer Rand am Übergang Gelände/Sockelputz). Davor ist eine Schutzschicht als Schutz vor mechanischer/thermischer Beanspruchung zu stellen.

Bilder 101 und 102: mangelhafte Schutzsysteme

Die DIN 55699 Verarbeitung von außenseitigen Wärmedämm-Verbundsystemen sagt in in »5.3.3 Abdichtung gegen Bodenfeuchte« aus, dass WDVS, dass in den Spritzwasserbereich geführt wird, immer eine Bauwerksabdichtung bekommen muss. Ein WDVS übernimmt keine Abdichtungsfunktion.

13.9 Sockelbeispiele

Bei zweischaligen Konstruktionen gibt es spezielle Hinweise in der neu überarbeiteten DIN 1053 »Mauerwerk – Berechnung und Ausführung«

Bilder 102 und 103: Beispiel einer mangelhaften Sockelabdichtung bei zweischaligen Konstruktionen

Bilder 104 und 105: geplante Sockelausbildung [Quelle: Prinzipskizzen Remmers Baustofftechnik]

13.10 Instandsetzung von feuchte- und salzgeschädigten Sockelkonstruktionen

Auch hier wurden in den vergangenen Jahren umfangreiche Merkblätter erarbeitet, insbesondere die WTA-Merkblätter mit den unterschiedlichen Titeln wie

- Sockelinstandsetzung
- nachträgliche mechanische Horizontalsperren
- nachträgliches Abdichten erdberührter Bauteile
- horizontalsperren mit zertifizierten Injektionsstoffen
- Sanierputzsysteme.

Auf diese einzelnen Instandsetzungsverfahren soll an der Stelle nicht eingegangen werden, da diese Verfahren in gesonderten Kapiteln besprochen werden. Nachfolgend sind einige Systemlösungen für unterschiedliche Konstruktionen beispielhaft dargestellt.

Bild 106: Sockelinstandsetzung – Mauerwerk (einschalig)

Bild 107: Instandsetzung Ziegelmauerwerk

Bild 108: Instandsetzung – Wärmedämmverbundsysteme

Bilder 109 und 110: Objektbeispiel für einen nachträglichen Einbau einer Sockelabdichtung in einer zweischaligen Wandkonstruktion.

13.11 Sockelabdichtung am »Nordsee-Camp Norddeich« (ehem. Norddeich Radio)

Seit 1983 gibt es das »NORDSEE-CAMP NORDDEICH« an der ostfriesischen Küste. Die Zelte und Wohnwagen stehen auf historischem Grund. Von 1907 bis 1970 befand sich hier die Küstenfunkstelle »Norddeich Radio«, die größte deutsche und zugleich die älteste Küstenfunkstelle an der Nordseeküste, die Verbindung mit Schiffen auf allen Weltmeeren aufnehmen konnte. Die Anlage wurde im Laufe der Jahrzehnte ständig erweitert und modernisiert, bis der Satellitenfunk den Kurzwellenbetrieb in den 80er Jahren ersetzte. 1998 erfolgte nach 91 Jahren das endgültige Aus.

Die Küstenfunkstation war fast 100 Jahre für Schiffe, Mannschaft und Passagiere die einzige Verbindung zur Heimat und oftmals Retter in der Not. »SOS«, drei kurz, drei lang, drei kurz, ist seit 1899 das international anerkannte Morsezeichen, das hier oft empfangen wurde und Rettungsmaßnahmen ausgelöste. Jetzt, nach so vielen Jahren, kam das SOS erstmals direkt aus dem Gebäude der legendären Küstenfunkstation. Es ging aber nicht um »Save our Souls« sondern um die Sanierung der durchfeuchteten Bausubstanz.

Bild 111: Objektansicht

13.11.1 Baustellensituation

Im Rahmen einer energetischen Instandsetzung sollte auch das Mauerwerk instandgesetzt werden. Das über 100 Jahre alte denkmalgeschützte Gebäude stand praktisch mit den Füßen im Wasser. Eine Horizontalsperre war zwar seinerzeit eingebaut worden, aber zu tief gelegt und defekt.

Die Folge war aufsteigende Feuchtigkeit bis ca. 120 cm Höhe. Das durchfeuchtete, einschalige Mauerwerk verursachte hohe Heizkosten. Der Einbau eines Wärmedämm-Verbundsystems wurde aber von der Denkmalpflege abgelehnt. So blieb als einziger Ausweg die Mauerwerkinstandsetzung im Kiesol-System, um den Feuchtegehalt in den Wänden zu reduzieren und damit energetisch zu modernisieren.

13.11.2 Feuchtereduzierung und Abdichtung

Bedingt durch den hohen Grundwasserstand direkt an der Küste war der Sockel nur ca. 80 cm ausgeführt. Deshalb wurde die neue Horizontalsperre mit Kiesol unterhalb des bestehenden Betonbodens, der früher bereits einmal nachträglich eingezogen wurde, angelegt. Da das Mauerwerk von innen nicht mehr zugänglich war und der Grundwasserdruck bei Hochwasser bis unterhalb der Sohlplatte einwirkte, wäre eine einfache Außenabdichtung nicht ausreichend gewesen.

Die Hinterfeuchtung des Mauerwerks mit negativem Wasserdruck und Schadsalzen hätten die Funktionsfähigkeit beeinträchtigt. Nach Freilegung des Sockels wurden zunächst die alten Farbschichten abgetragen und defekte Putzbereiche entfernt. Im Bereich der Horizontalsperre wurde ein Putzstreifen von ca. 25 cm für die Bohrlochinjektion mit Kiesol abgestemmt.

Nachdem die Bohrlöcher mit Bohrlochsuspension verschlossen waren, konnte der gesamte Sockel mit Dichtputz überarbeitet werden. Da einige Bereiche auch stark mit Nitraten belastet waren, wurde die Haftbrücke unter dem Dichtspachtel mit Sulfatexschlämme schnell im System ausgeführt.

Bilder 112 und 113: freigelegter Sockel und Untergrundvorbereitung [Quelle: Remmers Baustofftechnik]

13.11.3 Schnittstellenübergreifende Instandsetzung

Kapillaraufsteigende Mauerfeuchtigkeit aus dem Erdreich und salzbelastetes Spritzwasser zeigen am Sockel ihre zerstörerische Wirkung durch Feuchtehorizonte, Salzausblühungen und Putzzerstörungen.

Abdichtungen im Sockelbereich waren bisher eine sehr schwierige Aufgabenstellung. Im Bereich der erdberührten Abdichtung konnten nur kunststoffmodifizierte Bitumendickbeschichtungen eingesetzt werden, oberhalb des Erdreiches mineralische Dichtungsschlämme. Kritisch waren bei diesem Konzept immer die sich zwangsläufig ergebenden Überlappungsbereiche, da die Materialeigenschaften für das jeweilige Anforderungsprofil sehr unterschiedlich sind.

Beim Bauvorhaben Nordseecamp Norddeich wurde deshalb der gesamte Gebäudesockel mit dem mit einer rissüberbrückenden Dichtungsschlämme abgedichtet, einem Hybridprodukt mit komplexem Eigenschaftsprofil, das die Leistungsbereiche bituminöser und mineralischer Abdichtungssysteme vereint.

Ideal für die Sockelsanierung, denn Spritzwasserbereich und erdberührter Bereich werden durchgängig mit diesem System abgedichtet. Diese Hybridprodukte sind extrem druckfest, UV-stabil und kann mit einem Putz überarbeitet werden.

Bild 114: ausgeführte Sulfatexschlämme

Bild 115: Ausführung mit Dichtspachtel

Bild 116: Überarbeitung mit rissüberbrückender Dichtschlämme

Bild 117: fertige Sockelausbildung

13.12 Objektbericht einer Sockelinstandsetzung in Form von Bildern

13.12.1 Projektbeispiel einschalige Konstruktion

Problem dieses Objektes war es, dass die Bodenplatte gleichzeitig angehoben werden musste.

Bild 118: Objektansicht Bodenplatte schon angehoben [Quelle: Stefan G. Hock, Fa. Adikon]

Bild 119: Auftrag der Dichtungsschlämmen [Quelle: Stefan G. Hock, Fa. Adikon]

Bild 120: Sockel mit flexibler Dichtungsschlämme abgedichtet [Quelle: Stefan G. Hock, Fa. Adikon]

Bild 121: ausgeführter Sockelputz [Quelle: Stefan G. Hock, Fa. Adikon]

Bild 122: Fertiger Sockel im Detail Abdichtungshöhe ca. 6 – 7 cm über OKG [Quelle: Stefan G. Hock, Fa. Adikon]

Diese Bilderbeispiele zeigen, dass eine Neubauabdichtung in gleicher Reihenfolge durchgeführt werden kann.

13.12.2 Projektbeispiel zweischalige Konstruktion

Bilder 123 und 124: Sockelabdichtungen nach DIN 18195 und DIN 1053

13.13 Beispiel einer Sockelinstandsetzung im Bestand, in Verbindung mit einer Holzskelettbauweise

Bild 125: Vorbereitung mit Verstärkungseinlage [Quelle: Fa. Hölscher Duisburg]

Bild 126: egalisiert und mit Multi-Baudicht abgedichtet [Quelle: Fa. Hölscher Duisburg]

Bild 127: Abdichtungsanschluss an Terrassentür [Quelle: Fa. Hölscher Duisburg]

Bild 128: fertiggestellte Sockeldämmung [Quelle: Fa. Hölscher Duisburg]

Bild 129: Abdichtung und Dämmung [Quelle: Fa. Hölscher Duisburg]

Bild 130: fertiger Sockelanschluss [Quelle: Fa. Hölscher Duisburg]

14 Schäden an ausgeführten Abdichtungen erdberührter Bauteile

Schäden an Abdichtungen erdberührter Bauteile sind sehr häufig auf eine Kombination von Planungs- und Ausführungsfehlern zurückzuführen. Sollen Schäden sicher vermieden werden, ist es von der Grundlagenermittlung an erforderlich, die Abdichtung durch erfahrene Fachkräfte sorgfältig zu planen, zu überwachen und auszuführen. Die Planung der Bauwerksabdichtung gehört zum Leistungsbild der Objektplanung für Gebäude gemäß § 15 HOAI, obwohl hier Fachplanerleistungen, zum Beispiel des Bauphysikers, gefordert sind. Eine Ausnahme bildet hier die Konstruktion aus wasserundurchlässigem Beton, die in weiten Teilen in den Verantwortungsbereich des Tragwerkplaners in Abstimmung mit dem Bauphysiker fällt.

Bild 131: Mangelhafter Türabdichtungsanschluss

Auch die DIN 18195, Teil 1 August 2000 berücksichtigt hier insbesondere die zweckmäßige Planung. »Wirkung und Bestand einer Bauwerksabdichtung hängen nicht nur von ihrer fachgerechten Planung und Ausführung ab, sondern auch von der abdichtungstechnisch zweckmäßigen Planung, Dimensionierung und Ausführung des Bauwerks und seiner Teile, auf die die Abdichtung aufgebracht wird.«

1		2	3	4	5	6
1	Bauteilart	Wasserart	Einbausituation		Art der Wasser-einwirkung	Art der erforderlichen Abdichtung [zutreffende (r) Norm/Normteil]
2	Erdberührte Wände und Bodenplatten oberhalb des Bemessungswasserstandes	Kapillarwasser, Haftwasser Sickerwasser	stark durchlässiger Boden $k \geq 10^4$ m/s		Bodenfeuchtigkeit u. nichtstauendes Sickerwasser	DIN 18195-4
3			wenig durchlässiger Boden $k < 10^4$ m/s	mit Dränung	aufstauendes Sickerwasser	Abschnitt 9 von DIN 18195-6
4				ohne Dränung		

Tabelle 26: Planung, Wasserbelastung, Auszug aus DIN 18195, Teil 1 (Ausgabe 2000)

Bauwerks- und Laboruntersuchungen

Übliche Bauwerks- und Laboruntersuchungen zur Ermittlung der Schadensursachen und Festlegung eines geeigneten Abdichtungs- bzw. Sanierungskonzeptes sind unter anderem:

- Ermittlung des Feuchtegehaltes der Baustoffe anhand von Stemmproben mittels gravimetrischer Messung oder dem CM-Gerät
- weitergehende Feststellung der Sättigungsfeuchte und des Durchfeuchtungsgrades
- Ermittlung von Feuchteprofilen über die Bauteilquerschnitte durch Entnahme von Bohrkernen und Rücktrocknung im Labor
- quantitative oder halbquantitative Bestimmung der Salzbelastung, insbesondere durch Sulfate, Nitrate und Chloride
- Ermittlung des hygroskopischen Feuchtegehaltes und des hygroskopischen Durchfeuchtungsgrades.

Bild 132: Bohrkern bis zur Mitte aus der Wand

Bild 133: CM-Gerät zur Feuchtemessung

14.1 Bestimmung der Beanspruchung der Abdichtung und Festlegung des Abdichtungskonzeptes

Wie bei Neubauten muss auch bei Sanierungen grundsätzlich die Beanspruchung der Abdichtung überprüft bzw. ermittelt werden, um ein geeignetes Abdichtungskonzept zu entwickeln. Die Festlegung des Abdichtungskonzeptes erfolgt auf Grundlage der Voruntersuchungen, wobei auch die zukünftige Nutzung bzw. Nutzungsänderungen bei der Entscheidung für eine Abdichtungsart zu berücksichtigen sind. Insbesondere bei Altbauten kann dieses den Einsatz zusätzlicher flankierender Maßnahmen wie die Herstellung nachträglicher Horizontalsperren oder Sanierputz-Systeme zur Folge haben. Hierzu stehen dem Planer und dem Ausführenden praxisgerechte Produktsysteme mit jahrzehntelanger Erfahrung zur Verfügung. Bei diesen Produktsystemen handelt es sich im Regelfall um solche, die über die Norm hinausgehen und bei Einhaltung der Regeln den Erfolg garantieren. Die DIN-Normen sind anerkannte Regeln der Technik. Sie müssen jedoch dann nicht eingehalten werden, wenn »*eine andere Lösung in gleicher Weise die allgemeinen Anforderungen erfüllt.*«

Insofern, gibt es zusätzliche Richtlinien für die Bauwerksabdichtungen:

2010: Richtlinie für die Planung und Ausführung von Abdichtungen erdberührter Bauteile mit kunststoffmodifizierten Bitumendickbeschichtungen

2002: Richtlinie für die Planung und Ausführung von Abdichtungen von Bauteilen mit mineralischen Dichtschlämmen

2006: Richtlinie für die Planung und Ausführung von Abdichtungen erdberührter Bauteile mit flexiblen Dichtschlämmen

2004: WTA-Merkblatt 4-4-04 – Mauerwerksinjektion gegen kapillare Feuchtigkeit

2004: WTA-Merkblatt 4-6-04 – Nachträgliches Abdichten erdberührter Bauteile

Dennoch kommt es in der Baupraxis häufig zu Schäden an Bauwerksabdichtungen. Nachfolgend werden einige aufgeführt.

14.2 Schäden an Abdichtungen

Aufsteigende Mauerfeuchte bis zur ersten Steinlage

Bild 134: Durchfeuchtungen im Wand-Bodenanschluss bis zur ersten waagerechten Abdichtung.

Fachlicher Hinweis (DIN 18195 Teil 4)

Die Abdichtung muss unten bis zum Fundamentabsatz reichen und so an die waagerechte Abdichtung herangeführt oder mit ihr verklebt werden, dass keine Feuchtigkeitsbrücken, insbesondere im Bereich von Putzflächen entstehen können (Putzbrücken).

Bild 135: Richtige Ausführung

14.3 Fehlende, waagerechte Abdichtung in Wänden

Bild 136: Schäden durch aufsteigende Mauerfeuchtigkeit und Salze

Neubaulösung

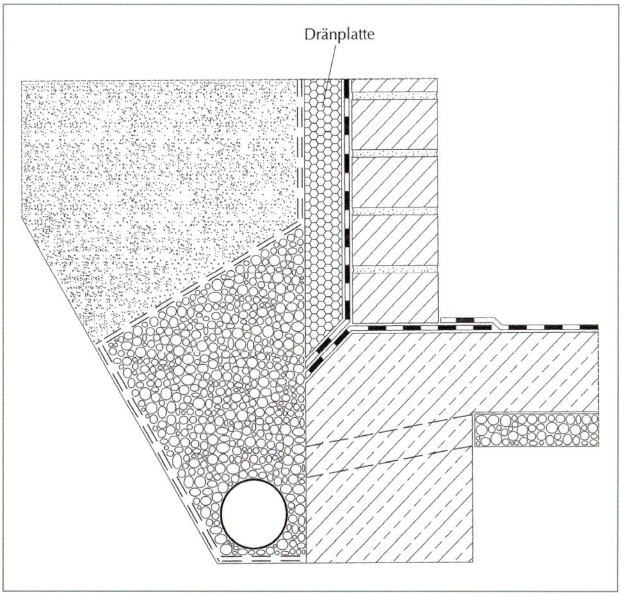

Bild 137: Detailausführung/ Beispiel Dränung vor Kelleraußenwand, Detailzeichnungen aus »BWA – Richtlinien für Bauwerksabdichtungen«, Bundesfachabteilung Bauwerksabdichtung im Hauptverband der Deutschen Bauindustrie e. V. beim Otto Elsner Verlag, ISBN 3-87199-171-6

14.4 Schäden am Gebäudesockel

Es kommt immer wieder vor, dass der Sockel nicht abgedichtet wird.

Bild 138: Mangelhafte Sockelausbildung

Planerische Hinweise – Zitat aus DIN 18195 *»Alle vom Boden berührten Außenflächen der Umfassungswände sind gegen seitliche Feuchtigkeit abzudichten. Diese Abdichtung muss planmäßig im Regelfall bis 300 mm über Gelände hochgeführt werden, um ausreichende Anpassungsmöglichkeiten der Geländeoberfläche zu gewährleisten. Im Endzustand darf dieser Wert das Maß von 150 mm nicht unterschreiten. Ist dies im Einzelfall nicht möglich (Terrassentüren, Hauseingänge) sind dort besondere Maßnahmen gegen das Eindringen von Wasser oder das Hinterlaufen der Abdichtung einzuplanen (z. B. durch ausreichend große Vordächer, Rinnen mit Abdeckungen oder Gitterrost). Oberhalb des Geländes darf die Abdichtung entfallen, wenn dort ausreichend wasserabweisende Bauteile verwendet werden; andernfalls ist sie hinter der Sockelabdichtung hochzuziehen. Außen- und Innenwände von Gebäuden sind durch mindestens eine waagerechte Abdichtung (Querschnittsabdichtung) gegen aufsteigende Feuchtigkeit zu schützen.«*

14.5 Schäden bei Dichtungsbahnen, fehlende Anschlüsse

Planerische Hinweise – Lagesicherheit: (Zitat aus DIN 18195, Teil 9, 2004-03) *»Die Ränder der Abdichtung dürfen weder abrutschen noch sich ablösen. Dazu sind im Regelfall besondere Einbauteile erforderlich, es sei denn, der Haftverbund zum Untergrund oder die konstruktive Situation schließt auch ohne besondere Randverwahrung ein Ablösen oder Abrutschen der Abdichtung aus. Durchdringungen und Übergänge müssen so angeordnet werden, dass die Bauwerksabdichtung fachgerecht angeschlossen werden kann. Flächen für Abschlüsse müssen gut zugänglich sein, ausreichend hoch über der Oberfläche des späteren Nutzbelages liegen und so beschaffen sein, dass das hochgeführte Abdichtungsende sicher befestigt werden kann.«*

Bild 139: Zu tief angeordneter Sockel

Bild 140: Fehlende mechanische Befestigung zur Bodenplatte

Instandsetzung im KMB-System

Bild 141:
Grundabdichtung und Hinterfeuchtungsschutz mit Dichtschlämme

14.6 Mangelhafte Anschlüsse von Durchdringungen

Jeweils mehrere Durchdringungen auf engstem Raum

Bild 142:
Mangelhafter Übergang

Bild 143:
Fehlerhafte Eindichtung

Bauliche Erfordernisse

Durchdringungen und Übergänge müssen so angeordnet werden, dass die Bauwerksabdichtung fachgerecht angeschlossen werden kann. Flächen für Abschlüsse müssen gut zugänglich sein, ausreichend hoch über der Oberfläche des späteren Nutzbelages liegen und so beschaffen sein, dass das hochgeführte Abdichtungsende sicher befestigt werden kann. Einbauteile müssen den Erfordernissen der Abdichtung entsprechend beschaffen sein. Durchdringungen sind auf die unbedingt notwendige Anzahl zu beschränken.

Mindestabstände:

Klebeflansche, Anschweißflansche und Manschetten sind im Regelfall so anzuordnen, dass sie untereinander zu anderen Bauteilen, z. B. Bauwerkskanten und Kehlen und Wandanschlüssen, mindestens 150 mm, bei Bewegungsfugen mindestens 300 mm entfernt sind, sofern nicht aus Verarbeitungsgründen ein größerer Abstand erforderlich ist. Maßgebend ist dabei die äußere Begrenzung des Flansches oder der Manschette.

Bild 144: Unterschiedliche Varianten von Durchdringungen

14.7 Mangelhafter Abdichtungsanschluss an einem Putzsockel

Planerischer Hinweis: Alle vom Boden berührten Außenflächen der Umfassungswände sind gegen seitliche Feuchtigkeit abzudichten. Diese Abdichtung muss planmäßig im Regelfall bis 300 mm über Gelände hochgeführt werden. Ist dies im Einzelfall nicht möglich (Terrassentüren, Hauseingänge), sind dort besondere Maßnahmen gegen das Eindringen von Wasser oder das Hinterlaufen der Abdichtung einzuplanen (z. B. durch ausreichend große Vordächer, Rinnen mit Abdeckungen oder Gitterrost.)

Bild 145:
Ausblühungen und Abplatzungen

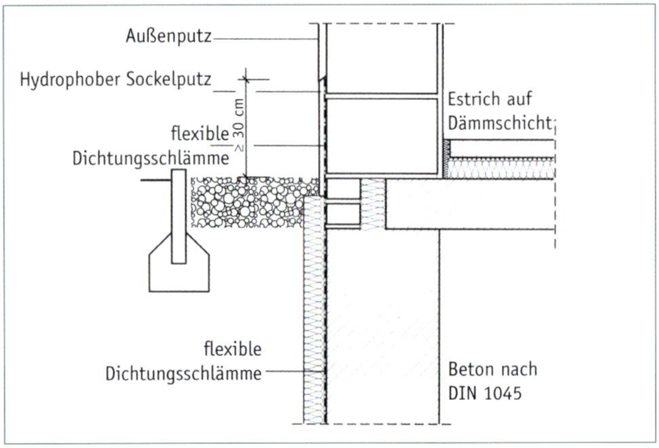

Bild 146:
Ausführungshinweis/Beispiel aus der Richtlinie für die Planung und Ausführung von Abdichtungen erdberührter Bauteile mit flexiblen Dichtschlämmen, Deutsche Bauchemie e. V., (Ausgabe 2006)

14.8 Schäden mit Perimeterdämmsystemen

Bild 147:
Fugen nicht verschlossen

Bild 148: Lichtschacht nicht fachgerecht angebracht

Schutzschichten aus Perimeterdämmung

Planerischer Hinweis: Schaumkunststoffplatten und Schaumglasplatten, die als Perimeterdämmung und zugleich als Schutzschicht der Abdichtung im erdberührten Bereich der Außenflächen von Bauwerken verwendet werden, müssen bauaufsichtlich zugelassen sein. Für die Anwendung im Bereich DIN 18195-4 sind die Bestimmungen der DIN 4108-2 zu beachten. Für die Anwendung im Bereich DIN 18195-6 sind die Zulassungsbestimmungen zu beachten, im Bereich drückenden Wassers sind die Platten an Wänden so zu verlegen, dass sie nicht von Wasser hinterlaufen oder umspült werden können.

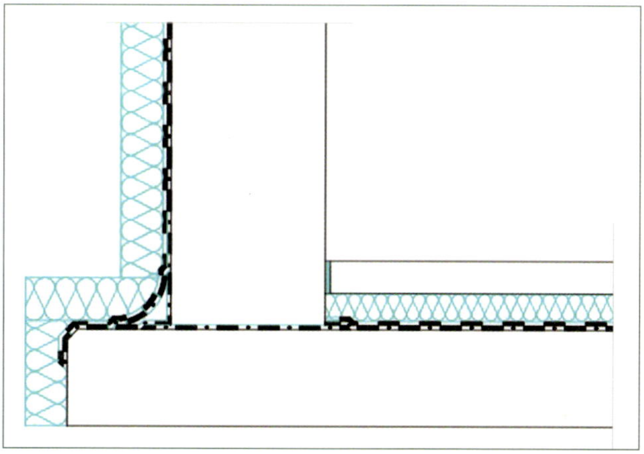

Bild 149: Vollflächige Verklebung der Dämmplatten

14.9 Blasenbildung unter KMB Beschichtungen

Insbesondere in den heißen Sommertagen kommt es bei Betonuntergründen häufig zu Blasenbildung in der frischen Beschichtung. Dafür sind meist nicht sichtbare, ungeöffnete Luftporen an der Oberfläche des Betons verantwortlich. Ungeöffnet deshalb, weil sie an der Oberfläche meistens von Zementleim überdeckt sind. In diesen Poren dehnt sich die erwärmte Luft aus und »bläst«. Sie drückt die Beschichtung vom Untergrund ab.

Bild 150: Blasenbildung mit KMB-Beschichtungen auf Betonuntergründen

Fachliche Beurteilung

Um die Blasenbildung zu verhindern, ist die Öffnung der Poren vor der Beschichtung notwendig. Dies kann durch die Anwendung eines Stahlbesens geschehen oder sogar den Einsatz von Sandstrahlgeräten notwendig machen. Die geöffneten Poren sind dann z. B. mit einem geeigneten Mörtel oder nach erfolgtem Voranstrich mit KMB zu verspachteln. Erst nach deren Durchtrocknung bzw. nach Erreichen einer genügenden Festigkeit des Mörtels kann die Abdichtung mit KMB ausgeführt werden.

Anforderungen an den Untergrund:

Oberflächen von Baustoffen, offene Stoßfugen bis 5 mm und Oberflächenprofilierungen bzw. Unebenheiten von Steinen (z. B. Putzrillen bei Ziegeln oder Schwerbetonsteinen) müssen, sofern keine Abdichtungen mit überbrückenden Werkstoffen (z. B. Bitumen- oder Kunststoff-Dichtungsbahnen) verwendet werden, entweder durch Verputzen (Dünn- oder Ausgleichsputz), Vermörtelung, durch Dichtschlämmen oder durch eine Kratzspachtelung verschlossen und egalisiert werden.

Bild 151: vollflächige Grundierung

Bild 152: Vollflächige Kratzspachtelung auf Beton

14.10 Hohllagen und Abrutschen von Dichtungsbahnen in der Fläche

Wenn Bahnen am Übergang nicht mechanisch befestigt werden, lösen sie sich vom Untergrund.

Schadensbeurteilung/planerische Hinweise

Die vorgefundenen Schäden sind ursächlich auf eine mangelhafte Ausführung der Abdichtung zurückzuführen:

- Zunächst fehlte teilweise der nach DIN 18195-4 vorzusehende Voranstrich mit Bitumenemulsion oder -lösung.
- Das umfangreiche Hohlliegen der Bahnen deutet weiter darauf hin, dass der Untergrund bereits bei der Verlegung nass gewesen sein muss.
- Weiterhin fehlte die nach DIN 18195-9, Abschnitt 4.1 auf bei Abdichtungen gegen Bodenfeuchte und nichtstauendes Sickerwasser notwendige Verwahrung der Bahnenränder. Folge war in Abhängigkeit vom Zustand der Verklebung das deutliche Abrutschen der Bahnen in den oberflächennahen Bereichen. Es ist nicht auszuschließen, dass das Abrutschen und Lösen der Bahnen zusätzlich noch durch eine Belastung der Bahnen in der Abdichtungsebene, beispielsweise durch die Verfüllarbeiten, verstärkt wird.

Insbesondere durch die Ablösungen im oberflächennahen Bereich konnte Niederschlagswasser hinter die Abdichtung gelangen und über die vorhandenen Hohllagen die Wände vollflächig durchfeuchten.

Bild 153: Abrutschen der Dichtungsbahn

Instandsetzung

Zur fachgerechten Sanierung muss die Abdichtung vollständig rückgebaut und entsprechend den Vorgaben der DIN 18195-4 bzw. den Richtlinien der Bahnenhersteller erneuert werden.

Schadensvermeidung

So eindeutig wie die vorliegenden Schäden an der Abdichtung auf Versäumnisse in der Ausführung zurückzuführen sind, verdeutlicht der Schadensfall auch die Versäumnisse der örtlichen Bauleitung. Vor allem der unvollständige Voranstrich als auch die gänzlich fehlenden Verwahrungen sind offensichtliche Schadensursachen und wären damit einfach erkennbar und auch vermeidbar gewesen.

In diesem Zusammenhang sei auch nochmals auf die wichtige Forderung nach der DIN 18195-3, Abschnitt 4 (Anforderungen an den Untergrund) verwiesen, wonach für alle geklebten Abdichtungen der Untergrund oberflächentrocken sein muss, um eine ausreichende Haftung zu gewährleisten. Es wird über die Anforderungen der DIN 18195, Abschnitt 4, hinaus empfohlen, bei einlagigen Abdichtungen mit selbstklebenden Bahnen und einem Untergrund aus Ziegeln mit Oberflächenprofilierungen und unvermörtelten Stoßfugen grundsätzlich eine Kratzspachtelung oder einen Dünn- oder Ausgleichsputz auszuführen, um eine egalisierte Fläche zu erhalten. Gleichzeitig werden hierdurch etwaige Grate und Ähnliches mit beseitigt.

Bahnenabdichtungen müssen immer mechanisch befestigt werden, siehe nachfolgende Skizzen:

Bild 154: Oberer Abdichtungsrand, Detailzeichnungen aus »BWA – Richtlinien für Bauwerksabdichtungen«, Bundesfachabteilung Bauwerksabdichtung im Hauptverband der Deutschen Bauindustrie e. V.

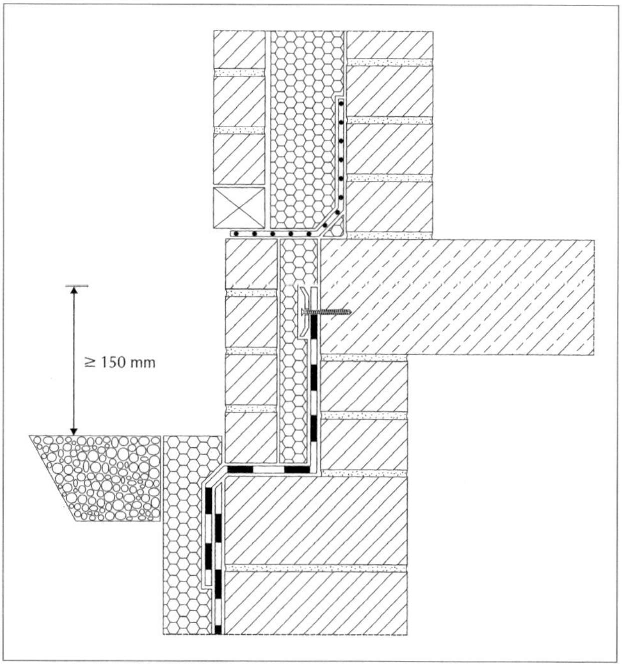

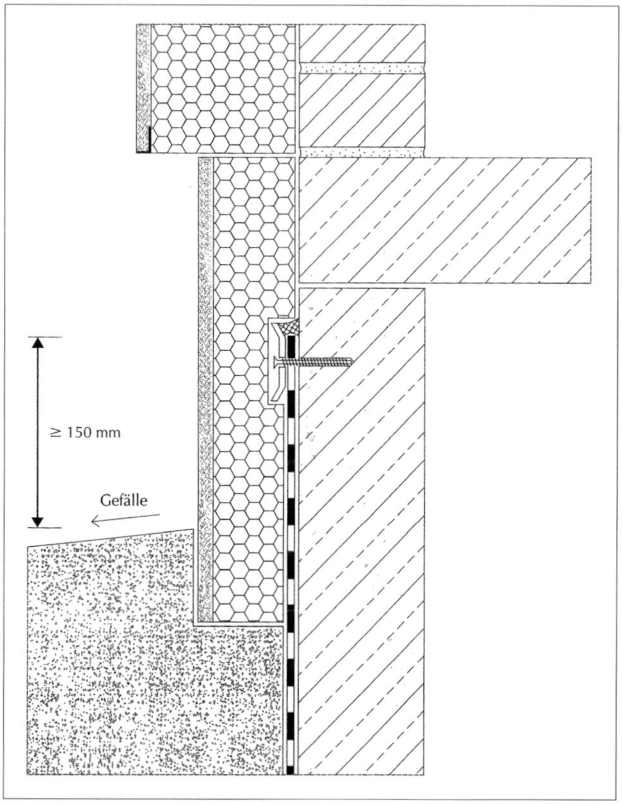

Bild 155: Abdichtungsabschluss mit Klemmschiene – Prinzip (Kelleraußenwand aus Beton als Beispiel), Detailzeichnungen aus »BWA – Richtlinien für Bauwerksabdichtungen«, Bundesfachabteilung Bauwerksabdichtung im Hauptverband der Deutschen Bauindustrie e. V.

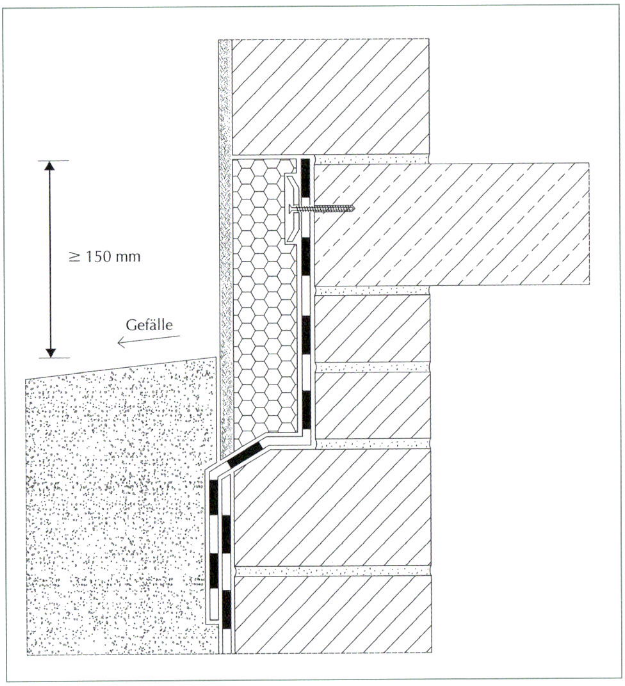

Bild 156: Abdichtungsabschluss hinter einer Sockelbekleidung – Prinzip (Keller-Außenwand aus Mauerwerk als Beispiel), Detailzeichnungen aus »BWA – Richtlinien für Bauwerksabdichtungen«, Bundesfachabteilung Bauwerksabdichtung im Hauptverband der Deutschen Bauindustrie e. V.

14.11 Schäden an KMB-Abdichtungen aus dem Untergrund

Bild 157: Mangelhafter Untergrund und Fehlstellen

14.12 Untergrundvorbehandlung

Die Untergrundvorbehandlung sollte alle Fehlstellen schließen

Kratz- und Füllspachtelung bzw. Vermörtelung

Kratz- und Füllspachtelung bedeutet, dass die Glättekelle knirsch über den Untergrund »kratzt«. Damit werden Poren, Lunkern oder ähnliches gefüllt und keine Schichtdicke aufgetragen. Sie dient zur Schaffung eines porenfreien, ebenen Untergrundes. Sofern Mauerwerk DIN 1053 entspricht, ist davon auszugehen, dass mit der Spachtelung die unvermörtelten Stoßfugen geschlossen werden können.

Bild 158: Kratzspachtelung mit KMB bei Fehlstellen < 5 mm

Bild 159: Auftrag von Dichtschlämmen bei Fehlstellen < 5 mm

Bild 160:
Vermörtelung bei Vertiefungen > 5 mm

14.13 Schäden durch osmotische Blasenbildungen

Die osmotische Blasenbildung stellt wahrscheinlich das häufigste Schadensbild bei Beschichtungen dar, das im Zusammenhang mit dem Untergrund auftritt. Hierbei bildet sich im Grenzbereich zwischen dem Untergrund und dem Beschichtungssystem so ein hoher Flüssigkeitsdruck, dass die Haftung zwischen Beschichtung und Beton übertroffen wird und zur Druckentlastung partielle Ablösungen auftreten, die sich visuell in Form mehr oder weniger hohen Aufwölbungen von wenigen Millimetern bis mehreren Zentimetern Durchmesser bemerkbar machen. Damit sich dieser osmotische Druck aufbauen kann, sind mehrere Faktoren erforderlich:

- Wasser
- wasserlösliche Stoffe
- semipermeable Membran.

Wasser ist immer in ausreichender Menge im Beton oder Zementestrich vorhanden. Auch ist die Bildung einer semipermeablen Membran oft nicht zu vermeiden, da die dazu erforderlichen Stoffe im Beton enthalten sind. Der osmotische Druck π wird durch die Menge der gelösten Bestandteile im Wasser bestimmt. Nach der allgemeinen Gasgleichung gilt:

$$\pi \cdot V = n \cdot R \cdot T$$

π = osmotischer Druck
V = Volumen
n = Molzahl
R = allgemeine Gaskonstante
T = Temperatur in K

Bild 161:
Osmotische Blasenbildung

Im Wasser der Kapillarporen enthalten alle Betone mehr oder weniger große Mengen an Natron- und Kalilauge, die nur zum Teil gebunden werden. In der oberflächennahen Randzone findet jedoch immer eine Anreicherung statt, deren Ausmaß im Wesentlichen vom W/Z-Faktor, der Verdunstungsgeschwindigkeit des Wassers beim Erhärten und dem Grad der Entmischung beeinflusst wird.

Bei einem W/Z-Verhältnis <0,42 kann die Anreicherung vernachlässigt werden. Jedoch erreichen die Konzentrationen der gelösten Stoffe bereits bei einem W/Z von 0,52 etwa den doppelten Wert. Die meisten Stoffhersteller geben eine maximale Betonrestfeuchte von ca. 4 M-% zur Beschichtung der Flächen vor. Bei diesem Wert befinden sich bei handelsüblichen Betonen in den oberen 3 mm ca. 6 Gramm Alkalilauge je Quadratmeter Fläche.

Aus diesen Mengen berechnet sich hieraus nach der obigen Gleichung unter einer dichten Beschichtung ein osmotischer Druck von ca. 1,7 N/mm^2, der durch die Haftfestigkeit des Belags kompensiert werden muss. Hieraus ergibt sich, dass es sehr wichtig ist, die Restfeuchte niedrig zu halten und mit einem niedrigen W/Z Verhältnis zu betonieren um eine Anreicherung von Alkalien in der oberen Betonrandzone zu verhindern. Optimale Verhältnisse liegen vor, wenn ein alkaliarmer Zement eingesetzt wurde. Eine weitere Verringerung der löslichen, osmoseaktiven Betonbestandteile in der oberen Randzone kann durch Dampfstrahlen erreicht werden.

Bei älteren, nicht beschichteten oder belegten Betonflächen findet in Folge der Carbonatisierung langsam eine Umwandlung der Oberfläche statt, wodurch sich der mögliche osmotische Druck durch eine Verstopfung der Poren und eine Verringerung des Anteils an wasserlöslichen Stoffen verringert. Eine Abschätzung des Carbonatisierungsgrads kann durch pH-Wert-Messung erfolgen, da dieser Wert mit zunehmender Umwandlung der freien Alkalien in Carbonate sinkt.

Neben den im Beton enthaltenen löslichen Salzen können auch lösliche Bestandteile der Grundierung, Lösemittelreste etc. den osmotischen Druck erhöhen.

Substanz		Osmotischer Druck in N/mm^2 bei einer Betondicke von	
Bezeichnung	Menge in g/m^2	10 mm (350 g Wasser)	3 mm (100 g Wasser)
KOH	1	0,21	0,75
NaOH	1	0,30	1,07
$Ca(OH)_2$	1	0,07	0,07
Aceton	1	0,11	0,38
Ethanol	1	0,14	0,48
Benzylalkohol	2	0,12	0,41
Methylethylketon	1	0,09	0,31
Triethylentetramin	1,5	0,07	0,23

Tabelle 27: Der osmotische Druck für typische Substanzen in Abhängigkeit von der Konzentration.

Wie aus den Daten zu erkennen ist, sind die osmotischen Drücke bei den leicht löslichen Alkalihydroxiden bereits bei Vorliegen von geringen Konzentrationen sehr hoch. Die Wirkung von wasserlöslichen organischen Stoffen, wie Aminen und Alkoholen, ist wesentlich geringer. Wie aufgeführt, sind die Konzentrationen an Alkalihydroxiden in der Praxis meist wesentlich höher als an den Beispielwerten in der Tabelle aufgeführt. Hierdurch werden entsprechend höhere osmotische Drücke erreicht.

Die löslichen Alkalihydroxide liegen bei üblichen Betonen in Mengen von ca. 1 % des Zementanteils vor. Bei einem Zementgehalt von 340 kg/m^3 bzw. von 34 g in den oberen 10 mm des Betons ohne Berücksichtigung einer Anreicherung durch Entmischung. Bei einer Betonrestfeuchte von 4 % liegen in den oberen 10 mm ca. 880 g Wasser vor. Die Alkalihydroxidlösung erreicht daher eine Konzentration von ca. 3,9 %. Wird das gesamte Alkalihydroxid als Kalilauge angenommen (bei Natronlauge sind die Werte des osmotischen Drucks um 30 % höher), so ergibt sich ein osmotischer Druck von 3,1 N/mm^2, was im Bereich der Haftzugfestigkeit bei sehr guten Untergründen liegt. Nimmt die Betonrestfeuchte durch Diffusion etc. auf ca. 1,5 % ab, was der Sorptionsisotherme von Beton bei üblicher Luftfeuchte entspricht, so nimmt die Konzentration der gelösten Stoffe und damit der osmotische Druck auf ca. 8,3 N/mm^2 zu, was punktuell zur Überwindung der Haftung der Grundierung und zur Blasenbildung führt.

Fallbeispiel

Objekt: Klärbecken

Aufgabenstellung: Ursachenermittlung für die Blasenbildung einer elastische Schlämme im senkrechten Bereich des Klärbeckens und Ausarbeitung von Rahmenvorschlägen für die Instandsetzung

Allgemeine Vorbemerkungen und Aufgabenstellung

Das Klärbecken im Bereich der Kläranlage besteht aus einem in den 90er Jahren errichteten Betonbaukörper. Nach den vorliegenden Informationen war seinerzeit ein WU-Beton der Festigkeitsklasse C 20/25 vorgeschrieben. Dieser kam offensichtlich auch zur Ausführung, wie die späteren Fertigkeitsmessungen des Betons ergaben.

Um Undichtigkeiten zu beseitigen, wurde das Becken im Jahr 2000 mit einer Beschichtung versehen. Nach entsprechender Überprüfung durch die Anwendungstechnik des Herstellers wurde dann vorgeschlagen, nach einer üblichen Betoninstandsetzung und einer Sandstrahlung der Oberflächen eine Beschichtung auf Basis der Elastoschlämme auszuführen. Diese Beschichtung wurde nach folgendem Schema aufgebracht: zunächst wurde die reparierte und überarbeitete Betonoberfläche sandgestrahlt, anschließend wurde eine Grundierung auf silikatischer Basis aufgebracht, auf die dann frisch in frisch in drei Lagen die Elastoschlämme aufgebracht wurde. Nach einer Standzeit von zwei Tagen sollte zu Erhöhung der Chemikalienbeständigkeit ein Absprühen der Oberfläche mit einer Grundierung auf silikatischer Basis erfolgen.

Das Klärbecken wurde wieder befüllt und es traten in der Folgezeit insbesondere an der Beschichtung unterhalb des Wasserspiegels Schäden auf. Bei diesen Schäden handelt es sich im Wesentlichen um Blasenbildungen und vereinzelt um Ablösungen der Schlämme vom Untergrund.

Ortstermin

Beim Ortstermin konnten im Einzelnen folgende Feststellungen getroffen werden:

- Schadensumfang konzentriert sich nahezu ausschließlich auf die Beschichtungen unterhalb des Wasserpegels, also auf die Bereiche des Klärbeckens, die ständig wasserbelastet sind. Dabei sind wiederum hauptsächlich die aufgehenden Wände betroffen, im Beckenboden sind keine Schadstellen festzustellen gewesen. Selbiges gilt auch für die Bereiche des Klärbeckens, die oberhalb des Wasserpegels liegen. Das Schadensbild suggeriert damit eindeutig einen Zusammenhang zwischen der Wasserbelastung und den typischen Blasenbildungen.
- An einigen, wenigen Schadstellen tritt offensichtlich auch eine flächige Ablösung der Schlämmbeschichtung auf. Diese lässt auch Haftungsprobleme zwischen Schlämme und Untergrund schließen, die z. B. auf mangelhafte Untergrundvorbereitung zurückgeführt werden können.

- Die braune Verfärbung in der wasserberührten Zone des Beckens hat mit dem Schadensablauf ebenfalls nichts zu tun, sie ist auf Eisenverbindungen im Wasser zurückzuführen, die sich im Laufe der Zeit abgelagert haben.
- Beim Öffnen der etwa fingerkuppengroßen Blasen ergibt sich folgendes Bild: die Blasen sind wassergefüllt, die Schlämme hat sich in diesen Bereichen vollständig gelöst und kann mit entsprechendem Werkzeug leicht entfernt werden.
- Um den Schadensfall bewerten zu können, wurden Baustoffproben entnommen (2 kleinere Betonbohrkerne und diverse Schlämmenproben. Mit diesen wurden dann entsprechende Laboruntersuchungen vorgenommen.

Durchführung von Laboruntersuchungen:

Durch das optische Erscheinungsbild der Schäden könnte es sich bei den Blasenbildungen um sogenannte osmotische Blasen handeln. Es wurden deshalb Alkalitätsmessungen durchgeführt.

Probe	Baustoff	pH-Wert (Unterseite)	sonstige Feststellungen
Bohrkern 1	Beton	≈ 11	Phenolphtalein positiv
Bohrkern 2	Beton	10-11	Phenolphtalein positiv
S 1	Schlämme	9	unterhalb der Schlämme
S 2	Schlämme	10-11	unterhalb der Schlämme
S 2a	Schlämme	8-9	In der Schlämmschicht
S 3	Schlämme	9	unterhalb der Schlämme

Tabelle 28: Ergebnisse der Alkalitätsmessungen

Neben den Alkalitätsmessungen wurden mikroskopische Untersuchungen der abgelösten Schlämmen durchgeführt. Dabei konnte festgestellt werden, dass sich an der Unterseite der abgelösten Schlämmschichten typische Kieselgelablagerungen befinden. Diese sind besonders im Bereich der Blasenbildungen vorhanden. Außerdem sind weiße Kristallablagerungen, die die Form von Ameiseneiern haben, vorhanden.

Wertung der Ergebnisse und Darstellung der Schadensursachen

Nach den vorliegenden Ergebnissen entspricht die Betonqualität durchaus den Anforderungen des vorliegenden Verwendungszwecks. Aufgrund des Schadensbildes und der ermittelten Messwerte insbesondere in Bezug auf die vorhandene Alkalität kann eine osmotische Blasenbildung eindeutig als schadensursächlich festgestellt werden.

Konsequenzen für das weitere Vorgehen

Aufgrund der vorliegenden Schadensanalyse und der Kenntnis über die Schadensursache kann eine Instandsetzung und Überarbeitung des Klärbeckens ohne besondere Probleme erfolgen. Es sollte dabei wie folgt vorgegangen werden. Aufgrund der vorhandenen Überschüsse ist eine nochmalige Grundierung nicht erforderlich. Es sollte unmittelbar nach dem Sandstrahlen mit der Verschlämmung des Untergrunds, also dem Auftrag der starren Dichtschlämme begonnen werden. Anschließend kann dann die Elastoschlämme aufgezogen werden. Eine Überarbeitung mit einer Grundierung auf silikatischer Basis ist nicht erforderlich.

14.14 Zusammenfassung

Die Schadensursachen, die zur Blasenbildung der elastischen Schlämme im Klärbecken geführt haben, konnten eindeutig erkannt werden. Es handelt sich um osmotische Blasenbildungen unterhalb des Wasserspiegels durch eine hohe Alkalität auf und in der Betonoberfläche verursacht. Aufgrund dieser Erkenntnisse kann nun die Reparatur nach unserer Einschätzung problemlos erfolgen. Sie ist in modifizierter Form durchzuführen, um eine neuerliche osmotische Blasenbildung zu vermeiden. Notwendig ist, dass das Klärbecken geleert und gereinigt und somit zugänglich ist.

Bild 162: Teilweise leicht vom Beton abzulösende Schlämme

15 Baurechtliche Voraussetzung für die Planung hochwertiger Kellernutzung und Instandsetzung

Keller waren ursprünglich eine Pufferzone gegen Feuchtigkeit. Da in der ferneren Vergangenheit keine hochwertigen und dauerhaften Abdichtungssysteme zur Verfügung standen, bildete der (unbewohnbare) Keller die aus gesundheitlichen und bautechnischen Gründen erforderliche Sperrschicht. Dieser Bereich war feucht und muffig, evtl. als Lagerraum und zur Aufnahme der Heizung geeignet.

Bilder 163 und 164: Beispiel Kellerinstandsetzung vorher/nachher

Unsere Lebensgewohnheiten haben sich im Vergleich zu denen der Erbauer älterer Wohngebäude erheblich geändert. Der »Durchschnittsbürger« kann sich erheblich mehr leisten. Wenn es finanziell machbar ist, nehmen wir gerne mehr Raum in Anspruch, Platz für Hobbys, Arbeitszimmer, Spielzimmer, Gästezimmer, Hauswirtschaftsraum usw.

Den meisten, nicht nur älteren Häusern, fehlt der Platz für diese Aktivitäten. Das Untergeschoss bietet eine ungenutzte Raumreserve, die mit modernen Baustoffen nutzbar gemacht werden kann. Es ist aber auch ein ungenutztes Marktpotenzial für Planer und Handwerker.

15.1 Technische Voraussetzungen für die hochwertige Kellernutzung

Die technischen Voraussetzungen für die hochwertige Kellernutzung sind:

- Abdichtung gegen Bodenfeuchte/nichtstauendes Sickerwasser/Grundwasser, evtl. Hochwassersicherung Tauwasserschutz/Wärmeschutz
- Beheizung
- Belichtung und Belüftung
- Sanitärinstallation
- Rückstausicherung
- Elektroinstallation
- etc.

Gerade bei der Modernisierung kommt es darauf an, sich nicht an Normen (Beispiel: DIN 18195) zu klammern, die grundsätzlich nur ein Beweismittel unter vielen für technisch richtiges Handeln sind, sondern auf den Einzelfall abgestimmte funktionierende Lösungen zu entwickeln. Eine Außenabdichtung ist zu bevorzugen, jedoch ist häufig nur eine Innenabdichtung möglich. Es wird auf die nachfolgenden Beiträge verwiesen.

Gerade bei hochwertiger Kellernutzung ist die Tauwasserfreiheit der Bauteiloberflächen die unabdingbare Voraussetzung. Der muffige Kellergeruch entsteht durch Schimmel auf feuchten Oberflächen, deren Ursache sehr häufig der Tauwasserniederschlag auf kalten Wänden ist.

Ausreichend warme Wandoberflächen erfordern Wärmedämmung und Beheizung. Besondere Aktualität hat das Thema Wärmedämmung durch die neue Energieeinsparverordnung, die auch für beheizte Räume im Baubestand gilt. Eine Außendämmung ist zu bevorzugen, jedoch ist häufig nur eine Innendämmung möglich. Nicht nur Kellerwände mit Wärmedämmung versehen, sondern auch die Kellersohle.

Bild 165: Feuchte und Salzschäden in einem Kellerraum

Ausreichend warme Wandoberflächen erfordern neben ausreichender Wärmedämmung auch die Beheizung der Räume. Wo keine Energie zugeführt wird, nützt die beste Wärmedämmung nichts. Die Beheizung des Kellers erfordert nur geringen Energieaufwand, denn die Temperaturdifferenzen zwischen dem beheizten UG und dem Erdreich sind gering. Da die Räume im Keller in der Regel nicht laufend genutzt werden, muss die Heizung nicht ständig laufen. Eine träge Heizung wie z. B. eine Fußbodenheizung ist zum schnellen Erwärmen der Räume weniger geeignet als übliche Konvektoren. Diese sollten nicht zu klein dimensioniert werden, damit die Aufheizphase nicht zu lange dauert. Auch wegen der im Altbau meistens geringen Kellerhöhe kommen Fußbodenheizungen bei der Modernisierung kaum in Frage (Ausnahme: elektrische Fußbodenheizungen mit geringer Aufbauhöhe, z. B. im Saunabereich).

Bei hochwertiger Kellernutzung ist eine den Wohnräumen vergleichbare Luftwechselrate erforderlich. Aus hygienischen Gründen und zur Entfernung des Wasserdampfes in der Raumluft erfordert dies eine Luftwechselrate von etwa $0{,}3^{-1}$h. Wegen der nur zeitweiligen Nutzung der Kellerräume sollte man keine übertriebenen Anforderungen stellen. Neben dem Einbau von Lichtschächten können mindestens in Einzelbereichen auch Böschungen oder Lichtgräben die Belichtungs- und Belüftungsverhältnisse verbessern. Kellerfenster in beheizten Bereichen müssen mit Wärmeschutzverglasung versehen sein.

Es liegt nahe, bei einer Kellermodernisierung die Fenster wenigstens in einzelnen Fällen zu vergrößern. Will man die lichte Weite wegen der damit verbundenen Standsicherheitsfragen nicht verbreitern, kann die Höhe des Fensters vergrößert werden. Die meisten Freizeitaktivitäten erfordern wenigstens ein Waschbecken mit Kaltwasseranschluss. Für Sauna, Wellness u. ä. wird der Aufwand natürlich erheblich größer. Liegt der Abwasserkanal höher als die Sanitärobjekte, sind Heber erforderlich. Abwasserkanäle sind aus Kostengründen und um eine häufige Durchspülung zu gewährleisten nicht für die maximal vorkommende Belastung dimensioniert. Bei starken Regenfällen sind die Vorfluter überlastet, Abwasser wird von außen in die Keller gedrückt und die eigene Entwässerung funktioniert nicht mehr.

Abhilfe schafft eine Rückstausicherung. Zu empfehlen sind automatische Rückstausicherungen anstelle veralteter manueller. Vorteilhaft ist, Rückstauverschlüsse mit einer integrierten Pumpe zu versehen. Dann können auch bei Rückstausituationen Waschmaschine und Sanitärobjekte genutzt werden.

Die Nutzeranforderungen können im Untergeschoss eine aufwendige Elektroinstallation erfordern, z. B. geeignet für Nassräume (Sauna, Wellness), 360 V Starkstrom (Werkstatt, evtl. auch für die Umbauarbeiten selber), Telefon, Radio, TV (Arbeitszimmer, Gästezimmer, evtl. Fußbodenheizung im Saunabereich. Die Stromkreise und ihre Absicherung sollten sorgfältig überlegt werden. Arbeitszimmer mit Computer sollten eine eigene Absicherung erhalten. Fehlerstromschalter können in Nassräumen sinnvoll sein, jedoch nicht in Räumen mit Geräten (Tiefkühlschrank) oder Maschinen (Hobbyraum), wo das frühe Herausspringen der Sicherung lästig ist.

Modernisierung aus einer Hand

Kellermodernisierungen sollten als Komplettleistung aus einer Hand angeboten werden. Der private Auftraggeber benötigt zur Kellermodernisierung eine fachkundige Beratung, denn gewerkeübergreifende Probleme kann er auf keinen Fall beurteilen. Baupublikumszeitschriften tragen häufig mehr zur Verwirrung bei, als dass sie nützen. Es ist also eine übergreifende Fachkompetenz zur Beratung und ein Komplettangebot aus Gewährleistungsgründen erforderlich. Dabei sind viele Formen der Kooperation denkbar, z. B. Fachingenieure und ausführende Firmen oder ein federführender Handwerkbetrieb und Fachingenieure und weitere Handwerksbetriebe.

Die Novellierung der Handwerksordnung vom 1.1.1994 erleichterte die Ausführung von Tätigkeiten in anderen Handwerken. Danach ist die Ausführung von Arbeiten erlaubt, die in technischer oder fachlicher Hinsicht mit dem eigenen Handwerk zusammen hängen oder dieses in wirtschaftlicher Hinsicht ergänzen. Es besteht eine zunehmende Tendenz, diese Begriffe großzügiger auszulegen, weil die Begrenzung auf das eigene Handwerk bei kleinen Projekten Aufträge eher verhindert und die Schwarzarbeit begünstigt. Ein technischer Zusammenhang bedeutet, dass die angewandten Techniken eine enge Verbindung zu dem nach § 1 der HwO ausgeübten Handwerk haben. Eine enge Verwandtschaft besteht z. B. zwischen der Beschichtung für eine Abdichtung, dem Anbringen einer Wärmedämmung und dem Verputzen einer Wand.

Eine fachliche Verbundenheit im Sinne von § 5 der HwO ist anzunehmen, wenn für Dritte bewirkte Leistungen vom wirtschaftlichen Standpunkt und vom Interesse der Kunden her gesehen eine sinnvolle Ergänzung und Erweiterung des Leistungsangebotes des nach § 1 betriebenen Handwerks darstellt. (z. B. Feuchteschutz, Kellerabdichtung/Tauwasserschutz oder Wärmeschutz). Aus der Sicht des Kunden bedeutet »wirtschaftlich ergänzen«, dass die im Zusammenhang stehenden Leistungen isoliert betrachtet keine vollständige Auftragserbringung bedeuten. Zusätzlich braucht der Kunde zur Erbringung untergeordneter Leistungen nicht noch weitere Handwerker zu beauftragen.

Die vorgestellten Kriterien fordern zur Interpretation aus dem eigenen Blickwinkel heraus. Bei kleinen Aufträgen wird man großzügiger sein können als bei Großaufträgen. Wer Abdichtungs- und Wärmeschutzarbeiten ausführt, muss Installationsgewerke mit ins Boot nehmen. Wie weit man diese Gewerke vorbereiten kann, ist im Einzelfall abzustimmen (Lehrrohre für die Elektroinstallation).

15.2 Kellernutzung im Baurecht

Bei einer Kellermodernisierung für die private Nutzung wird man sich in der Regel nicht mit dem Bauamt in Verbindung setzen. Wenn man dies dennoch für erforderlich hält, sind die Landesbauordnungen und vor allem deren Ausführungsverordnungen einzuhalten.

Sie unterscheiden zwischen Aufenthaltsräume, die nicht dem dauernden Aufenthalt von Menschen dienen. Es werden keine besonderen Anforderungen gestellt. Die meisten Kellernutzungen erfordern nur Nebenräume. Zum dauernden Aufenthalt vorgesehene Räume, sogenannte Aufenthaltsräume, müssen ausreichend belichtet und belüftet sein. Dies erfolgt in der Regel durch Fenster, deren Rohbaumaß 1/8 der Grundfläche des betreffenden Raumes beträgt. Die Raumhöhe im Keller muss meistens 2,30 m betragen. Zusätzlich ist beim Keller die Höhe zwischen OK Fußboden und Anschütthöhe einzuhalten. Diese Anforderungen sind in den Regelungen der einzelnen Bundesländer sehr unterschiedlich und schwanken zwischen 50 und 80 cm. Viele Bundesländer verlangen einen Lichteinfallswinkel, einige eine Böschung.

Bild 166:
Verdichten des Bodens

Für gewerbliche Nutzung (Werkstätten, Praxen, Verkaufsräume) haben die Landsbauordnungen weniger strenge Regeln, wenn die Belichtung und Belüftung auf andere Art und Weise sichergestellt sind. Diesen Tatbestand kann man sich auch bei (offizieller) wohnraumähnlicher Nutzung zur Begründung von Freistellung zu Nutze machen.

Zur Zeit wird die Musterbauordnung überarbeitet. Darin sind Erleichterungen für die hochwertige Nutzung von Kellern vorgesehen. Die Fensterregelung »1/8« gilt danach »nicht für Verkaufsräume, Gaststätten, ärztliche Behandlungsräume, Sporträume, Spielräume und Werkräume sowie ähnliche.« Damit ist die hochwertige Kellernutzung weitgehend abgedeckt (außer Gästezimmer). Wünschenswert wäre, das Arbeitszimmer ausdrücklich aufzunehmen. Weiterhin sind baurechtliche Brandschutzvorschriften zu beachten, unabhängig davon, ob eine baurechtliche Genehmigung erforderlich ist oder nicht. Der Brandschutz wird häufig sträflich vernachlässigt oder bagatellisiert. Es muss ein zweiter Fluchtweg vorhanden sein. Vergitterte Kellerfenster sind als Fluchtweg ungeeignet.

Regelungen in	Anschütthöhe	Raumhöhe
Musterbauordnung	≤ 0,50 m	2,30 m
Bayern	≤ 0,70 m	2,40 m
Nordrhein-Westfalen	≤ 0,80 m	2,20 m
Rheinland-Pfalz	≤ 0,70 m	2,30 m
Schleswig-Holstein	≤ 0,70 m	2,30 m
Berlin	≤ 0,50 m	2,30 m
Mecklenburg-Vorp.	≤ 0,50 m	2,30 m
Sachsen	≤ 0,50 m	2,30 m
Thüringen	≤ 0,50 m	2,30 m
Brandenburg	≤ 0,50 m	2,30 m
Hessen	≤ 0,50 m	2,40 m
Sachsen-Anhalt	≤ 0,70 m	2,30 m
Baden-Württemberg	≥ 1,30 m	2,30 m
Saarland	≤ 0,70 m	2,30 m
Niedersachsen	≤ 0,70 m	2,40 m
Bremen	≤ 0,70 m	2,30 m

Tabelle 29: Regelungen der einzelnen Bundesländer bezüglich Anschütt- und Raumhöhe

In einigen Landesbauordnungen gibt es noch Hinweise auf die Einbautiefe und den Böschungswinkel bzw. die Entfernung der Böschung zum Gebäude. Diese muss von der Planung objektbezogen ermittelt werden.

16 Instandsetzungsverfahren

Die nachträgliche Abdichtung und Instandsetzung im Gebäudebestand setzt sich nach den Ergebnissen der Bauzustandsanalyse (s. Kap. 4) im Wesentlichen aus folgenden Gewerken zusammen:

- Horizontalabdichtung
- Vertikalabdichtung
- flankierenden Maßnahmen, wie Sanierputz, Dränung usw.

Im Einzelnen kennt man dabei die folgenden Verfahrensvarianten.

16.1 Verfahren zur nachträglichen horizontalen Abdichtung

Seit vielen Jahrzehnten wird immer wieder versucht, den Einbau horizontaler Sperrschichten zu umgehen. Belüftungsröhrchen, Belüftungskanäle, Schemelwände, Entstrahlungsgeräte, elektrische Zauberkästchen und anderes wurde entwickelt und natürlich auch verkauft und angewendet. Da oft gesichertes Wissen fehlt, konnten solche Methoden erfolgreich vermarktet werden. Heute kann festgestellt werden, dass nur mechanische Verfahren der Mauertrennung oder physikalische Verfahren der Injektionstechnik wissenschaftlich begründbare Erfolge versprechen. Die nach wie vor angebotenen elektrophysikalischen Verfahren sind aus wissenschaftlicher Sicht umstrittener denn je, nachgewiesene Erfolge dieser Verfahren der so genannten Elektroosmose sind nicht bekannt. Hat nun die Kenndatenermittlung im Sinne der Feuchtigkeitsbilanz ergeben, dass wesentliche Anteile an aufsteigender Mauerfeuchtigkeit vorliegen, ist der Einbau einer horizontalen Abdichtung nicht nur zu empfehlen, sondern letztlich auch eine Notwendigkeit, da nur so der Sanierungserfolg gewährleistet ist.

16.1.1 Mechanische Verfahren der Mauertrennung

Die mechanischen Verfahren lassen sich relativ leicht beschreiben. Zunächst wird durch Aufsägen oder Aufstemmen im Bereich des Mauerwerks ein Freiraum geschaffen, in den eine kapillarwasserdichte Schicht eingebaut wird. Diese kann aus verschiedenen Materialien gebildet werden. Bekannt sind Kunststofffolien, Kunststofflaminate, Bitumenfolien, kunststoff- oder bitumenkaschierte Metallfolien oder Bleche aus Edelstahl. Neben diesen Systemen können aber auch kapillarwasserdichte Schichten durch entsprechend vergütete Zementmörtel oder kunststoffgebundene Mörtel eingebracht werden. Auf alle Fälle muss darauf geachtet werden, dass die eingebrachten Dichtungssysteme eine entsprechende Lebensdauer besitzen, um dem erheblichen technischen und finanziellen Aufwand zu rechtfertigen.

Die einzelnen Verfahrensvarianten können folgendermaßen dargestellt werden:

- Mauersägeverfahren
- Maueraustauschverfahren
- Unterfangung der Fundamente
- Rammverfahren mit Chromstahlblechen.

Der Erfolg dieser mechanischen Verfahren wird im Wesentlichen durch die handwerkliche Ausführung bestimmt. Besondere theoretische Kenntnisse spielen hier eine untergeordnete Rolle. Dies ist bei den Injektionsverfahren geradezu umgekehrt.

16.1.1.1 Mauersägeverfahren

Bei den Mauersägeverfahren wird das Mauerwerk mit einer Säge getrennt. Als Sägen können entweder Seilzugsägen, Schwertsägen, Trennscheiben o. ä. benutzt werden. Nach dem Aufsägen wird der Sägeschnitt im Mauerwerk aufgekeilt und es wird dann die Dichtungsbahn eingebracht. Dies muss fehlstellenfrei erfolgen, eventuell verbleibende Fugen werden mit Injektionsmörteln verpresst. Auf diese Weise wird eine absolute Sperrschicht gegen kapillar aufsteigendes Wasser geschaffen. Das Mauersägeverfahren hat eine jahrzehntelange Tradition, es wurde als »Münchener Mauersäge« bereits Ende des 19. Jahrhunderts eingesetzt.

Bild 167:
Mauersägeverfahren

Bild 168:
Mauersägeverfahren

Verwendet wurden seinerzeit Bleifolien. Untersuchungen an verschiedenen Objekten, die vor ca. 80 bis 90 Jahren ausgeführt worden sind, haben gezeigt, dass diese Sperrschichten noch heute tadellos funktionieren. Vor ca. 20 Jahren ist eine neue Variante der Mauersägeverfahren bekannt geworden, es handelt sich dabei um das sogenannte V-Schnitt-Verfahren. Das Mauerwerk wird dabei mit einer Trennscheibe in zwei Arbeitsgängen nacheinander V-förmig aufgeschnitten, bevor der zweite Schnitt erfolgt, wird der erste mit wasserdichtem Mörtel verpresst. Das Verfahren hat sich aber in der Praxis nicht durchgesetzt. In der heutigen Zeit werden vornehmlich sogenannte Schwertsägen eingesetzt, die eine hohe Leistungsfähigkeit und letztlich auch Wirtschaftlichkeit besitzen. Trotzdem ist das Mauersägeverfahren ein teures Verfahren und man muss pro m^2 Schnittfläche mit einem Preis von ca. 400 bis 600 € rechnen.

Wie bei allen mechanischen Mauertrennungen ist es zu empfehlen, vor Durchführung der Maßnahme einen erfahrenen Tragwerkplaner zu Rate zu ziehen, da immer wieder Fälle bekannt werden, bei denen es zu erheblichen Setzungen oder sogar zum Einsturz ganzer Gebäude bzw. Gebäudeteile gekommen ist.

16.1.1.2 Maueraustauschverfahren

Beim Maueraustauschverfahren wird der horizontale Arbeitsraum durch Entfernen des vorhandenen Mauerwerks geschaffen. Der entstandene Freiraum wird neu ausgemauert und dabei die notwendige Dichtungsbahn eingelegt. Die Arbeitsweise sieht den Austausch Segment für Segment vor, wobei die Standsicherheit besonders zu beachten ist. Der größte Vorteil dieses ausschließlich handwerklichen Verfahrens liegt darin, dass beim Maueraustausch gleichzeitig ein Teil des oft stark versalzenen Mauerwerks mit entfernt wird. Auf diese Weise wird der Gesamtsalzgehalt des Mauerwerks erheblich reduziert und damit auch die hygroskopischen Einflüsse auf die Durchfeuchtung. Bei Baudenkmälern kann diese Verfahrensweise in der Regel nicht angewendet werden, da ja ein Teil des historischen Mauerwerks mit entfernt wird, was denkmalpflegerisch natürlich außerordentlich problematisch ist. Auf einen Aspekt soll noch hingewiesen werden: Für die Neuausmauerung sind Baustoffe auszuwählen, die in ihren physikalischen, chemischen und mechanischen Eigenschaften zum Bestand des Mauerwerks passen und damit keine neuen Probleme entstehen lassen.

16.1.1.3 Unterfangungsverfahren

Die Unterfangung vorhandener Fundamente verbunden mit einer Vertikalabdichtung im erdberührten Bereich ist ein sehr aufwendiges und kostspieliges Verfahren. Es wird deshalb nur durchgeführt, wenn besondere Gründe vorliegen. Solche Gründe können die erforderliche Standsicherung des Gebäudes sein oder die Tatsache, dass sowieso Erdarbeiten vorgenommen werden, z.B. Tunnelbauten, U-Bahnbauten o.ä. Dabei werden im Regelfall sowieso die Fundamente freigelegt und damit zugänglich gemacht. Die Unterfangung mit wasserundurchlässigem Beton kann dann ohne Problem vorgenommen werden. Danach wird eine Vertikalabdichtung im erdberührten Mauerwerksbereich hochgezogen und die Gesamtabdichtungsmaßnahme abgeschlossen. Ein Beispiel für ein derartiges Vorgehen waren Teile des Isartors in München, die im Zusammenhang mit dem S-Bahnbau im Jahre 1971 auf diese Weise horizontal abgedichtet werden konnten. Der Rest des Bauwerks wurde nach dem Mauersäge- und Injektionsverfahren in den letzten Jahren erfolgreich instandgesetzt. Heute spielt aufsteigende Mauerfeuchtigkeit am Isartor in München keine Rolle mehr.

16.1.1.4 Rammverfahren

Diese interessante Verfahrensvariante wurde vor ca. 30 Jahren in Österreich entwickelt und wird heute in vielen Ländern mit großem Erfolg angewendet. Es wird bei dieser Verfahrenstechnik mit einer geeigneten Vorrichtung ein gewelltes Chromstahlblech in die Lagerfugen des Mauerwerks überlappend eingerammt. Voraussetzung für die Anwendbarkeit des Verfahrens ist natürlich das Vorhandensein einer Lagerfuge,

Bild 169: Modernes Mauersägeverfahren mit einer Schwertsäge

deshalb scheidet eine universelle Anwendung aus. In Zweifelsfällen kann in Vorversuchen das Mauerwerk auf Eignung überprüft werden. Trotz der hohen Beständigkeit gegenüber Korrosion soll in jedem Fall der Chloridgehalt des Mauerwerks gemessen werden, um das Risiko des Lochfraßes am Blech kalkulierbar zu machen. Bei hohem Chloridgehalt müssen spezielle Molybdän-Stähle eingesetzt werden. Natürlich muss bei diesem Verfahren ebenfalls die statische Situation des Bauwerks beachtet werden. Besondere Schwierigkeiten sind bei der Anwendung dieses Verfahrens nicht bekannt, wenn die oben angesprochenen Voraussetzungen für den Mauerwerksaufbau gegeben sind.

16.2 Injektionsverfahren

Neben den wenig umstrittenen oben beschriebenen mechanischen Verfahren spielen Injektionsverfahren zur Bekämpfung kapillar aufsteigender Feuchtigkeit seit etwa 50 Jahre eine wichtige Rolle. Injektionen sind Verfahren, bei denen mit oder ohne Druck Hohlräume eines Baustoffs oder Mauerwerks mit einem Injektionsmittel getränkt werden. Diese Hohlräume können grundsätzlich Risse, Fehlstellen, Poren oder Kapillaren sein. Durch eine geeignete Verfahrenstechnik muss dafür gesorgt werden, dass die Hohlraumfüllung quantitativ erreicht wird. Bei Rissen und Fehlstellen (hohlräumiges Mauerwerk) ist dies problemlos möglich. Das flüssige Injektionsmittel fließt fast ohne Druck in den Hohlraum und füllt ihn auf. Im Poren- und Kapillarsystem eines Baustoffs herrschen jedoch etwas andere physikalische Gesetze. Es wird hier auf die eingangs definierten und erklärten Begriffe der Porosität, der Porengrößenverteilung, der Porenvolumina und der Durchfeuchtungsgrade hingewiesen. Wir haben gesehen, dass das gesamte Porenvolumen nur unter Druck zugänglich ist und dass es immer größer ist, als das kapillar zugängliche scheinbare Porenvolumen. Für die Praxis bedeutet dies, dass durch Druck immer eine größere Menge an Injektionsmittel eingebracht werden kann, als ohne Druck. Dabei muss noch bedacht werden, dass an einem feuchten Mauerwerk je nach kapillarem Durchfeuchtungsgrad ein Teil der Kapillaren bereits mit Wasser gefüllt ist, d. h. mit steigendem kapillarem Durchfeuchtungsgrad wird das verfügbare und zugängliche Restporenvolumen immer kleiner. Unter Druck dagegen ist es möglich, das zusätzliche Volumen z. B. der Luftporen zu füllen und die Feuchteverteilung im Mauerwerk oder Baustoff neu zu ordnen. So kann erwiesenermaßen Wasser aus den Kapillaren gedrückt werden und somit Raum für das Eindringen des eigentlichen Injektionsmittels geschaffen werden. Diese Zusammenhänge sollen an einem Beispiel dargestellt werden. Der bereits definierte Vollziegel mit der Rohdichte 1750 kg/m^3 besitzt folgende Porenvolumina:

Gesamtporenvolumen:	29 Vol.-% oder 290 l/m^3
scheinbares Porenvolumen:	19 Vol.-% oder 190 l/m^3
Differenz der Porenvolumina:	10 Vol.-% oder 100 l/m^3

Dies bedeutet, dass unter Druck, also immer, ca. 100 l/m³ mehr an Injektionsmittel eingebracht werden können, als ohne Druck allein auf kapillarem Weg. In Tabelle 30 ist jeweils das Restporenvolumen dargestellt und zwar bei verschiedenen Durchfeuchtungsgraden.

DFG_{kap}	kapillar zugängliches Restporenvolumen		restliches Gesamtporenvolumen	
%	V%	l/m³	V%	l/m³
0	19,0	190	29,0	290
10	17,1	171	27,1	271
20	15,2	152	25,2	252
30	13,3	133	23,3	233
40	11,4	114	21,4	214
50	9,5	95	19,5	195
60	7,6	76	17,6	176
70	5,7	57	14,7	157
80	3,8	38	13,8	138
90	1,9	19	11,9	119
100	0,0	0	10,0	100

Tabelle 30: Zusammenhang zwischen DFG_{kap} und dem jeweiligen Restporenvolumen

Aus den Werten der Tabelle 30 kann man folgende Schlüsse ziehen:

- Die Druckanwendung ist immer von Vorteil, da größere Mengen an Injektionsmittel eingebracht werden können.
- Das kapillar zugängliche Restporenvolumen bei einem kapillaren Durchfeuchtungsgrad von 30 % (133 l/m³) entspricht etwa dem Restporenvolumen (138 l/m³), das unter Druck zugänglich ist bei einem kapillaren Durchfeuchtungsgrad von 80 %.
- Durch Vortrocknen (z. B. thermisch-konvektives Verfahren) kann das zugängliche Restporenvolumen vergrößert werden. Dadurch werden insgesamt günstigere Voraussetzungen geschaffen und eine einfachere Verfahrenstechnik ermöglicht.

Für die Baupraxis ergeben sich aus diesen Zusammenhängen klare Konsequenzen, die folgendermaßen zusammengefasst werden können:

- Um entscheiden zu können, ob man mit oder ohne Druck injiziert, müssen der kapillare Durchfeuchtungsgrad und die Porenvolumina bekannt sein.
- Ohne Druck kann ein Erfolg nur dann erzielt werden, wenn das zugängliche Restporenvolumen ausreichend ist.

Durch Absenken des kapillaren Durchfeuchtungsgrads (Vortrocknen des Mauerwerks) und durch Druckanwendung steigt die Sicherheit der Injektionsverfahren erheblich. Die Druckanwendung muss dabei solange erfolgen, bis die Verteilung und Durchtränkung des Mauerwerks in der Injektionsebene sichergestellt ist.

16.2.1 Wirkprinzipien von Injektionsmitteln

Die bei einer Injektion ins Mauerwerk eingebrachten Wirkstoffe müssen sich in der Injektionsebene, also im Mauerquerschnittsbereich so verteilen, dass eine durchgängige Sperrschicht entsteht. Diese kann durch unterschiedliche Wirkprinzipien aufgebaut werden:

- Im Kapillarsystem lagern sich die Wirkstoffe ab und verdichten dabei dieses, so dass ein Porensystem mit geringerem Kapillarradius entsteht. Im Extremfall werden die Kapillaren völlig mit dem Wirkstoff gefüllt, also letztlich abgedichtet. Dies ist in der Regel jedoch nur dann möglich, wenn das Kapillarsystem keine oder nur noch geringe Mengen an flüssigem Wasser enthält. Dies kann z. B. durch eine entsprechende Vortrocknung des Mauerwerks erreicht werden.
- Die Wirkstoffe lagern sich im Kapillarsystem ab und hydrophobieren dabei die Kapillarwandungen. Auf diese Weise entsteht eine nicht benetzbare Schicht, die keine Kapillarität mehr aufweist, also im Sinne einer klassischen Hydrophobierung wirkt.
- Die beiden Wirkprinzipien der kapillaren Verdichtung und der Hydrophobierung werden in einem System kombiniert, man spricht dann in der Regel von sogenannten Kombinationsprodukten.

Den angesprochen Wirkprinzipien der kapillaren Verdichtung und der Hydrophobierung liegen die oben dargelegten allgemeinen theoretischen Zusammenhänge zugrunde, nach denen die kapillare Sauggeschwindigkeit mit abnehmendem Kapillarradius reduziert wird bis ein Grenzwert erreicht wird, bei dem letztlich der kapillare Durchsatz gegen Null geht.

Die hydrophobierende Wirkung wird durch eine Veränderung des Benetzungswinkels erreicht. Wird dieser >90°, ergibt sich eine negative kapillare Steighöhe, d. h. die Kapillaren verlieren ihre Saugfähigkeit vollständig. In der folgenden Übersicht sind die Wirkprinzipien zusammengestellt:

1. Kapillarabdichtung: $r = 0$
2. Kapillarverdichtung: $r \rightarrow 0$
3. Hydrophobierung: $\Theta > 90°$

Kombination der Wirkprinzipien aus 2 und 3: $r \rightarrow 0$; $\Theta > 90°$

16.2.2 Die wichtigsten Injektionsmittel

An Injektionsmittel sind unterschiedliche Forderungen zu stellen, die aus den obigen Überlegungen resultieren. Damit sich ein Injektionsmittel gut im Sinne einer durchgehenden Abdichtung im Mauerwerk verteilen kann, muss es eine gute Eindringfähigkeit besitzen und zwar in ein feuchtes und salzbelastetes Mauerwerk. Das bedeutet es sind alle Injektionsmittel bevorzugt, die niedermolekular aufgebaut sind und die zusätzlich echte Lösungen mit entsprechender Beständigkeit und auch Wasserverträglichkeit darstellen. Emulsionen und Suspensionen klassischer Art sind aufgrund ihrer geringen Beständigkeit und ihres geringeren Verteilungsvermögens im Kapillarsystem des Mauerwerks weniger gut geeignet. Gleiches gilt für hochpolymere Stoffe, die ebenfalls eine schlechte Eindringfähigkeit besitzen und deshalb bevorzugt bei der hohlraumfüllenden Injektionstechnik (z. B. Rissinjektion) eingesetzt werden sollten. Es ist außerdem eine prinzipielle Forderung, dass das eingebrachte Injektionsmittel im Mauerwerk erst reagiert, wenn die angesprochene Verteilung stattgefunden hat. Dann sollte jedoch die Wirkstoffabscheidung zügig erfolgen, damit sich die Sperrschicht bilden kann. In den letzten Jahrzehnten wurden die unterschiedlichsten Produkte für die Injektionstechnik herangezogen. So kamen noch vor einigen Jahren Zementsuspensionen, Zementschlämmen, Bitumenemulsionen, Bitumenschmelzen und andere Systeme zum Einsatz, also alles Produkte, bei denen der rechte Glaube fehlen muss, dass man sie ohne Problem im Kapillarsystem eines Baustoffs verteilen könnte. Heute werden hauptsächlich wässrige oder wasserverdünnbare Systeme eingesetzt, wobei die mit niedermolekularen Wirkstoffen die größten Erfolgsaussichten haben. Natürlich gibt es dabei eine Vielzahl verschiedener Handelsprodukte. Die jedoch nach ihren Wirkprinzipien geordnet werden können. Es lassen sich die wichtigsten Injektionsmittel und das jeweils zugrunde liegende Wirkprinzip wie folgt zusammenfassen:

- Kaliwasserglas: Wirkprinzip 2
- Kaliummethylsiliconat: Wirkprinzip 3
- Kombinationsprodukte aus Kaliwasserglas und Kaliummethylsiliconat: Wirkprinzip 2 und 3
- Siliconmikroemulsionen (SMK): Wirkprinzip 3
- Paraffine: Wirkprinzip 1
- Organische Harze als Lösungen oder als Gele: Wirkprinzip 2 und 3
- Injektionsmörtel: Wirkprinzip 5 Hohlraumfüllung

Die hier besprochenen einzelnen Systeme können folgendermaßen beschrieben werden.

16.2.2.1 Alkalisilicate-Kaliwasserglas

Bei den Alkalisilicaten handelt es sich um Injektionsmittel, die bereits seit vielen Jahrzehnten in Gebrauch sind. Heute werden hauptsächlich Produkte auf der Basis von Kaliwasserglas eingesetzt. Sie werden aus stark alkalischer wässriger Lösung verarbeitet, vielfach werden noch Stabilisierungsmittel oder sonstige Hilfsmittel zugesetzt. In das Mauerwerk eingebracht, scheiden die Alkalisilicate allmählich Kieselgel im Porensystem ab und es kommt zu einer Kapillarverengung. Ist diese ausreichend, um den Kapillareffekt entsprechend beeinflussen zu können, kann eine Trocknungswirkung erreicht werden. Vielfach ist jedoch der Erfolg nicht von langer Dauer, da es durch Wasserabgabe zu einem Schwinden des Kieselgels kommt. Auf diese Weise entsteht ein neues Sekundärkapillarengerüst, das wiederum eine Durchlässigkeit für Feuchtigkeit besitzen kann. Da beim Einsatz von Kaliwasserglas Kaliumcarbonat als

Nebenprodukt entsteht, wird der Versalzungsgrad des Mauerwerks etwas erhöht und die hygroskopische Mauerwerksfeuchtigkeit ungünstig beeinflusst. Dies ist aus der folgenden Reaktionsgleichung zu entnehmen:

$$K_2O \cdot SiO_2 \cdot aq + CO_2 \xrightarrow{H_2O} SiO_2aq + K_2CO_3$$

Kaliumsilicat + Kohlendioxid ⟶ Kieselgel + Kaliumcarbonat

16.2.2.2 Alikalimethylsiliconate-Kaliummethylsiliconat

Bei den Alikalimethylsiliconaten handelt es sich um wasserlösliche Salze der Methylkieselsäure. Heute wird ausschließlich das Kaliumsalz verwendet. Die Produkte reagieren nach dem Einbringen in das Mauerwerk ähnlich den Wasserglasverbindungen durch Kohlendioxidaufnahme. Es bildet sich dann neben der Polymethylkieselsäure, die hydrophobierend wirkt, wiederum ein Alkalicarbonat, welches das Mauerwerk zusätzlich mit Salz belasten kann. Außerdem muss darauf hingewiesen werden, dass die Reaktion natürlich vom Kohlendioxidzutritt beeinflusst wird und dass deshalb reine Alkalimethylsiliconatprodukte nur bei schlankem, nicht zu feuchtem Mauerwerk angewendet werden können. Als Grenzwerte können Mauerwerkstypen bis 50 cm Mauerdicke und einem Durchfeuchtungsgrad, der deutlich unter 50 % liegen sollte, angegeben werden. Die Wirkungsweise dieser Produkte beruht nur auf der Hydrophobierung und nicht auf der Kapillarverdichtung, wie dies bei den Alkalisilicaten der Fall ist.

16.2.2.3 Kombinationsprodukte aus Alkalisilicaten und Alkalimethylsiliconaten

Diese Produkte werden seit Jahrzehnten mit sehr gutem Erfolg eingesetzt. Die Wirkungsweise stellt eine Kombination der Kapillarverdichtung und der Hydrophobierung dar.

Es kann dabei folgender Reaktionsmechanismus angenommen werden. Zunächst kommt es zu einer Abspaltung von Kieselgel aus der Alkalisilicatkomponente. Der damit erreichte vorübergehende Trocknungseffekt durch Erniedrigung der kapillaren Sauggeschwindigkeit führt zu einer allmählichen Trocknung, die es wiederum ermöglicht, dass sich die hydrophobierende Wirkung des Alkalimethylsiliconats aufbaut. Kommt es zum Schwinden des Kieselgels und damit zur Sekundärkapillarbildung, wird ein erneuter Durchlass von Feuchtigkeit durch die hydrophobierende Wirkung der inzwischen gebildeten Polymethyl-Kieselsäure gebremst. Kombinationsprodukte besitzen eigentlich nur einen Nachteil, nämlich die bereits oben erwähnte Bildung von hygroskopischem Kaliumcarbonat. Man muss deshalb bei der Konfektionierung derartiger Produkte darauf achten, dass man möglichst alkaliarme Rohstoffbasisprodukte einsetzt.

16.2.2.4 Siliconmikroemulsions-Konzentrate (SMK-Technologie)

Bei diesen Systemen handelt es sich um eine seit etwa zehn Jahren bekannte Technologie. Durch Verwendung spezieller Siliconrohstoffe, die als Tenside wirken, ist es möglich, ein Material herzustellen, welches 100 % Wirkstoff besitzt und in eine wässrige Phase selbstemulgierend einzubringen ist. Diese sich bildende Mikroemulsion ist dann besonders feinteilig, die Teilchengröße kann mit etwa 10^{-9} bis 10^{-10} m auf den Radius bezogen angegeben werden. Damit sind die Teilchen um einige Zehnerpotenzen kleiner als die in übrigen Emulsionen. Aufgrund dieses Verhaltens werden SMK-Produkte für unterschiedliche Zwecke eingesetzt, so z. B. in der Fassadenimprägnierung als Grundiermittel für Beschichtungen und Anstriche und natürlich in der Mauerwerksinjektion gegen kapillar aufsteigende Mauerfeuchtigkeit. Da es sich hier um wässrige feinteilige Mikroemulsionen mit hydrophobierenden Wirkstoffen handelt, ist eine besonders gute Verteilung im Mauerwerk zu erreichen. Weitere Vorteile sind die absolute Salzfreiheit und die chemische Aktivierbarkeit der Wirkstoffe mit alkalischen Systemen. Dies ist bei hohen kapillaren Durchfeuchtungsgraden besonders wichtig und wird noch gesondert im Kapitel »Mehrstufeninjektion« besprochen. Die wichtigsten Vorteile der Silikonmikroemulsionen sind:

- wasserverdünnbar
- selbstemulgierend
- Anwendung auch bei Mauerwerken mit hohem Durchfeuchtungsgrad
- keine Salzbildung
- Einsparen von Gebinden, da das Konzentrat auf der Baustelle mit Wasser verdünnt wird
- keine besondere Vorbehandlung des Mauerwerks erforderlich
- aktivierbar mit alkalischen Wirkstoffen im Sinne der Mehrstufeninjektion.

16.2.2.5 Injektionscremes

Injektionscremes stellen eine völlige Neuentwicklung dar. Es werden als Wirkstoffe Siloxane eingesetzt, die allmählich aus der Creme in das Mauerwerk penetrieren. In den Kapillaren bauen sie eine Hydrophobierung auf. Sie besitzen einige anwendungstechnische Vorteile, auf die noch eingegangen wird.

16.2.2.6 Paraffine

Seit einigen Jahren werden auch Paraffine in der Mauerwerksinjektion eingesetzt. Bei dieser Verfahrenstechnik muss das Mauerwerk vorgetrocknet und aufgeheizt werden und zwar auf Temperaturen über 100 °C. In das so vorbereitete Mauerwerk wird dann das Paraffin eingebracht. Die Einbringung erfolgt drucklos, wobei die Gefahr des Abflusses in Hohlräume gegeben ist. Dringt das Paraffin in die Kapillaren ein, werden diese entweder hydrophobiert oder vollkommen verstopft, also abgedichtet. Es gilt hier überwiegend das Wirkprinzip 1 der kapillaren Abdichtung.

16.2.2.7 Organische Harze

Organische Harze können in gelöster Form eingesetzt werden. Dabei wird auf Epoxidharze, Polyurethanharze und Acrylharze zurückgegriffen. In den letzten Jahren sind auch Anwendungen von Acrylatgelen bekannt geworden. Die Wirksamkeit der organischen Harze beruht einmal auf der Kapillarverdichtung und zum anderen auf der hydrophobierenden Wirkung der Produkte. Probleme bestehen grundsätzlich darin, dass diese Verbindungen Polymere sind und damit ein Eindringen in feine Kapillaren erschwert sein kann. Häufig ist auch eine hohe Feuchteempfindlichkeit und bei den Gelen eine zu kurze Reaktionszeit vorhanden, welche die Verteilung im Porensystem einschränkt. Die Verarbeitung erfolgt in der Regel durch Druckinjektionen. Nach Einschätzung des Autors sind diese Systeme besser zur Hohlraumfüllung im Sinne z. B. einer Rissinjektion geeignet, da es hier nicht mehr auf die Verteilung in einem feinporigen Baustoff ankommt.

16.2.2.8 Injektionsmörtel

Injektionsmörtel auf Basis von Zementen und Mikrozementen werden hauptsächlich zur Hohlraumfüllung verwendet. Sie werden mit geringem Druck von ca. 1 – 2 bar über die Bohrlöcher eingebracht und füllen Klüftungen, Hohlräume und Risse auf. Dadurch wird verhindert, dass bei der nachfolgenden eigentlichen Wirkstoffinjektion die Injektionsmittel in diese Hohlräume abfließen und für die vorgesehene Durchtränkung des Kapillarraums nicht mehr zur Verfügung stehen. Auch muss darauf hingewiesen werden, dass bei Druckinjektionen grundsätzlich ein dichtes Mauerwerk vorhanden sein muss, d. h. eventuell vorhandene Risse und Hohlräume sind unbedingt vorher zu füllen, sonst ist ein ausreichender Druckaufbau nicht möglich. Die Hohlraumfüllung spielt wiederum bei der noch zu behandelnden Mehrstufeninjektionstechnik eine wesentliche Rolle.

16.2.2.9 Durchführung einer Injektion

Während bei den mechanischen Verfahren die Qualität nahezu ausschließlich von der handwerklichen Durchführung abhängt, kommt bei den Injektionsverfahren der Auswahl der geeigneten Systeme für das jeweilige Mauerwerk und der entsprechenden anwendungstechnischen Seite des Einbringens des Injektionsmittels ins Mauerwerk eine besondere Bedeutung zu. Hier spielen der Mauerwerksaufbau, die Hohlräumigkeit, der Durchfeuchtungsgrad, das Restporenvolumen u.a. eine wichtige Rolle. Eine häufig gestellte Frage ist, ob das Injektionsmittel drucklos oder unter Druck eingebracht werden kann und wenn ja, welcher Druck notwendig ist, um die Verteilung zu gewährleisten. Weitere Fragen, die im Vorfeld geklärt werden müssen, sind z. B. der Bohrlochabstand und die Notwendigkeit des Vortrocknens eines Mauerwerks. Zum Bohrlochabstand kann generell ausgesagt werden, dass er auf keinen Fall größer als 12 cm sein sollte, empfohlen werden 10 cm. Zur Vortrocknung des Mauerwerks gibt es unterschiedliche Möglichkeiten. So kann das Mauerwerk mit Quarzstäben aufgeheizt werden, die in die Bohrlöcher eingebracht sind, man arbeitet mit Mikrowellen oder bei thermisch-konvektiven Verfahren werden Packer gesetzt durch die heiße vorgetrocknete Luft gepresst wird. Es gelingt dann, den Durchfeuchtungsgrad wesentlich abzusenken und die Voraussetzungen für eine bessere Verteilung und Aufnahme des Injektionsmittels zu schaffen. Im Wesentlichen müssen folgende sogenannte Unsicherheitsfaktoren bei einer Mauerwerksinjektion besonders beachtet werden:

- Bohrlochabstand
- Inhomogenität und Hohlräumigkeit
- Durchfeuchtungsgrad
- prinzipielle Wirksamkeit des Injektionsmittels
- Verteilungsmöglichkeit des Injektionsmittels im Kapillarraum
- Entwicklung des Wirkprinzips, z. B. der Hydrophobie.

Wenn man die einzelnen Punkte entsprechend bedacht und im die Planung einbezogen hat, wird dann je nach den Verhältnissen am Mauerwerk die Entscheidung für oder gegen eine drucklose Injektion fallen.

16.2.2.10 Drucklose Injektionsverfahren

Ein großes Problem auf den Baustellen ist nach wie vor das Einbringen der Injektionsmittel. Bei den Druckverfahren ist dies dadurch geregelt, dass hier über Injektionspacker quasi eine Verpressung des Mauerwerks stattfindet. Bei den drucklosen Injektionen dagegen werden heute noch oft recht obskure Techniken angewandt.

Auf vielen Baustellen sieht man immer noch die sogenannte Gießkannentechnik, d. h. die Bohrlöcher werden hier einfach mit der Gießkanne aufgefüllt. Der entsprechende Verarbeiter sieht auf diese Weise nicht, wie schnell das Injektionsmittel abfließt. Hat er z. B. einen Hohlraum im Mauerwerk angebohrt, wird dieser sich sofort füllen und die Gleichmäßigkeit der Verteilung beeinflussen. Des weiteren kommt erschwerend hinzu, dass bei hybrophobierend wirkenden Systemen nach Trockenlaufen des Bohrlochs sich ja die Hydrophobie allmählich einstellt, was beim Nachfüllen in einem gewissen Zeitabstand dazu führt, dass sich das neue Material nicht mehr verteilen kann, da die eingestellte Hydrophobie dies behindert oder gänzlich verhindert.

Wesentlich günstiger ist es, die Injektion über sogenannte Vorratsgefäße vorzunehmen. Unter den Vorratsgefäßen versteht man trichterförmig ausgebildete Gefäße, die in die Bohrlöcher eingesetzt werden. Sie werden abgedichtet und in das Vorratsgefäß wird dann das Injektionsmittel eingefüllt. Man kann bei dieser Technik zumindest sehr gut sehen, wie schnell das Mittel vom Mauerwerk aufgenommen wird und kann dann den Trichter erneut auffüllen, außerdem wird ein entsprechender Injektionsmittelvorrat gebildet, der die Injektion auch während der arbeitsfreien Nachtzeiten oder an Wochenenden weiter stattfinden lässt. Ein weiterer wichtiger Vorteil ist darin zu sehen, dass bei einem schnellen Abfließen des Injektionsmittels mit großer Sicherheit davon ausgegangen werden kann, dass hier Hohlräume im Mauerwerk sind, so dass die Injektion rechtzeitig abgebrochen werden kann, um erst diese Hohlräume zu füllen.

Entwicklungen der letzten Jahre haben diese Verfahrenstechnik noch etwas verbessert, so werden auf die Injektionslanzen saugfähige Gummikompressen aufgesetzt, die einen allmählichen Übergang des Injektionsmittels in den Kapillarraum des Mauerwerks ergeben. Weiterhin gibt es Kompressen oder Dochte, die in die Bohrlöcher eingesetzt werden und den gleichen Effekt des allmählichen Übergangs bewirken. Eine weitere Entwicklung stellt das sogenannte Impulsverfahren dar, hier werden ebenfalls Bohrlochlanzen gesetzt, diese werden zentral mit einem Impulsgeber verbunden, wobei die Anzahl der Sprühimpulse von der Saugfähigkeit des jeweiligen Mauerwerks abhängt. Das Gerät arbeitet selbsttätig und schaltet erst ab, wenn die vorausberechnete Menge Injektionsmittel eingebracht ist. Diese hängt natürlich wiederum im Wesentlichen vom Durchfeuchtungsgrad und der Saugfähigkeit ab, sie kann in der Größenordnung von 20 l bis 40 l/m^2 Mauerquerschnittsfläche angegeben werden.

Die neueste Technik der drucklosen Einbringung von Injektionsmitteln ist die Verwendung einer Injektionscreme. Dabei handelt es sich um spezielle Zubereitungen der auch in den Siliconmikroemulsionen eingesetzten Siloxanwirkstoffe, die in einer cremigen Konsistenz gebracht werden. Ähnlich wird ja heute auch bei der Fassadenimprägnierung gearbeitet, wo die flüssigen Imprägniermittel allmählich durch Imprägniercremes abgelöst werden. Die mit einer Spritze in das Bohrloch eingebrachte Imprägniercreme verteilt sich allmählich im Kapillarraum des Mauerwerks, durch die cremige Konsistenz kann sie nicht abfließen, man erhält eine lange Verweil- und Kontaktzeit und damit auch eine gute Eindringtiefe.

Der größte Vorteil des Verfahrens ist der Verzicht auf aufwendige Verarbeitungsgeräte und die Erfassung auch hohlräumiger Mauerwerke, ohne dass die Hohlräumigkeit vorher durch Verpressen mit Injektionsmörteln aufgehoben werden muss. Allerdings können nach den vorliegenden Erfahrungen derartige Cremeprodukte nur bis zu einem Durchfeuchtungsgrad von etwa 50 % eingesetzt werden. Ansonsten ist die Verteilung nicht gesichert. Trocknet man jedoch ein Mauerwerk vor, ist der Einsatz der Injektionscreme sicher problemlos möglich. Um eine endgültige Einschätzung dieser Verfahrenstechnik vornehmen zu können, müssen weitere Erfahrungen gesammelt werden. Die bis heute vorliegenden stimmen jedoch durchaus positiv.

16.2.2.11 Druckinjektion

Es wurde bereits darauf hingewiesen, dass eine Druckinjektion eine wesentlich höhere Sicherheit beinhaltet. Dies hängt mit der unterschiedlichen Flüssigkeitsaufnahme der verschieden großen Poren zusammen. Man kann also durch Druck den Unterschied zwischen dem scheinbaren Porenvolumen und dem Gesamtporenvolumen zusätzlich nutzen und immer eine größere Menge an Injektionsmittel in das Mauerwerk einbringen. Auf diese Zusammenhänge wurde bereits eingehend hingewiesen und sie brauchen an dieser Stelle nicht wiederholt werden. Die Druckinjektion selbst wird über Injektionspacker vorgenommen, die in die Bohrlöcher eingesetzt werden. Der für die Injektion sinnvolle Druck liegt in einer Größenordnung von 5 bar. Das Injektionsmittel wird also über den Packer in das Bohrloch eingebracht und unter Druck verteilt, dabei werden auch Poren gefüllt, die dem kapillaren Wassertransport nicht zugänglich sind. Es kommt mit Sicherheit auch zu einer Neuverteilung des Wassers im Porensystem, wobei es durchaus passieren kann, dass aus Kapillaren Wasser ausgepresst wird, welches sich dann entweder in Luftporen befindet oder, wie bereits selbst beobachtet, direkt aus dem Mauerwerk abfließt.

Um diese Neuverteilung der Feuchtigkeit und die Verteilung des Injektionsmittels zu realisieren, ist es erforderlich, dass der Druck über eine längere Zeit gehalten wird. Die Erfahrungen haben gezeigt, dass der Druck zwischen 10 und 20 Minuten gehalten werden muss. Dies bedeutet, wenn man Bohrloch für Bohrloch verpresst, dass man in einer Stunde nur 3 bis maximal 6 Bohrlöcher befüllen kann. Dies ist unwirtschaftlich und kann so nicht als praxisgerecht eingestuft werden.

Deshalb wurden sogenannte Injektionsgalerien entwickelt, es handelt sich dabei um eine Vorrichtung, mit der in einem Arbeitsgang 7 bis 12 Bohrlöcher gleichzeitig unter Druck gesetzt und verpresst werden. Mit einer derartigen Vorrichtung ist es dann kein wirtschaftliches Problem mehr, den Druck über die oben genannten Zeiträume zu halten. Wichtig ist noch, dass für den Aufbau des Drucks ein geschlossenes System notwendig ist, d. h. wie bereits mehrfach erwähnt, Hohlräume sind vorzufüllen und das Mauerwerk ist im vertikalen Bereich in der Injektionsebene zusätzlich abzudichten, falls hier keine ausreichende Dichtigkeit vorhanden ist. Für diese Abdichtung der Injektionsebene werden zementgebundene Dichtschlämmen verwendet, die man ja letztlich sowieso benötigt, da das Mauerwerk unterhalb der Injektionsebene vertikal abgedichtet werden muss.

16.2.2.12 Mehrstufeninjektion

Auf die Mehrstufeninjektion wurde bereits einige Male hingewiesen. Es handelt sich dabei um eine besonders sichere Variante der Druckinjektion, welche in mehreren Stufen ablaufen kann. Sie wird insbesondere bei Mauerwerken mit großer Inhomogenität und Hohlräumigkeit sowie hohem kapillaren Durchfeuchtungsgraden eingesetzt. Die einzelnen Stufen dieses Verfahrens können wie folgt beschrieben werden:

Stufe 1

Es erfolgt zunächst eine Injektion mit einem besonders fließfähigen Injektionsmörtel zur Hohlraumfüllung des Mauerwerks. Auf diese Weise wird verhindert, dass das später einzubringende eigentliche Injektionsmittel unkontrolliert in die Hohlräume des Mauerwerks abläuft. Diese erste Stufe wird hauptsächlich bei inhomogenen hohlräumigen Mauerwerken der eigentlichen Wirkstoffinjektion vorgeschaltet. Der Injektionsmörtel wird mit einem Druck von ca. 1 – 2 bar verpresst, bis das Mauerwerk kein Material mehr aufnimmt. Die Verpressung erfolgt Packer für Packer, d. h. eine Injektionsgalerie wie oben beschrieben kann für diese Injektionsstufe noch nicht angewendet werden.

Stufe 2

Etwa 30 bis 60 Minuten nach der Hohlraumfüllung wird über dieselben Bohrlöcher der eigentliche Wirkstoff injiziert, wobei für diese Verfahrenstechnik am besten Silikonmikroemulsionskonzentrate in einem Verdünnungsverhältnis zwischen 1:10 und 1:15 mit Wasser geeignet sind. Damit die Verpressung möglich wird, wird vor der Injektion ein neuer Bohrkanal gestochen. Dazu wird der Packer geöffnet und mit einer lanzenförmigen Vorrichtung wird das mit Injektionsmittel gefüllte Bohrloch durchstochen. Es entsteht auf diese Weise der neue, für die zweite Injektionsstufe absolut notwendige Bohrkanal. Dazu muss natürlich der Injektionsmörtel eine gewisse Grünstandsfestigkeit besitzen, diese hängt von der Zusammensetzung des Materials ab und liegt in aller Regel eben zwischen 30 und 60 Minuten. Der Druck der nun zur Wirkstoffeinbringung angewendet wird ist etwas höher als jener der Stufe 1. Es wird bei Stufe 2 mit Drücken von ca. 5 bar je nach Mauerwerk gearbeitet.

Bild 170: Drucklose Injektion über Vorratsgefäße mit einer Siliconemulsion

Bei nicht hohlräumigen Mauern entfällt Stufe 1 und es wird sofort der Wirkstoff injiziert. An dieser Stelle wird nochmals an die besonders wirtschaftliche Lösung der Wirkstoffinjektion mit sogenannten Injektionsgalerien erinnert.

Bild 171: Überprüfung der Konsistenz des Injektionsmittels

Bild 172: Anrühren des Injektionsmörtels für die Mehrstufeninjektion

Stufe 3

Wie bereits erwähnt, kann die Silikonmikroemulsion durch einen alkalischen Wirkstoff aktiviert werden, d. h. der Reaktionsablauf wird beschleunigt und so gesteuert, dass auch bei hohen Durchfeuchtungsgraden die Wirkstoffbildung relativ schnell abläuft, denn erst wenn der Wirkstoff abgeschieden ist, kann die eigentliche Austrocknung des Mauerwerks stattfinden. Zur Aktivierung werden bevorzugt Kombinationsprodukte aus Alkalisilicaten und Alkalisiliconaten eingesetzt. Die Aktivierung der Mikroemulsion erfolgt einige Stunden nach der eigentlichen Injektion. Sie erfolgt wiederum über das gleiche Bohrloch und den gleichen Bohrkanal über den auch der Wirkstoff der zweiten Stufe injiziert wurde. Die Aktivierung der Mikroemulsion wird besonders bei erschwerten Bedingungen vorgenommen. Darunter versteht man hohe relative Luftfeuchtigkeiten, wenn die Injektion von der Innenseite des Objekts durchgeführt wird, und hohe Durchfeuchtungsgrade im Mauerwerk, welche die Wirkstoffbildung stark erschweren.

Es wird noch besonders auf folgendes hingewiesen: Erfolgt die Anwendung der Stufe 1, entsteht im Mauerwerk ein ausreichendes Alkalidepot durch den zementgebundenen Injektionsmörtel, so dass eine schnelle Wirkstoffabscheidung der Mikroemulsion zwangsläufig erfolgt. Es kann unter diesen Bedingungen auf die Aktivierung verzichtet werden.

Die Anwendung der Kombination der einzelnen Injektionsstufen kann der Tabelle 31 entnommen werden, wobei nochmals darauf hingewiesen wird, dass die Mauerwerke zunächst klassifiziert werden müssen, z. B. nach Hohlräumigkeit und Durchfeuchtungsgrad und dass anschließend die notwendigen Injektionsstufen ausgewählt werden.

Es sei auch nochmals angemerkt, dass bei der Mehrstufentechnik entweder die Stufe 2 alleine oder die Stufe 2 in Kombination mit Stufe 1 oder Stufe 3 eingesetzt werden. Es kommt also niemals zur Anwendung aller drei Stufen.

Mauerwerk inhomogen und hohlräumig	Mauerwerk homogen und wenig hohlräumig		
	DFGK <60 %, Luftfeuchtigk. <85 %	DFGK >60 %, Luftfeuchtigk. <85 %	DFGK >60 %, Luftfeuchtigk. >85 %
Stufe 1 Injektionsmörtel	Stufe 2 SMK oder Kombinationsprodukt (KP)	Stufe 2 SMK Stufe 3 evtl. Aktivator KP	Stufe 2 SMK Stufe 3 Aktivator KP
Stufe 2 SMK			

Tabelle 31: Anwendung der Mehrstufeninjektion

DFGK = kapillarer Durchfeuchtungsgrad
SMK = Siliconmikroemulsion

Die Vorteile dieser neuen Injektionstechnik können wie folgt zusammengefasst werden:

- anwendbar bei nahezu allen Mauerwerkstypen, auch bei inhomogenen und hohlräumigen Mauerwerken
- lösemittelfreies, rein wässriges System, daher keine Geruchsbelästigung und keine Entzündungsgefahr
- keine Salzbildung durch den Wirkstoff der Siliconmikroemulsion
- kein Vortrocknen oder Aufheizen des Mauerwerks erforderlich
- unter erschwerten Bedingungen (hoher Durchfeuchtungsgrad und hohe relative Luftfeuchtigkeit) anwendbar, weil aktivierbar
- durch Druckinjektion hohe Sicherheit und geringes Restrisiko.

In der Tabelle 32 sind Anwendungsempfehlungen in Abhängigkeit vom Mauerwerkstyp, der kapillaren Durchfeuchtung und der relativen Luftfeuchtigkeit zusammengestellt. Werden diese Empfehlungen beachtet und wird somit eine technisch einwandfreie Injektion durchgeführt, ergeben sich eine hohe Sicherheit und ein geringes Restrisiko. Injektionsverfahren sind dann durchaus in ihrer Wirksamkeit mit den mechanischen Verfahren der Horizontalabdichtung vergleichbar.

Anwendung bei homogenem Mauerwerk ohne Hohlräume				
Durchfeuchtung Mauerwerk:	Verfahren: drucklos mit Gefäß	Verfahren: drucklos ohne Gefäß	Verfahren: Druckinjektion	Verfahren: Mehrstufeninjektion
rel. Feuchte > 85 % DFGK < 60 %	KP SMK	Injektionscreme	KP SMK	SMK + KP als Aktivator
rel. Feuchte < 85 % DFGK < 60 %	KP SMK	Injektionscreme	KP SMK	–
rel. Feuchte > 85 % DFGK > 60 %	–	–	–	SMK + KP als Aktivator
rel. Feuchte < 85 % DFGK > 60 %	–	–	KP SMK	–
Anwendung bei Mauerwerk mit Hohlräumen				
Durchfeuchtung Mauerwerk:	Verfahren: drucklos mit Gefäß	Verfahren: drucklos ohne Gefäß	Verfahren: Druckinjektion	Verfahren: Mehrstufeninjektion
rel. Feuchte > 85 % DFGK < 60 %	–	Injektionscreme	–	Injektionsmörtel + SMK
rel. Feuchte < 85 % DFGK < 60 %	–	Injektionscreme	–	Injektionsmörtel + SMK
rel. Feuchte > 85 % DFGK > 60 %	–	–	–	Injektionsmörtel + SMK
rel. Feuchte < 85 % DFGK > 60 %	–	–	–	Injektionsmörtel + SMK

Tabelle 32: Anwendungsempfehlungen in Abhängigkeit vom Mauerwerk, vom kapillaren Durchfeuchtungsgrad und der relativen Luftfeuchtigkeit (KP = Kombinationsprodukt, SMK = Silikonmikroemulsion)

Objektergebnisse mit der Mehrstufeninjektion

Zur Verdeutlichung der Wirkungsweise der Mehrstufeninjektion sollen abschließend einige Ergebnisse, die an einem Objekt ermittelt wurden, kurz vorgestellt werden.

Objekt

Mauerwerksaufbau: Mauerdicke ca. 75 cm, Kalksteinmauerwerk, Bruchsteine, Fugen aus Kalkmörtel, Feuchtegehalt vor der Injektion im Mörtelbereich: 9 – 10 M.-%

Versuchsfläche 1

Injektion (11.05.1994): Silikonmikroemulsion, Verdünnung 1:5 mit Wasser, die Injektion erfolgte in zwei Schritten im Abstand von zwei Stunden, der Verbrauch betrug insgesamt 10 l pro laufendem Meter Mauerwerk.

Ergebnis (26.07.1994):

Feuchtegehalt 15 cm unterhalb der Injektionsebene 9,89 M.-%

Feuchtegehalt 15 cm oberhalb der Injektionsebene 7,65 M.-%

Versuchsfläche 2

Injektion (11.05.1994): Silikonmikroemulsion, Verdünnung 1:5 mit Wasser, Verbrauch ca. 10 l Injektionsmittel pro laufendem Meter.

Ergebnis (26.07.1994):

Feuchtegehalt 15 cm unterhalb der Injektionsebene 6,89 M.-%

Feuchtegehalt 15 cm oberhalb der Injektionsebene 12,91 M.-%

Versuchsfläche 3

Injektion (11.05.1994): Silikonmikroemulsion, Verdünnung 1:5 mit Wasser und einem Gemisch aus Kaliwasserglas und Kaliummethylsiliconat (Kombinationsprodukt). Die Injektion erfolgte in zwei Stufen, zunächst Injektion der Mikroemulsion, ca. zwei Stunden später das hochalkalische Kombinationsprodukt. Verbrauch ca. 10 l Injektionsmittel pro laufenden Meter Mauerwerk.

Ergebnis (26.07.1994):

Feuchtegehalt 15 cm unterhalb der Injektionsebene 11,06 M.-%

Feuchtegehalt 15 cm oberhalb der Injektionsebene 3,73 M.-%

Versuchsfläche 4

Injektion (11.05.1994): Silikonmikroemulsion, Verdünnung 1:10 mit Wasser und einem Kombinationsprodukt aus Kaliwasserglas und Kaliummethylsiliconat. Die Injektion erfolgte in zwei Stufen, zunächst Injektion der Mikroemulsion, ca. zwei Stunden später das hochalkalische Kombinationsprodukt.

Ergebnis (26.07.1994):

Feuchtegehalt 15 cm unterhalb der Injektionsebene 10,29 M.-%

Feuchtegehalt 15 cm oberhalb der Injektionsebene 1,14 M.-%

Diese Versuche zeigten deutlich, dass die alkalisch aktivierte Injektion nach Stufe 3 der Mehrstufeninjektion (Fläche 3 und 4) mit Abstand die besten Ergebnisse aufweist. Ähnliche Ergebnisse wurden bei weiteren Versuchsreihen erhalten, so dass letztlich die Mehrstufeninjektionstechnik als besonders wirksames Verfahren in den Markt eingeführt werden konnte.

Qualitätssichernde Maßnahmen für Injektionsverfahren

Das bisher Dargelegte hat sicher deutlich gezeigt, dass bei einer Injektion eine ganze Reihe von Unsicherheiten vorhanden ist, so dass sich immer ein relativ hohes Restrisiko bezüglich der Wirksamkeit und Haltbarkeit ergibt. Um dieses Risiko zu minimieren, sollte auf jeden Fall eine Qualitätssicherung vorgesehen werden. Diese beginnt damit, dass man zunächst das Mauerwerk im Sinne einer Bauzustandsanalyse untersucht, um sicher zu gehen, dass es für ein Injektionsverfahren überhaupt geeignet ist. Ist dies der Fall, sollte aufgrund der ermittelten Durchfeuchtungsgrade die Verfahrenstechnik bestimmt werden.

Für die einzusetzenden Injektionsmittel sind entsprechende Prüfzeugnisse vorzulegen, damit deren Wirksamkeit sichergestellt ist. Dann kann sich eine Probeinjektion an einer Teilstrecke anschließen, bei der z. B. der durchschnittliche Materialbedarf ermittelt wird. Auf diese Weise kann dann auch eine exakte Ausschreibung erfolgen sowie genaue Angaben über Verfahrenstechnik, Injektionsmittel, Bohrlochabstand und sonstige Kriterien gemacht werden.

Nach der Durchführung der Injektion, sollte die Wirksamkeit durch Probenentnahme unterhalb und oberhalb der Bohrlochreihe verfolgt werden, wie dies bereits oben bei den Versuchen mit der Mehrstufeninjektion dargelegt wurde. Zur Verfolgung der Wirksamkeit ist ein Zeitraum von einigen Monaten einzuhalten, da die Reduktion des Wassergehalts nicht so schnell stattfindet, dass sich innerhalb kürzester Zeit entsprechende Erfolge nachweisen lassen.

In den Tabellen sind Ergebnisse solcher Qualitätsprüfungen am Beispiel des Freskenhofs in Obereglfing, des Wohnhauses Lentner in Ebersberg und der Klosterkirche in Zarrentin zusammengestellt. Der Freskenhof wurde im Mai und Juni 1983 mit einer Bohrlochinjektion abgedichtet. Verwendet wurden dort hydrophobierende und kapillarverdichtende Kombinationsprodukte. Das Objekt zeigt bis heute keine auf aufsteigende Mauerfeuchtigkeit zurückzuführende Schäden und das nach einer

Bild 173: Anmischen der Siliconmikroemulsion

Standzeit von ca. 20 Jahren. Am Wohnhaus Lentner wurde im März 1991 eine Silikonmikroemulsion injiziert, bei einem Durchfeuchtungsgrad von fast 100 % war bereits nach drei Monaten ein deutlicher Trocknungseffekt nachweisbar. Ähnliche Ergebnisse wurden auch in Zarrentin erhalten.

Auf diese Weise konnte an diesen Objekten die Wirksamkeit der Injektionen einwandfrei nachgewiesen und bestätigt werden. Leider wird auf die hier angesprochenen Qualitätssicherung häufig verzichtet, da sie zu aufwendig erscheint. Man nimmt lieber Sanierungsmisserfolge in Kauf, die wesentlich teurer sind als die qualitätssichernde Überwachung. Dies schadet den Injektionsverfahren beträchtlich, da ein solch diffiziles System letztlich von einer Qualitätssicherung abhängt und mit ihr steht und fällt. Es wäre zu wünschen, dass dies endlich auch die Hersteller von Injektionsmitteln und die Anwender derartiger Verfahren begreifen, da sie sich ja sonst ihr Tätigkeitsfeld selbst entziehen.

Bilder 174 und 175: Das für die Injektion vorbereitete Mauerwerk und Durchführung der Injektion mit einer sogenannten Injektionsgalerie

Proben-bezeichnung	Salzgehalt halbquantitativ			Hygroskopische Ausgleichs-feuchte in M.-%		Feuchtigkeitsgehalt in M.-% (Darr-Methode)		
	Cl^-	SO_4^{2-}	NO_3^-	5/83[2)]	8/84[2)]	5/83[2)]	8/83[2)]	8/84[2)]
1 Giebelseite	1	0	0	0,81	1,13	4,72	4,74	1,97
1a Giebelseite	1	0	0	–	0,90	–	1,75	2,36
2 Giebelseite	1	0	0	0,65	0,53	4,01	1,54	1,57
3 Giebelseite	2	2	0	0,66	0,72	1,02	1,73	0,79
4 Straßenseite	1	2	0	1,18	0,49	5,32	2,05	0,63
5 Straßenseite	2	2	0	0,53	0,84	2,11	2,55	1,47
6 Straßenseite	1	2	0	0,65	0,46	3,37	1,60	0,47
6a Straßenseite	–	–	0	–	–	–	3,02	–
7 Straßenseite	2	2	0	0,93	0,64	3,20	–	1,44
		Mittelwert:		0,77	0,71	3,39	2,71	1,33

[1)] 0 nichts, 1 vorhanden, 2 schwach, 3 mittel 4 stark.
Gesamtsalzgehalt < 1,0 M.-%
[2)] erster Wert: Monat; zweiter Wert: Jahr

Tabelle 33: Trockenlegung Freskenhof, Obereglfing – Messergebnisse

Mess-stelle	Lage	28.02.1991	13.05.1991	01.07.1991	Sättigungs-feuchte M.-%
5	unterhalb Sperre	96	97	98	16
6	oberhalb Sperre	95	67	48	16
7a	unterhalb Sperre	99	82	97	17
7b	oberhalb Sperre	-99	96	81	17
1	oberhalb Sperre	97	39	13	16

Tabelle 34: Verlauf der Trockenlegung (Injektion März 1991), Durchfeuchtungsgrad DFG %
Objekt: Wohnhaus Lentner, Ebersberg

16.3 Vertikale Bauwerksabdichtung

16.3.1 Feuchtigkeit in den Wänden von Altbauten

Bis Mitte des 20. Jahrhunderts waren bedingt durch das Fehlen technischer und zum Teil auch finanzieller Möglichkeiten oft bis zu 50 % der Wände in Gebäuden durch Feuchtigkeit in der Nutzung mehr oder weniger stark eingeschränkt bzw. den Ansprüchen entsprechend nicht mehr nutzbar. Seit den 60er Jahren wurden sukzessive Produkte und Systeme entwickelt und eingesetzt, um die Altbaufeuchtigkeit in den Griff zu bekommen und die Räume dem heutigen Wohnstandard entsprechend instand zu setzen. Diese, seit den 60er Jahren bewährten Produkt-Systeme sind für die Sanierung grundwassergeschädigter Kellergeschosse planmäßig geeignet.

Dass Feuchtigkeit die Bausubstanz schädigt und auch gesundheitliche Beschwerden auslösen kann, ist bekannt.

16.3.2 Wasseraufnahme von Wänden

Abgesehen von reinen Bauschäden durch Undichtigkeiten im Dach oder Wandbereich zeigt die nachfolgende Skizze wichtige Mechanismen der Wasseraufnahme von Mauerwerk aus seiner Umgebung.

Eine weitere Feuchtigkeitsbelastung ist der sich ändernde Grundwasserstand am Gebäude. Auch hier kann natürlich durch ganz normale Undichtigkeiten Wasser in das Gebäude eindringen.

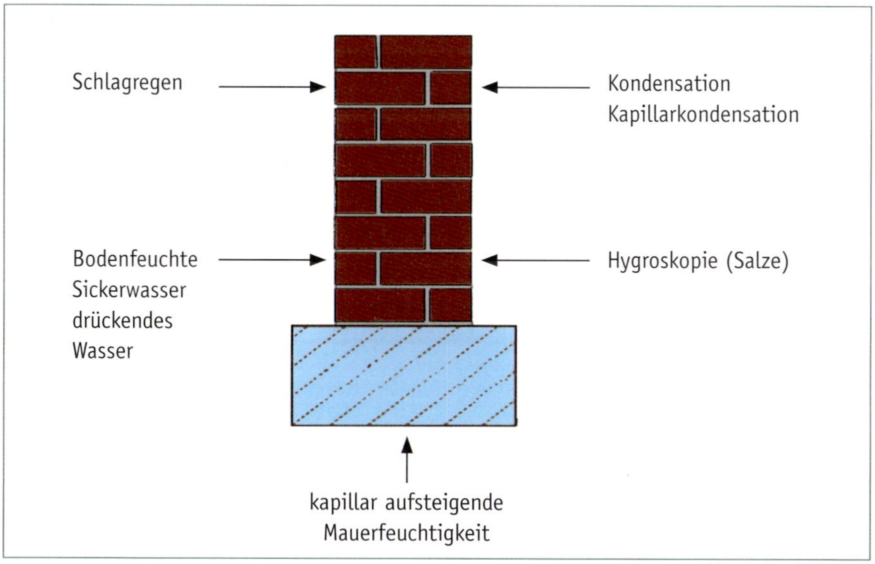

Bild 176: Wasseraufnahme von Mauerwerk

16.3.3 Verfahren und technische Möglichkeiten der Instandsetzung von feuchtem Mauerwerk

Seit über 4 Jahrzehnten werden namhafte Objekte im Bestand mit mineralischen Systemen dauerhaft abgedichtet und der bisherigen Nutzung oder neuer Nutzung zugeführt. Feuchtetechnisch sind hier nach Vorprüfung im allgemeinen folgende Kernaufgaben zu lösen:

- vertikaler Schutz gegen Wasser im Erdreich
- Feuchteschutz (innen)
- Injektionen gegen kapillar aufsteigende Mauerfeuchte
- Schutz gegen Mauersalze
- Verminderung von Oberflächenkondensation
- Sanierputzanwendung.

Zur Lösung dieser Aufgaben gibt es folgende Instandsetzungsverfahren:

- mineralische vertikale Abdichtung mit Tiefschutz und sulfatbeständige Dichtschlämmen
- Tiefschutzinjektion (porenverengend und hydrophobierend) mit wasserlöslichem Kieselsäurepräparat
- Instandsetzung der Wandflächen durch porenhaltige Leichtputze/Sanierputze
- dekorative Oberflächengestaltung durch Siliconemulsionsfarben mit Grundierung
- nachträgliche Außenabdichtungen im KMB-System.

16.3.4 Fallbeispiel für fachgerechte Planung und Ausführung

Jede Abdichtungs- und Instandsetzungsmaßnahme erfordert eine Voruntersuchung des Bauwerks und seiner Teile. Die Voruntersuchungen richten sich nach dem Objekt und den Anforderungen an die Nutzung des Bauwerkes.

Bild 177: Schürfgrube zur Feststellung von Schäden

Wirkung und Dauerhaftigkeit einer Bauwerksinstandsetzung hängen aber nicht nur von ihrer fachgerechten Planung und Ausführung ab, sondern vor allem von der zweckmäßigen Planung und Ausführung des gesamten Bauwerkes und seiner Bauteile. Der verantwortliche Bauwerksplaner oder Architekt hat sein besonderes Augenmerk darauf zu legen, dass alle Maßnahmen nach den anerkannten Regeln der Technik (a. R. d. T.) ausgeführt werden.

Die Bauwerke sind auf folgende Gegebenheiten zu untersuchen:

- Schadensformen, Art, Ausmaß, Besonderheiten
- Vorhandene Abdichtungen Art, Lage, Zustand, Mängel und deren Ursachen, frühere Instandsetzungen
- Dränungen, Art, Lage, Vorflut
- Baugrund
- Bodenfeuchte, nichtstauendes Sickerwasser (an Bodenplatten und Wänden)
- nichtdrückendes Wasser (auf Deckenflächen)
- drückendes Wasser, Aufstauendes Sickerwasser
- kapillar aufsteigende Feuchtigkeit

Wenn das Bauwerk, sprich der Keller, nachträglich abzudichten ist, muss grundsätzlich entschieden werden, welche Abdichtungsart die richtige ist:

16.3.5 Außenabdichtung oder Innenabdichtung

Die Abdichtungsart richtet sich nach den Hauptfeuchteursachen im Fundament- und Sockelbereich. Ein weiteres Kriterium ist die Bauwerksnutzung und Erreichbarkeit der Bauteile.

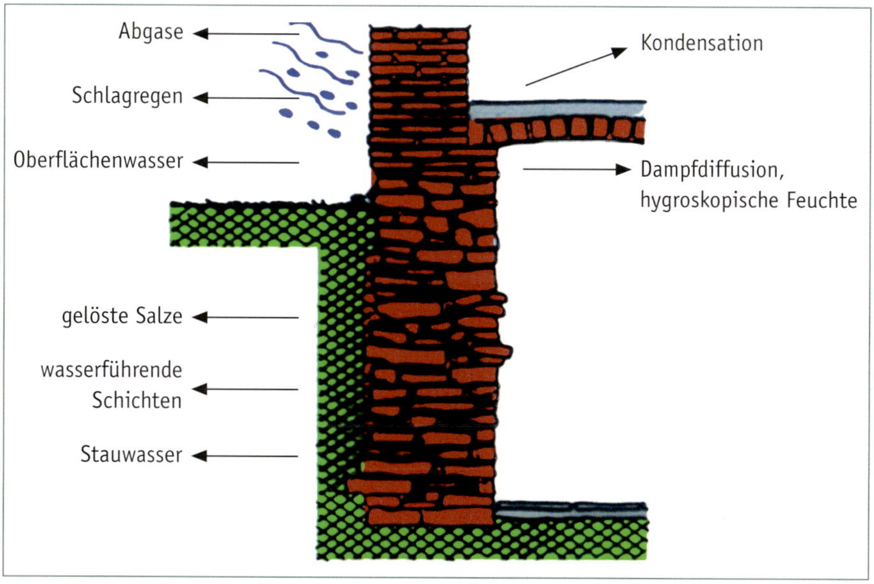

Bild 178: Hauptfeuchteursachen im Fundament- und Sockelbereich

Bauwerks- und Laboruntersuchungen haben so zu erfolgen, dass sie repräsentativ sind und nicht zu Verfälschungen der Untersuchungsergebnissen führen. Die Feuchteursache muss analysiert werden und die festgestellten Ergebnisse sind dann zu interpretieren.

Auch sind bauschädliche Salze zu ermitteln und zu bewerten. Zur Unterstützung von Innenabdichtungen können Schleierinjektionen zur Anwendung kommen.

Diese Injektionsverfahren finden Anwendung als Abdichtung gegen sämtliche Wasserbeanspruchungen/Lastfälle. Bei kapillar transportierter Feuchtigkeit wird auch auf das WTA-Merkblatt 4-4-04 »Mauerwerksinjektion gegen kapillare Feuchte« verwiesen. Schleierinjektionen finden auch ihre Anwendung bei der nachträglichen Abdichtung erdberührter Bauteile, bei stark wasserführenden Rissen und zur Verfüllung von Hohlräumen, sowie zur Bodenstabilisierung.

Beispiel

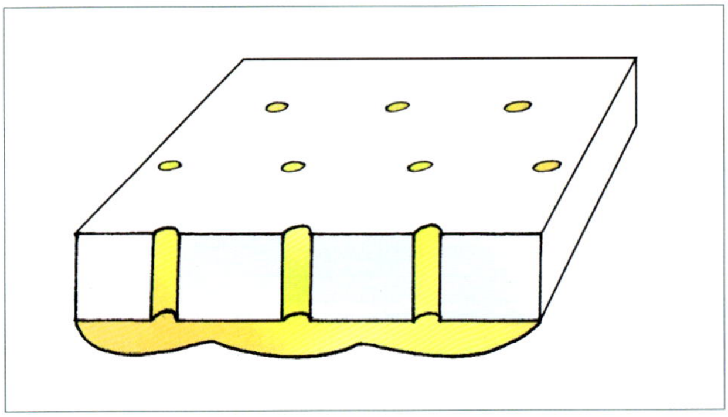

Bild 179: Anordnung der Bohrlöcher bei der Abdichtung von Bodenplatten

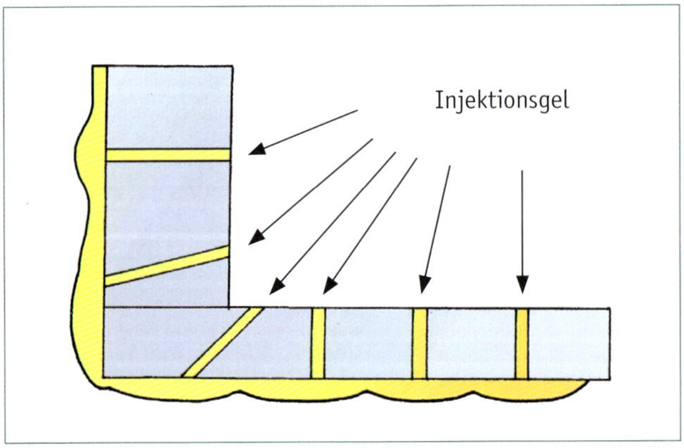

Bild 180: Anordnung der Bohrlöcher bei Abdichtung von Bodenplatten und angrenzendem Mauerwerk

Dabei können starr oder elastisch aushärtende Injektionsstoffe direkt in das Bauteil oder in dem das Bauteil umgebenden Bereich (Außenbereich) eingebracht werden. Die Injektionen können im Hoch- oder Niederdruckverfahren erfolgen. Diese Injektionsarbeiten dürfen nur von qualifiziertem Personal ausgeführt werden. Eine nachträgliche Kelleraußenabdichtung kann nun nach folgendem Ablauf ausgeführt werden:

Bild 181: Aufnehmen der gesamten Pflasterung/Plattenbelages einschließlich Unterbau entlang der Außenwände und Freilegen des Grundmauerwerks bis zu Unterkante Bodenplatte

Bild 182: Mauerwerk, Putz oder vorhandene Abdichtungen sind dann zu reinigen und sämtliche Verschmutzungen und nicht festhaftende Teile müssen dabei entfernt werden.

Bild 183: Einstreuen mit Quarzsand

Bei vorhandenem Schwarzanstrich werden die Außenwände mit einem dünnen Auftrag aus Bitumenlösung vorgestrichen und frisch mit feuergetrocknetem Quarzsand H 33 abgesandet. Nach einer Wartezeit von mind. 1 Tag in ähnlicher Form wie im Neubaubereich mit einer kunststoffmodifizierten Bitumendickbeschichtung abdichten. Ist eine nachträgliche Außenabdichtung nicht möglich, so kann das Bauwerk von innen nach folgendem Ablaufschema abgedichtet werden:

Bild 184:
Der Altputz ist zu entfernen, mindestens 80 cm über Feuchtigkeitsrand. Die schadhaften Fugen sind auszuräumen (bis 2,0 cm tief) und die Flächen zu reinigen. Vorhandene Anstriche von Wand-/Bodenflächen werden dann mechanisch im Nebelstrahlverfahren mit regulierbarem Strahldruck unter Verwendung einer Softstrahldüse gereinigt.

Bild 185:
Die Estriche im Wand-/Boden-Anschluss sind zu entfernen ...

Bild 186:
... und Zwischenwände 25 cm breit zum Durchziehen der Abdichtung abzutrennen.

Bild 187: Offene Fugen mit Mörtel verschließen und Ausbruchstellen und Wandflächen mit Grundputz egalisieren

Bild 188: An sämtlichen Mauerwerksvorsprüngen bzw. im Wand-/Bodenanschluss werden Dichtungskehlen mit 5,0 cm Schenkellänge aus Dichtmörtel hergestellt.

Nun beginnt die eigentliche sulfatbeständige, mineralische Innenabdichtung auf vorbereitete Wandflächen in dreifacher Folge. Die letzte Folge bekommt einen Spritzbewurf aus Vorspritzmörtel vollflächig deckend und nach einer Wartezeit von mindestens 3 Tagen erfolgt ein Neuverputz mit Sanierputz Werktrockenmörtel geprüft und güteüberwacht.

Bild 189: Aufbringen der Dichtschlämme

Bild 190: Sanierputzauftrag

Die Putzflächen können nach Erhärtung des Unterputzes mit Feinputz dünn überspachtelt werden. Mit Schwammbrett, Holz- oder Filzscheibe kann die gewünschte Oberfläche hergestellt werden.

Der Keller ist nun ein hochwertiger Nutzraum, dank einer zweckmäßigen Planung und Ausführung.

16.4 Wunsch- und Scheinverfahren

Immer wieder versuchen es geschäftstüchtige »Vertreter und Erfinder« den oben skizzierten gesicherten Ablauf von Instandsetzungsmaßnahmen außer Kraft zu setzen und stattdessen unter Missachtung der Naturgesetze irgendwelchen Hokuspokus ins Spiel zu bringen. Dabei werden wahre Wunderdinge versprochen und das ganze noch mit »Geld zurück Garantie« quasi seriös gemacht. Bei Privatleuten ziehen dann noch Argumente wie

- keine Lärmbelästigung
- kein Bohren, Hämmern oder Klopfen
- kein Dreck und Schmutz
- keine Chemie (!!)

Diese Scheinverfahren lassen sich vereinfacht in folgende Kategorien einteilen:

- Verfahren der Belüftung und Beheizung
- Verfahren der Elektroosmose
- Zauberkästchen
- Pseudosanierputze.

Zu den einzelnen Verfahrensvarianten lassen sich folgende allgemein gültige Aussagen und Angaben machen.

16.4.1 Belüftung und Beheizung von Mauerwerk

Diese Verfahren sind seit vielen Jahrzehnten bekannt und beruhen auf der Vorstellung, dass eine Wand dann trocken wird, wenn Luft vorbeiströmt und dabei Feuchtigkeit aufnimmt (Prinzip des Wäschetrocknens auf einer Leine). Dies ist ja prinzipiell richtig, kann aber nur funktionieren, wenn entweder keine Feuchtigkeit nachströmt (aufsteigende Mauerfeuchtigkeit!) oder die Trocknungsleistung größer ist als die Durchfeuchtungsleistung. Letzteres ist jedoch sicher nur mit einer zusätzlichen Beheizung der Wandflächen erreichbar. Enthält das nachströmende Wasser gelöste Salze (was eigentlich immer der Fall ist) werden diese Salze im Bereich der Verdunstungszonen abgeschieden. Sie kristallisieren also und können dabei den Baustoff mechanisch zerstören und hygroskopische Effekte der Rückbefeuchtung auslösen. Es wird noch darauf hingewiesen, dass Wandheizungen dann natürlich auch im Sommer betrieben werden müssen. Die Ursachen (fehlende Abdichtung) für die Mauerfeuchtigkeit werden weder durch Belüftung noch durch Beheizung abgestellt, damit liegt ein echtes Scheinverfahren vor. Die Belüftungs- und Beheizungsverfahren werden als folgende Varianten angeboten bzw. angewendet:

- Belüftungsgräben
- Belüftungsschächte
- Belüftungsröhrchen (Knapensche Röhrchen, Mauerlungen)
- Schemelsteine
- Sockelleistenheizung vor der Wand
- Beheizung der Wand unter Putz
- Hypokausten-Heizung.

16.4.2 Elektroosmose

Die Verfahren der klassischen Elektroosmose beruhen auf folgendem physikalischen Prinzip: In einem kapillarporösen Festkörper, der mit Elektrolyten in Kontakt steht bildet sich an den Porenwänden eine elektrische Doppelschicht aus. Beim Anlegen einer elektrischen Gleichspannung an den Enden eines solchen Kapillarsystems wird ein Strömen der Elektrolytflüssigkeit (Wasser) beobachtet. Diese Erscheinung heißt Elektroosmose.

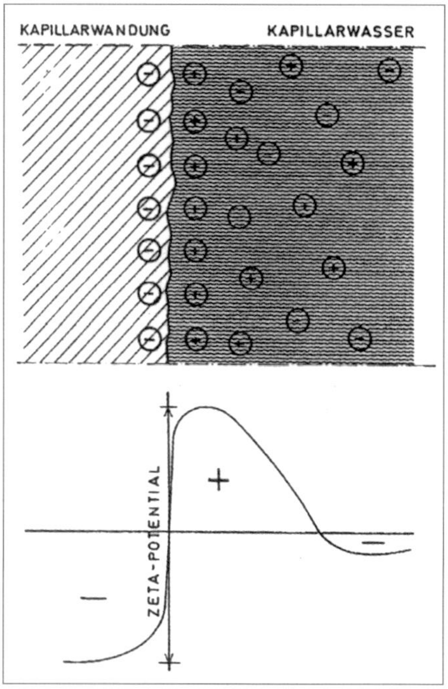

Bild 191: Darstellung der elektrischen Doppelschicht und des Zeta-Potenzials

Die klassische Formel für den elektroosmotischen Flüssigkeitstransport lautet:

$$V_{eo} = \frac{\varepsilon_0 \, \varepsilon E \, \zeta}{\eta}$$

mit

V_{eo} elektroosmotische Transportgeschwindigkeit [m/s]
ε_0 Dielektrizitätskonstante des Vakuums [C^2/Nm^2]
ε relative Dielektrizitätskonstante des Elektrolyten
E elektrisches Feld [V/m]
ζ Zeta-Potenzial [V]
η Viskosität des Elektrolyten [Ns/m^2]

16.4.3 Strömungspotenzial

Das Strömungspotenzial behandelt den Umkehreffekt zur Elektroosmose. Wandert eine Elektrolytlösung aufgrund einer bestehenden Druckdifferenz durch einen kapillarporösen Feststoff, an dessen Oberfläche sich eine elektrische Doppelschicht ausgebildet hat, so werden bewegliche Ionen der diffusen Doppelschicht mitgerissen. Folglich entsteht entlang der Kapillaren eine Potenzialdifferenz, das Strömungspotenzial. Es gilt:

$$U_{St} = \frac{\varepsilon_0 \, \varepsilon \Delta P \, \zeta}{\eta \, \sigma}$$

mit

U_{St} Strömungspotenzial [V]
ε_0 Dielektrizitätskonstante des Vakuums [C^2/Nm^2]
ε relative Dielektrizitätskonstante des Elektrolyten
ΔP Druckdifferenz zwischen den Kapillarenden [N/m^2]
ζ Zeta-Potenzial [V]
η Viskosität des Elektrolyten [Ns/m^2]
σ elektrische Leitfähigkeit der Elektrolytlösung [C/Vms]

Das Strömungspotenzial ist also eine Folge des Elektroosmotischen Effekts und auf keinen Fall dessen Ursache. Elektroosmotische Entfeuchtungsverfahren werden seit vielen Jahrzehnten angeboten und zwar in verschiedenen Varianten. So kennt man die

- aktive Elektroosmose
- passive Elektroosmose
- Einstabelektroosmose.

16.4.4 Aktive Elektroosmose

Bei diesem Verfahren wird im Mauerwerk oberhalb des Geländes eine Elektrode als Anode verlegt und im Erdreich nahe dem Mauerwerk oder im Mauerwerk eine weitere Elektrode angebracht die als Katode dient. (siehe Bild 192). An die Elektroden wird dann eine Spannung von ca. 2–10V angelegt. Bei einem Verfahren aus der DDR betrug die Spannung ca. 50V (AET-Verfahren).

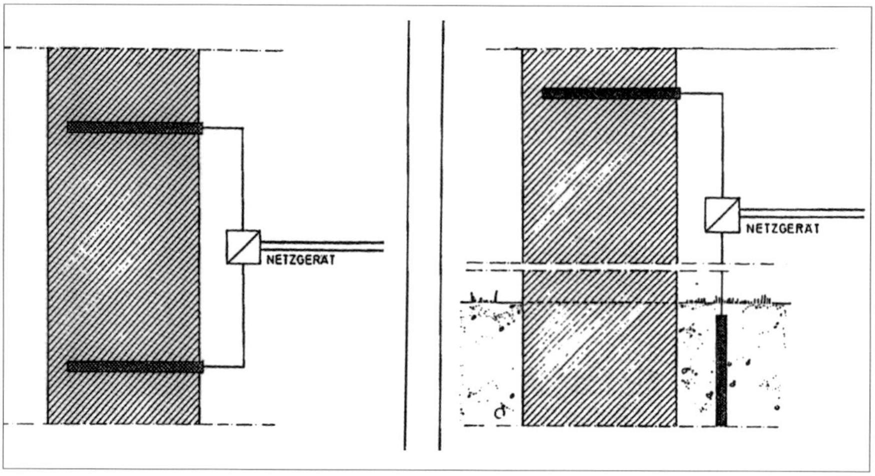

Bild 192: Beispiele für die Anordnung der Elektroden bei aktiver Elektroosmose

Im Lauf der Jahre hat es eine ganze Reihe von Verfahrensvarianten gegeben mit immer besseren und korrosionsbeständigeren Elektroden. Alle Verfahren sind nach kurzer Zeit wieder verschwunden und durch neue mit vielversprechenden Namen ersetzt worden. Genutzt hat es nichts. den Autoren ist in mehreren Jahrzehnten Berufserfahrung kein einziges Objekt bekannt geworden, bei dem mit aktiver Elektroosmose alleine ein Erfolg eingetreten ist.

16.4.5 Passive Elektroosmose

Im Unterschied zur aktiven Elektroosmose wird bei der passiven Elektroosmose ohne Fremdstrom gearbeitet. Das bedeutet, dass die entsprechende Anlage aus sich selbst die Energie holen muss, damit überhaupt ein Strom fließt und sich ein elektrisches Feld aufbauen kann. Dies geschieht durch die Verwendung unterschiedlicher Elektrodenwerkstoffe z. B. unterschiedlicher Metalle wie Kupfer und Eisen. Durch die verschiedenen Normalpotenziale entsteht eine Art Batterieeffekt, der solange keine Korrosion stattgefunden hat (also vorübergehend) eine Spannung liefert (Cu/Fe ca. 1V), die die Wasserwanderung zur Katode bewirken soll. Wenn sich schon bei der aktiven Elektroosmose keine nachweisbare Wirksamkeit ergibt kann man das bei der passiven Variante natürlich erst recht nicht erwarten.

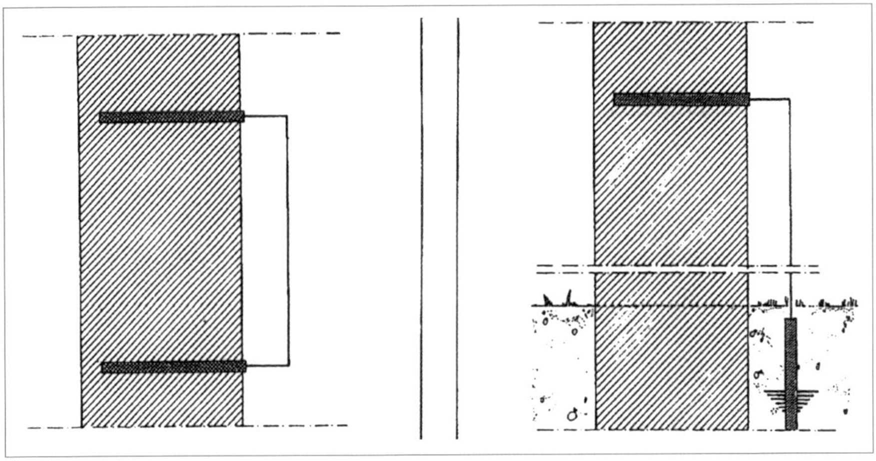

Bild 193: Beispiele für die Anordnung der Elektroden bei passiver Elektroosmose

16.4.6 Einstabelektroosmose

Die Einstabelektroosmose (Ladikom-Verfahren) wurde in den 70er Jahren des vergangenen Jahrhunderts in der damaligen DDR und zwar an der Ingenieurhochschule in Wismar entwickelt und auch patentiert (!). Es ist eine der skurrilsten Erfindungen, die Ursache und Wirkung vertauscht. Trotzdem konnte das Verfahren in Lizenz z. B. in die Niederlande und nach Österreich verkauft werden. Bei diesem Verfahren werden schräg nach unten Löcher ins Mauerwerk gebohrt und Eisenstäbe eingesetzt. Diese sollen die durch das strömende Wasser entstandenen Ladungsunterschiede (Strömungspotenzial) kompensieren und damit weitere kapillare Wasserwanderung verhindern. Daher kommt auch der Name des Verfahrens Ladikom bedeutet also **Lad**ungs**kom**pensation. Das ganze kann schon deshalb nicht funktionieren, weil eben das Strömungspotenzial nicht die Ursache des strömenden Wasser ist, sondern dessen Folge. Man sieht wiederum: »Nichts ist so blöd, dass man es nicht patentieren und vermarkten kann«.

Die wichtigsten Gesichtspunkte für die in der Realität festgestellte Wirkungslosigkeit der Elektroosmoseverfahren sollen wie folgt zusammengefasst werden:

- Die Leistungsfähigkeit des elektroosmotischen Effekts wird durch die Abhängigkeit von der angelegten Spannung begrenzt, da schon aus Sicherheitsgründen nur mit relativ niedrigen Spannungen gearbeitet werden kann (ca. 6 V).
- Die Korrosionsbeständigkeit der Elektroden führt im Einzelfall zum völligen Ausfall.
- Das Zetapotenzial kann sein Vorzeichen umdrehen und damit den Effekt umdrehen.
- Der Salzgehalt des Mauerwerks spielt eine entscheidende Rolle.
- Elektroosmoseverfahren sind keine Abdichtungen und können diese auch nicht ersetzten.

16.4.7 Zauberkästchen

Seit ca. 30 Jahren werden unter verschiedenen Namen die meistens mit den Silben »pol« oder »mat« enden Geräte angeboten, die das Feuchteproblem in Mauerwerken auf eleganteste Art und Weise lösen und dabei eine unglaubliche Marktposition erreicht haben. Ein Hersteller versichert mindestens 20 000 Geräte verkauft zu haben, was einen Umsatz von ca. 120 Mio. Euro entspricht (Einzelpreis ca. 6 000 €). Dabei gibt es geschätzt derzeit ca. 10 Anbieter. Die folgenden Ausführungen zur technischen Beurteilung, rechtlichen Bewertung und zur Rolle der Bauverwaltung sind einem Vortrag von Prof. Michael Müller (FH Magdeburg) auf dem Feuchtetag der BAM 1999 in Berlin entnommen.

16.4.8 Technische Beurteilung

Bei der technischen Beurteilung sollte zwischen den »Funkwellen-Geräten« und den magnetokinetischen Geräten unterschieden werden. Die Geräte, die Funkwellen aussenden sollen, behaupten, auf dem Boden der »Schulphysik« zu stehen. Mehr oder weniger gelungen werden Erklärungsmodelle angeboten, die indes von der Fachwissenschaft als nicht zutreffend zurückgewiesen werden. Durchweg können die Vertreiber Patente vorweisen. Anzumerken ist dazu, dass prinzipiell jede Energiezufuhr theoretisch im Laufe eines genügend langen Zeitraumes eine Trocknung von Mauerwerk bewirken könnte. Insofern besteht beim Patentamt gegenüber den betreffenden Firmen keine Handhabe, ein Patent zu verweigern, solange der Trockenlegungszeitraum nicht benannt wird.

Anders sieht es bei den magnetokinetischen Geräten aus. Diese Geräte sollen ohne zugeführte elektrische Energie eine Trocknung herbeiführen. Der Erfinder des Gerätes setzt dabei auf den »Gravo-Magnetismus« – eine Energieform, die der »Schulphysik«, höflich gesagt, neu ist.

16.4.9 Pseudosanierputze

Neben den in ihrem klar definierten technischen Eigenschaftsbild dargestellten Sanierputzen nach WTA (siehe WTA Merkblatt 2-9-04 Sanierputzsysteme) werden unter schillernden, fantasiereichen Bezeichnungen immer wieder wahre »Wunderputze« angeboten. Hier sind z. B. Bezeichnungen wie »Entfeuchtungsputz« oder »Feuchteregulierungsputz« anzutreffen. Bei der Darstellung der Eigenschaftsbilder werden von den Herstellern und Vertreibern alle möglichen Register gezogen, um aus einem ganz normalen mineralischen Putz (-system) ein wahres Wunderprodukt zu machen. Dabei scheuen sich viele nicht darauf hinzuweisen, dass mit ihren Putzen weder Bauzustandsanalysen, noch irgendwelche flankierende Maßnahmen notwendig sind. Der Putz allein entfeuchtet das Mauerwerk, wie auch immer dies geschehen mag. Da spielt die Art und Menge der vorhandenen Salze, deren Hygroskopizität oder gar die verschiedenen Ursachen der Wasseraufnahme plötzlich keine Rolle mehr. Schaut man hinter die Kulissen und vergleicht die technischen Kenndaten derartiger Putze z. B. mit den WTA-gerechten Sanierputzen, treten merkwürdige Ungereimtheiten auf.

Besondere Atmungsaktivität der Putze (gemeint ist die Wasserdampfdurchlässigkeit) erhält man demnach dann, wenn die Diffusionswiderstandszahlen, also die µ-Werte, z. T. ein Vielfaches des im WTA-Merkblattes zulässigen Wertes betragen. Wie sich unter diesen Bedingungen die versprochene Wirkung einstellen soll bleibt Geheimnis der Hersteller. Ähnliche Betrachtungen lassen sich z. B. für die Wasseraufnahmefähigkeit, die Druckfestigkeit und andere technische Eigenschaften feststellen. Fazit des Ganzen: der angepriesene Putz ist wesentlich besser als die WTA-Sanierputze, die ja bekanntermaßen alleine nicht wirksam sind und letztlich versagen müssen.

Das Problematische an diesem Sachverhalt ist darin zu sehen, dass es ahnungslose Kunden gibt, die immer wieder auf derartige Werbesprüche hereinfallen. Nach dem Versagen des Wunderputzes wird von den Fachleuten meist lapidar festgestellt, dass Sanierputze doch keine Allheilmittel sind und man sich deshalb wohl mit den Bauschäden durch Feuchte- und Salzbelastung abfinden muss. Diese Vorgehensweise wiederholt sich immer wieder und gehört offensichtlich zum Metier. Es soll noch darauf hingewiesen werden, dass Putz generell keine Abdichtungsmaßnahme darstellt, sondern »nur« eine flankierende.

16.4.10 Sanierputz-Systeme und Beschichtungen

Die häufigsten Fehler bei der Anwendung von Sanierputzen:

- Das Mauerwerk wird nicht sorgfältig gereinigt und vorbereitet.
- Das Mauerwerk ist zu weich und besitzt keine ausreichende Tragfähigkeit.
- Der Spritzbewurf wird zu dick aufgetragen.
- Statt eines weichen Porengrundputzes wird als durchgängige Putzlage ein Ausgleichsputz (zu hohe Festigkeit) aufgebracht (Rissbildung im Sanierputz).
- Der Sanierputz wird in unterschiedlichen Schichtdicken aufgebracht.
- Die Schichtdicke des Sanierputzes ist zu gering.
- Bei zweischichtigen Sanierputzsystemen wird die erste Putzlage nicht ausreichend aufgeraut (z. B. mit einem Putzkamm).
- Das Sanierputzsystem wird nicht nach Vorschrift angemischt (zu wenig Luftporen).
- Das Sanierputzsystem wird bei zu hoher oder zu niedriger Luftfeuchtigkeit verarbeitet (empfohlener Bereich: 40 bis 70 %).
- Das Beschichtungssystem besitzt eine zu geringe Wasserdampfdurchlässigkeit und/oder eine zu geringe Wasserabweisung.
- Gips wird zur Fixierung der Elektroinstallation verwendet (Gipstreiben).

16.4.11 Auszüge aus dem WTA-Merkblatt 2-9-04

Das WTA-Merkblatt 2-9-04/D »Sanierputzsysteme« legt die technischen Anforderungen an Sanierputzsysteme fest. Sanierputzsystem bestehen in der Regel aus dem Spritzbewurf, gegebenenfalls aus einem Grundputz, dem Sanierputz und einem Oberputz bzw. Farbanstrich. Diese Materialien müssen aufeinander abgestimmt sein. Es werden Prüf- und Qualitätssicherungsverfahren beschrieben und Hinweise für die Verarbeitung gegeben. Darüber hinaus wird der Ablauf der Zertifizierung des Sanierputzsystems durch die WTA beschrieben.

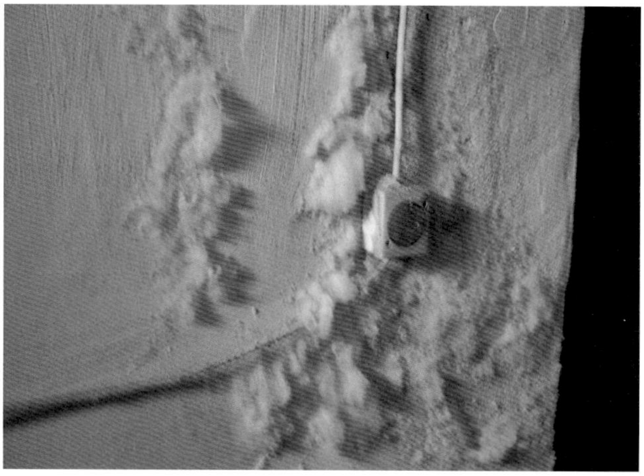

Bild 194: Salzschäden

In den WTA-Merkblättern 2-2-91/D »Sanierputzsysteme« und 2-6-99/D »Ergänzungen zum WTA-Merkblatt 2-2-91/D« wurden die technischen Anforderungen an Sanierputzsysteme mit Prüfkriterien beschrieben. Das vorliegende WTA-Merkblatt 2-9-04/D ersetzt die WTA-Merkblätter 2-2-91/D und 2-6-99/D.

In ihm werden Weiterentwicklungen, neue Erkenntnisse sowie langjährige positive Erfahrungen Rechnung getragen und die Anforderungen der europäischen Norm DIN EN 998-1 berücksichtigt. Die europäische Norm DIN EN 998-1 »Festlegungen für Mörtel im Mauerwerksbau – Teil 1: Putzmörtel« enthält auch Anforderungen an Sanierputzmörtel.

Bei der Sanierung von feuchtigkeits- und salzbelastetem Mauerwerk ist es wichtig, dass nicht nur Sanierputzmörtel allein, sondern komplette Sanierputzsysteme, deren Einzelkomponenten genau aufeinander abgestimmt sind, zum Einsatz kommen. Dies wird in der Norm nicht berücksichtigt.

Die Norm stellt nur »Mindestanforderungen« auf. Das vorliegende WTA-Merkblatt stellt zusätzliche Anforderungen an Sanierputzsysteme. Das Merkblatt gibt auch wichtige Hinweise für Verarbeiter/Fachunternehmer. Somit übernimmt es die Aufgabe, die kompletten Systeme zu beschreiben und deren hohe Qualität zu sichern. Grundputze bzw. Sanierputze, die nach diesem Merkblatt geprüft wurden und alle Anforderungen erfüllen, werden im Folgenden als Grundputze-WTA bzw. Sanierputze-WTA bezeichnet.

16.4.12 Definition – Sanierputz

Baustellenmischungen, die unter Verwendung von Zusatzmitteln hergestellt werden, gelten nach diesem Merkblatt nicht als Sanierputz-WTA bzw. Grundputze-WTA.

Zum Sanierputzsystem gehören Spritzbewurf, Grundputz WTA, Sanierputz-WTA sowie Deckschichten (Oberputz, Farbanstrich). Spritzbewurf und/oder Grundputz können entfallen, wenn dies der Hersteller aufgrund der baulichen Situation (Untergrundbeschaffenheit, Versalzungsgrad) empfiehlt.

Bild 195: Beschichtungsschäden

Werden Deckschichten aufgetragen, so dürfen sie die Eigenschaften des Systems nicht beeinträchtigen. Sanierputzsysteme dienen zum Verputzen feuchter und/oder salzhaltiger Mauerwerke. Baustoffschädigende Salze werden im Putz eingelagert und somit von der Putzoberfläche ferngehalten.

Eine hohe Wasserdampfdurchlässigkeit des Putzsystems begünstigt die Austrocknung des Mauerwerks. Sanierputze-WTA sind keine »Sperrputze«.

Bild 196: Innenliegende Versalzungen

16.4.13 Wirkprinzip von Putz-Systemen Beispiel

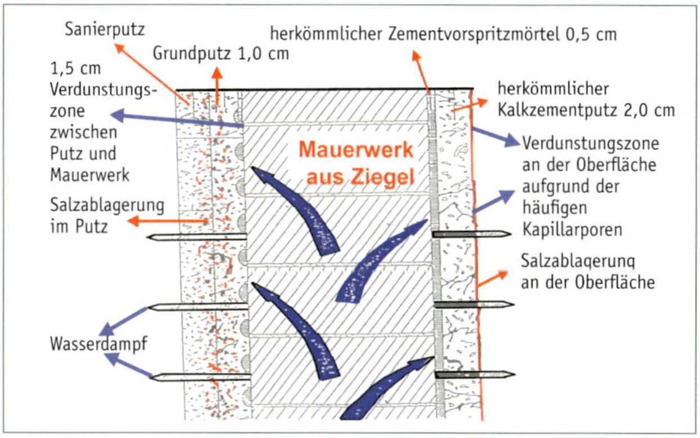

Bild 197: Schematische Darstellung des Wirkprinzip von Sanierputzen

Sanierputz-WTA lässt Feuchtigkeit aus dem Mauerwerk wenige Millimeter eindringen. Aufgenommenes Wasser bzw. Salzlösung verdunstet innerhalb des Putzes. Dabei auskristallisierende Salze werden im porigen Gefüge des Sanierputzes eingelagert. Dadurch bleibt die Putzoberfläche trocken und frei von Ausblühungen. Bedingt durch ihre Struktur und Funktion müssen Sanierputzsysteme relativ schnell und dennoch sicher erhärten und trocknen.

Um diese Anforderungen zu erfüllen, sind Sanierputze-WTA überwiegend hydraulisch gebunden. Kalkhydrat als wesentliche Bindemittelkomponente kann erfahrungsgemäß die Anforderungen an Sanierputze-WTA nicht erfüllen. Die überwiegende Verwendung von latent-hydraulischen Bindemitteln und puzzolanischen Stoffen z. B. von Trassmehlen, ist problematisch, da für die sehr langsam ablaufende Abbindereaktion Wasser als Reaktionspartner in Sanierputzen nicht ausreichend lange zur Verfügung steht.

16.4.14 Anwendungsbereich für Sanierputze

Sanierputzsysteme werden vorzugsweise auf Mauerwerk mit mehr oder weniger starker Versalzung eingesetzt, vor allem auch als flankierende Maßnahme, wenn vertikale und/oder horizontale Abdichtungsmaßnahmen ausgeführt wurden. Auf feuchtem Mauerwerk lassen sich mit Sanierputzsystemen trockene Oberflächen erzielen, wenn das Klima der Umgebung eine Austrocknung zulässt. Eine »Mauerwerksentfeuchtung« ist ohne zusätzliche Maßnahmen weder mit Sanierputzsystemen noch mit anderen Putzen möglich. Anwendungssicherheit besteht unter anderem nur, wenn vorab in ausreichendem Umfang Daten und objektspezifische Gegebenheiten bei der Planung berücksichtigt wurden. Dies liegt im Verantwortungsbereich des Planers bzw. Fachplaners.

Liegt keine Planung vor, trägt der Verarbeiter/Fachunternehmer die Verantwortung für die richtige Anwendung des Sanierputzsystems. Für Sanierputzsysteme-WTA sind Anwendungsgrenzen zu beachten. Druck-, Stauwasser und Bodenfeuchtigkeit Sanierputzsysteme sind nur wirksam bei kapillar transportierter und hygroskopisch hervorgerufener Feuchtigkeit, nicht bei Wasser, das mit hydrostatischem Druck einwirkt.

Generell dürfen Sanierputzsysteme im erdberührten Bereich unter Oberkante Gelände nicht eingesetzt werden. In diesen Fällen sind geeignete Abdichtungsmaßnahmen zu treffen. Auch kapillare Feuchtigkeit kann zu hohen Durchfeuchtungen führen. Ist das Mauerwerk porengesättigt, müssen vor Aufbringen des Sanierputzsystems unbedingt geeignete Abdichtungs-/Trocknungsmaßnahmen durchgeführt werden.

16.4.15 Taupunkttemperatur im Putzquerschnitt

Eine Durchfeuchtung kann eintreten, wenn die Taupunkttemperatur längerfristig innerhalb des Sanierputzquerschnitts liegt. Durch geeignete Maßnahmen müssen Taupunkttemperaturunterschreitungen in diesem Bereich verhindert werden.

16.4.16 Hohe Luftfeuchtigkeit (z. B. in Kellerräumen)

Damit sich nach dem Aufbringen eines Sanierputzsystems die Hydrophobie möglichst schnell einstellt, muss die relative Luftfeuchtigkeit während des Erhärtungszeitraums $<65\,\%$ sein. Kann dies nicht gewährleistet werden, besteht die Gefahr einer beschleunigten Salzeinwanderung und ein Durchschlagen der Salze an die Putzoberfläche. In diesen Fällen sind temporäre Klimatisierungsmaßnahmen vorzunehmen.

16.4.17 Spritzbewurf

Der Spritzbewurf ist in der Regel Bestandteil des Sanierputzsystems und hat den Haftverbund zum Putzgrund zu sichern. Er wird normalerweise nicht deckend (»netzförmig«) aufgebracht. Liegt der Grad der Abdeckung des Putzgrundes mit Spritzbewurf unter 50 %, werden an den Spritzbewurfmörtel keine speziellen bauphysikalischen Anforderungen gestellt. Ist der Deckungsgrad des Spritzbewurfes höher oder empfiehlt der Hersteller einen geschlossenen Bewurf, sind besondere Anforderungen zu erfüllen.

16.4.18 Grundputz-WTA

Grundputz-WTA dient zum Ausgleich grober Unebenheiten des Putzgrundes (= Ausgleichsputz) und/oder als Salzspeicher bei besonders hoher Unterrundversalzung (= Porengrundputz). Sanierputz-WTA kann als Grundputz eingesetzt werden, wenn die gesamte Putzdicke 40 mm (ausgenommen sind Fugen) nicht wesentlich übersteigt.

16.4.19 Sanierputz-WTA

Sanierputz-WTA wird in der Regel in einer Schichtdicke von mindestens 20 mm aufgetragen, wobei bei mehrlagigem Arbeiten jede Lage mindestens 10 mm dick sein muss. In Kombination mit Porengrundputz-WTA kann sich die Mindestschichtdicke auf 15 mm verringern. Die Gesamtschichtdicke von Sanierputz sollte 40 mm nicht überschreiten.

16.4.20 Deckschichten

Lässt sich eine spezielle Anforderung an die Oberflächenstruktur mit einem Sanierputz-WTA nicht erfüllen, darf zusätzlich ein mineralischer Oberputz aufgebracht werden. Dabei muss ein den Regeln der Technik entsprechendes bzw. ein vom Hersteller empfohlenes Produkt eingesetzt werden. Putze, Anstriche und sonstige Beschichtungen auf Sanierputzen-WTA dürfen die Wasserdampfdurchlässigkeit des Systems nicht negativ beeinflussen.

Darüber hinaus kommt Anstrichen im Fassadenbereich die wichtige Aufgabe zu, die Wasseraufnahme angrenzender Putze an die geringe Saugfähigkeit der Sanierputzoberfläche anzugleichen. Hinweise zur Probennahme, den Untersuchungsmethoden und der Beurteilung sind im WTA-Merkblatt 4-5-99/D »Mauerwerksdiagnostik« enthalten.

Die Ergebnisse der Untersuchungen müssen in einen Sanierungsvorschlag zusammengefasst sein und in die Sanierungsplanung einbezogen werden. In der Sanierungsplanung müssen die raumklimatischen Verhältnisse, die die Funktion des Sanierputzes beeinträchtigen können sowie besondere Leistungen, die sich daraus ergeben, berücksichtigt werden. Vor Beginn der Putzarbeiten hat sich die Bauleitung bzw. der Verarbeiter/Fachunternehmer zu überzeugen, ob ein solcher Sanierungsvorschlag vorliegt. Die darin gemachten Angaben sind zu befolgen.

16.4.21 Materialauswahl und Hinweise

Das Sanierputzsystem ist wirksam bei kapillar transportierter und hygroskopisch hervorgerufener Feuchtigkeit im Mauerwerk, jedoch nicht bei drückendem Wasser und nicht bei ständig hoher Tauwasserbelastung. Abhängig von der Höhe der Durchfeuchtung, der Feuchtigkeitsursache und dem Ergebnis der Voruntersuchungen kann vor dem Sanierputzauftrag eine Horizontalabdichtung und – im erdberührten Bereich – eine Vertikalabdichtung notwendig sein. Bei der Materialauswahl ist darauf zu achten, dass nur Sanierputze bzw. Sanierputzsysteme ausgeschrieben werden, die den Richtlinien dieses WTA-Merkblattes entsprechen, was durch die WTA-Dienstleistungsmarke bestätigt wird. Eine Kombination von Produkten verschiedener Sanierputzsysteme ist auszuschließen, soweit vom Hersteller nicht ausdrücklich zugelassen. Es sind Maßnahmen zur Nachbehandlung und Wartung einzuplanen. Dazu gehört der Schutz der einzelnen Putzlagen vor zu schnellem und zu langsamem Austrocknen.

Darüber hinaus muss festgelegt werden, dass Farbanstriche bei einer späteren Renovierungsmaßnahme den Maßgaben dieses Merkblattes entsprechen müssen.

16.4.22 Zertifizierung

Um den Missbrauch ihres Namens zu unterbinden, hat die WTA sowohl die Buchstabenfolge »WTA« als auch die Dienstleistungsmarke WTA unter der Nummer 39516 411 bzw. 39516 412 beim Deutschen Patentamt eintragen lassen.

16.4.23 Verarbeitungshinweise und Verarbeitung

Für die Auswahl von Putzsystemen, deren Anwendung und Verarbeitung, sind die Ergebnisse der Voruntersuchungen maßgebend.

Keller 2 - Messachsen 7 - 8

Probenbezeichnung			Feuchteanalysen					
Mess-achse	Höhe über BOK	Entnahme-tiefe [cm]	Feuchtigkeits-gehalt (Darr-Meth.) [Masse %]	Horizontalprofil x = Bohrtiefe [cm] y = Feuchtigkeitsgehalt [M.-%]	Vertikalprofil	Hygroskopische Feuchtigkeitsaufnahme [Masse %] 1 h	24 h	72 h
VII	2 / 180 cm	A 0-2	0,6	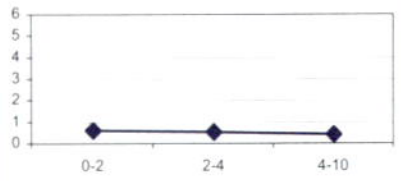	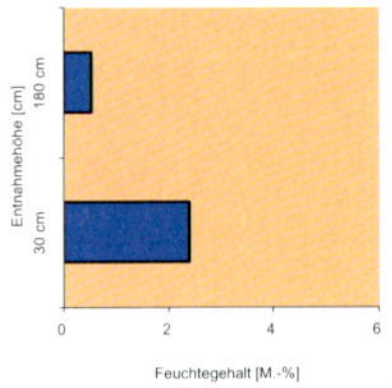			
		B 2-4	0,5					
		C 4-10	0,4					
	1 / 30 cm	A 0-2	4,0	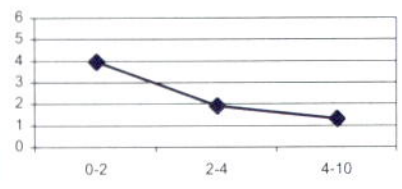				
		B 2-4	1,9					
		C 4-10	1,3					

Bild 198: Beispiel der Messergebnisse von Voruntersuchungen

Putzgrundvorbereitungen

Der Altputz ist mindestens 80 cm über die sichtbare oder durch Untersuchungen abgegrenzte Schadenszone hinaus zu entfernen. Dabei anfallender Schutt muss täglich beseitigt und abseits gelagert werden, um eine Rückwanderung von Salzen zu vermeiden. Mörtelreste, Schlämmen und Anstriche auf Mauerwerk müssen vollständig entfernt werden. Mürbe Mauerwerksfugen sind ca. 20 mm tief freizulegen. Danach ist das Mauerwerk mechanisch zu reinigen.

Der Putzgrund muss tragfähig sein. Für Sanierputze-WTA ist in der Regel eine Haftbrücke zum Untergrund erforderlich, die im allgemeinen als nicht voll deckender (netzförmiger) Spritzbewurf ausgeführt wird. Ein voll deckender Spritzbewurf ist zulässig, sofern die entsprechenden Anforderungen erfüllt sind. Darauf ist besonders bei maschineller Verarbeitung zu achten. Fugen dürfen nicht mit Spritzbewurf gefüllt werden. Der Spritzbewurf muss vor Beginn der Putzarbeiten verfestigt sein. Der verwendete Spritzbewurfmörtel muss Bestandteil des gewählten Sanierputzsystems sein. Bei besonders kritischem Untergrund (z. B. inhomogenem Mauerwerk) oder bei hohen Schichtdicken ist es zweckmäßig, zusätzlich einen geeigneten, dauerhaft korrosionsbeständigen Putzträger anzubringen.

Verarbeitung

Bei erhöhter Versalzung des Putzgrundes sind Maßnahmen zu treffen, z. B. mit Dichtschlämmen, um das Einwandern löslicher Salze in die letzte Lage des frisch aufgetragenen, noch nicht ausreichend hydrophoben, Sanierputzes zu verhindern.

Bild 199: Auftragen der Dichtschlämme

Bild 200: Die Oberflächen der unteren Putzlagen müssen jeweils nach dem Ansteifen gründlich aufgeraut werden.

Die Wartezeit bis zum Aufbringen der nächsten Lage ist vom Hersteller anzugeben. Bis zum Auftragen der Deckbeschichtung hat sich 1 Tag/mm Putzdicke besonders bei höheren Gesamtputzdicken (über 20 mm) bewährt.

Nachbehandlung und Erhärtungsbedingungen

Sanierputze-WTA sind mineralische Putze und erfordern besonders bei trockener Witterung, Wind- und Sonneneinfall eine Nachbehandlung. Die Putzflächen sind vor zu schneller Austrocknung zu schützen. Gegebenenfalls müssen die Flächen durch vorsichtiges Benetzen mit Wasser feucht gehalten und eventuell beschattet werden, damit sie nicht zu schnell austrocknen.

Um die Rissgefahr zu mindern, dürfen Räume während der Aushärtezeit von Sanierputzen nicht kurzfristig aufgeheizt werden. Mitunter wird beobachtet, dass Sanierputz in Kellerräumen bereits kurze Zeit nach der Verarbeitung Ausblühungen oder Salzflecken an der Oberfläche aufweist.

Dies wird dann meist mit einem Versagen des Systems gleichgesetzt. In Kellerräumen herrscht – insbesondere in den Sommermonaten – bei und kurz nach der Verarbeitung eine sehr hohe Luftfeuchtigkeit. Der Sanierputz erhärtet zwar, kann jedoch nicht austrocknen und somit seine Hydrophobie nicht ausbilden. Über den noch durchgehenden Feuchtigkeitsfilm dringen Salze vom Untergrund ein und können bis an die Oberfläche durchschlagen und ausblühen.

Es ist darauf zu achten, dass die hohe Raumfeuchte abgeführt wird und somit eine Austrocknung des Putzes unterstützt wird. Dies kann durch Lüften, bevorzugt Entfeuchten oder gegebenenfalls vorsichtiges Heizen geschehen. Die relative Luftfeuchtigkeit soll in dieser Phase $<65\,\%$ sein.

Anstriche/Beschichtungen im Innenbereich	
Diffusionsgleichwertige Luftschichtdicke S_D	$<0{,}2$ m (jede einzelne Schicht)
Anstriche/Beschichtungen im Außenbereich	
Diffusionsgleichwertige Luftschichtdicke S_D	$<0{,}2$ m (jede einzelne Schicht)
Wasseraufnahmekoeffizient w	$<0{,}2\,kg/(m^2 \cdot h^{0,5})$
Mineralische Oberputze im Außenbereich	
Kapillare Wasseraufnahme	$<0{,}5\,kg/(m^2 \cdot h^{0,5})$

Tabelle 35: Anforderungen an Deckschichten auf Sanierputze, Tabelle 4 aus WTA-Merkblatt 2-9-04 »Sanierputzsysteme«

Salze	Salzgehalte in Masse-%		
Chloride (Cl^-)	$<0{,}2$	0,2 bis 0,5	$>0{,}5$
Nitrate (NO_3^-)	$<0{,}1$	0,1 bis 0,3	$>0{,}3$
Sulfate (SO_4^{2-})	$<0{,}5$	0,5 bis 1,5	$>1{,}5$
Bewertung	Belastung gering	Belastung mittel	Belastung hoch

Tabelle 36: Bewertung der Schaden verursachenden Wirkung verschiedener Salzionen in Mauerwerkskörpern, Tabelle 5 aus WTA-Merkblatt 2-9-04 »Sanierputzsysteme«

Versalzungsgrad	Maßnahmen	Schichtdicken in mm
Gering	1. Spritzbewurf 2. Sanierputz-WTA	≥ 5 ≤ 20
Mittel bis hoch	1. Spritzbewurf 2. Sanierputz-WTA 3. Sanierputz-WTA	≤ 5 10 bis 20 10 bis 20
	1. Spritzbewurf 2. Porengrundputz-WTA 3. Sanierputz-WTA	≤ 5 ≥ 10 ≥ 15

Tabelle 37: Maßnahmen in Abhängigkeit vom Versalzungsgrad, Tabelle 7 aus WTA-Merkblatt 2-9-04 »Sanierputzsysteme«

Sanierputz-Anwendungssysteme

Anwendungssysteme in Abhängigkeit von Feuchte- und Salzgehalt (Empfehlungen eines Herstellers)

System I:

Durchfeuchtungsgrad DFG ≤ 40 %

geringe Salzbelastung nach WTA Chloride < 0,2

Nitrate	< 0,1
Sulfate	< 0,5

mittlere Salzbelastung nach WTA Chloride 0,2 – 0,5

Nitrate	0,1 – 0,3
Sulfate	0,5 – 1,5

Sanierputzsystem Vorspritzmörtel
Grundputz

alternativ	Sanierputz Spezial
alternativ	Sanierputz altweiß
alternativ	Sanierputz schnell
alternativ	Sanierputz WD 0,6

System II:

Durchfeuchtungsgrad DFG ≤ 40 %

hohe Salzbelastung nach WTA	Chloride	> 0,5
	Nitrate	> 0,3
	Sulfate	> 1,5

Sanierputzsystem		Vorspritzmörtel
		Grundputz
	alternativ	Salzspeicherputz
		Sanierputz Spezial
	alternativ	Sanierputz altweiß
	alternativ	Sanierputz schnell
	alternativ	Sanierputz WD 0,6

System III:

Durchfeuchtungsgrad DFG > 40 %

Innenabdichtung

Horizontalsperre unter der Decke/über Gelände
Grundverkieselung Sulfatexschlämme
Flächenausgleich Dichtspachtel, Grundputz

Flächenabdichtung durch Sulfatexschlämme
2-fachen Schlämmauftrag

Vorspritzmörtel

Sanierputzsystem		Sanierputz spezial
	alternativ	Sanierputz altweiß
	alternativ	Sanierputz schnell
	alternativ	Sanierputz WD 0,6

System IV:

Durchfeuchtungsgrad DFG > 40 %

Außenabdichtung	Verkieselung Sulfatexschlämme KMB
Horizontalsperre unten über Bodenplatte	Injektionstechnik

Innenabdichtung – ohne Trocknung, DFG > 40 %

Flächenabdichtung durch 2-fachen Schlämmauftrag	Verkieselung, Sulfatexschlämme, Vorspritzmörtel

Sanierputzsystem		Sanierputz spezial
	alternativ	Sanierputz altweiß
	alternativ	Sanierputz schnell
	alternativ	Sanierputz WD 0,6

WTA-Merkblatt 2-2-91	WTA-Merkblatt 2-9-04
Ergänzungsmerkblatt 2-6-99/D	Entfällt, da Inhalt eingearbeitet
Maschinenverarbeitung kurzer Hinweis im EGM 2-6-99/D	Prüfung der Sanierputzeigenschaften bei Maschinenverarbeitung
Hinweis auf Grenzen der Anwendung nur im EGM 2-6-99/D erwähnt	Anwendungsgrenzen werden definiert z. B. bei Druck- und Stauwasser nicht unterhalb der GOK, also nicht erdberührend, einsetzbar bei hohem Durchfeuchtungsgrad (DFG) bei Tauwasser im Putzquerschnitt bei permanent hoher relativer Luftfeuchtigkeit
Ausgleichsputze nicht enthalten und nicht definiert	Ausgleichsputze werden eingeführt und definiert, z. B. über die Festmörtelporosität > 35 %
Keine Beurteilungskriterien für Sanierputzsysteme nach der Applikation enthalten	Beurteilungskriterien für Sanierputze und Sanierputzsysteme nach der Applikation am Bauwerk werden für die Qualitätskontrolle und den Schadensfall definiert, z. B. Schichtdicke Wassereindringzahl Porosität
Putznorm DIN 18550 nicht berücksichtigt	EN 998-1 (Putzmörtel) ist berücksichtigt.
DIN 18550 enthält nur einen allgemeinen Hinweis auf Sanierputze und zwar im Teil 2, Seite 9.	Die EN 998-1 enthält Hinweise auf Sanierputzmörtel und einige Anforderungswerte. Der Systemgedanke fehlt jedoch in der EN 998-1 völlig. Das WTA-Merkblatt 2-9-04 enthält deutlich weitergehende Anforderungen als die EN 998-1, z. B. an Festmörtelporosität Salzresistenz Verhältnis β_{bz}/β_d Frischmörteleigenschaften
Prüfverfahren überwiegend nur nach DIN 18855	EN 1015 (neue Prüfnorm) ist berücksichtigt.

Tabelle 38: Zusammenstellung der wichtigsten Änderungen im WTA-Merkblatt 2-9-04 Sanierputzsysteme

Literatur

[1] DIN 18195 Bauwerksabdichtung, Teile 1-6, Ausgabe August 2000, Deutsches Institut für Normung e. V., Beuth-Verlag GmbH, 10772 Berlin

[2] Richtlinie für die Planung und Ausführung von Abdichtungen mit kunststoffmodifizierten Bitumendickbeschichtungen (KMB), Ausgabe 2010, Deutsche Bauchemie e. V. Karlstraße 21, 60329 Frankfurt

[3] Firma Remmers Baustofftechnik GmbH, Bernhard-Remmers-Str. 13, 49624 Löningen

[4] Richtlinie für die Planung und Ausführung von Abdichtungen von Bauteilen mit mineralischen Dichtschlämmen, Ausgabe 2002, Deutsche Bauchemie e. V. Karlstraße 21, 60329 Frankfurt

[5] DIN 18195 Beiblatt 1, Januar 2006, Deutsches Institut für Normung e.V., Beuth-Verlag GmbH, 10772 Berlin

[6] Richtlinie für die Planung und Ausführung von Abdichtungen erdberührter Bauteile mit flexiblen Dichtschlämmen, Ausgabe 2006, Deutsche Bauchemie e. V. Karlstraße 21, 60329 Frankfurt

[7] Erläuterungen der DAfStb-Richtlinie, Wasserundurchlässige Bauwerke aus Beton (WU-Richtlinie), Ausgabe 2006, Heft Nr. 555, DAfStb UAWUN0106, Deutscher Ausschuss für Stahlbeton im DIN Deutsches Institut für Normung e. V., Burggrafenstraße 6, 10787 Berlin-Tiergarten

[8] DIN 4020, Geotechnische Untersuchungen für bautechnische Zwecke, Ausgabe 2003, DIN Deutsches Institut für Normung e. V., Burggrafenstraße 6, 10787 Berlin-Tiergarten

[9] Bilder und Skizzen von Dipl.-Ing. Elmar Boy, BASF AG in Ludwigshafen anlässlich der IBK-Bau-Fachtagung 284 im September 2002 in Berlin zum Thema »Wärme- und Tauwasserschutz bei der Kellermodernisierung«.

[10] DIN 4095 Dränung des Untergrundes zum Schutz von baulichen Anlagen, Ausgabe 1990, Deutsches Institut für Normung e. V., Beuth-Verlag GmbH, 10772 Berlin.

[11] Detailzeichnungen aus »BWA – Richtlinien für Bauwerksabdichtungen«, Bundesfachabteilung Bauwerksabdichtung im Hauptverband der Deutschen Bauindustrie e. V. beim Otto Elsner Verlag, ISBN 3-87199-171-6

[12] WTA-Merkblatt 2-9-04 »Sanierputzsysteme«, Wissenschaftlich-Technische Arbeitsgemeinschaft für Bauwerkserhaltung und Denkmalpflege e.V., Edelsbergstraße 6, 80686 München

[13] DIN EN 13252, Geotextilien für die Verwendung in Dränanlagen, Deutsches Institut für Normung e. V., Beuth-Verlag GmbH, 10772 Berlin

Stichwortverzeichnis

H

I

K

L

M

N

O

P

Q